21 世纪应用型本科电子通信系列实用规划教材

MATLAB 基础及其应用教程

主　编　周开利　邓春晖
副主编　李临生　沈献博
参　编　伍小芹　李爱华
　　　　王　旭　易家傅

内 容 简 介

本书基于 MATLAB 7.1 版，详细介绍了 MATLAB 的基础知识、数值计算、符号运算、图形处理、程序设计、SIMULINK 仿真等内容，为配合教学，各章编写了教学提示、教学要求和习题，书后附有上机实验指导。

本书作为"21 世纪应用型本科电子通信系列实用规划教材"之一，以适用和实用为基本目标，深入浅出，实例引导，讲解详实，可作为高等学校的教学用书，也可供有关科研和工程技术人员参考使用。

图书在版编目(CIP)数据

MATLAB 基础及其应用教程/周开利，邓春晖主编. —北京：北京大学出版社，2007.3
(21 世纪应用型本科电子通信系列实用规划教材)
ISBN 978-7-301-11442-1

Ⅰ. M… Ⅱ. ①周… ②邓… Ⅲ. 计算机辅助计算—软件包，MATLAB—高等学校—教材 Ⅳ. TP391.75

中国版本图书馆 CIP 数据核字(2006)第 156723 号

书　　　　名：	MATLAB 基础及其应用教程
著作责任者：	周开利　邓春晖　主编
策 划 编 辑：	徐　凡
责 任 编 辑：	孙哲伟
标 准 书 号：	ISBN 978-7-301-11442-1/TP・0892
出　版　者：	北京大学出版社
地　　　址：	北京市海淀区成府路 205 号　100871
网　　　址：	http://www.pup.cn　http://www.pup6.com
电　　　话：	邮购部 010-62752015　发行部 010-62750672　编辑部 010-62750667
编辑室邮箱：	pup6@pup.cn
总编室邮箱：	zpup@pup.cn
印　刷　者：	北京虎彩文化传播有限公司
发　行　者：	北京大学出版社
经　销　者：	新华书店
	787 毫米×1092 毫米　16 开本　18 印张　411 千字
	2007 年 3 月第 1 版　2024 年 8 月第 20 次印刷
定　　　价：	39.00 元

未经许可，不得以任何方式复制或抄袭本书之部分或全部内容。
版权所有，侵权必究　　举报电话：010-62752024
　　　　　　　　　　　　电子邮箱：fd@pup.cn

《21世纪应用型本科电子通信系列实用规划教材》
专家编审委员会

主　任　　殷瑞祥

顾　问　　宋铁成

副主任　　(按拼音顺序排名)

　　　　　曹茂永　　陈殿仁　　李白萍　　王霓虹

　　　　　魏立峰　　袁德成　　周立求

委　员　　(按拼音顺序排名)

　　　　　曹继华　　郭　勇　　黄联芬　　蒋学华　　蒋　中

　　　　　刘化君　　聂　翔　　王宝兴　　吴舒辞　　阎　毅

　　　　　杨　雷　　姚胜兴　　张立毅　　张雪英　　张宗念

　　　　　赵明富　　周开利

丛书总序

随着招生规模迅速扩大，我国高等教育已经从"精英教育"转化为"大众教育"，全面素质教育必须在教育模式、教学手段等各个环节进行深入改革，以适应大众化教育的新形势。面对社会对高等教育人才的需求结构变化，自20世纪90年代以来，全国范围内出现了一大批以培养应用型人才为主要目标的应用型本科院校，很大程度上弥补了我国高等教育人才培养规格单一的缺陷。

但是，作为教学体系中重要信息载体的教材建设并没有能够及时跟上高等学校人才培养规格目标的变化，相当长一段时间以来，应用型本科院校仍只能借用长期存在的精英教育模式下研究型教学所使用的教材体系，出现了人才培养目标与教材体系的不协调，影响着应用型本科院校人才培养的质量，因此，认真研究应用型本科教育教学的特点，建立适合其发展需要的教材新体系越来越成为摆在广大应用型本科院校教师面前的迫切任务。

2005年4月北京大学出版社在南京工程学院组织召开《21世纪应用型本科电子通信系列实用规划教材》编写研讨会，会议邀请了全国知名学科专家、工业企业工程技术人员和部分应用型本科院校骨干教师共70余人，研究制定电子信息类应用型本科专业基础课程和主干专业课程体系，并遴选了各教材的编写组成人员，落实制定教材编写大纲。

2005年8月在北京召开了《21世纪应用型本科电子通信系列实用规划教材》审纲会，广泛征求了用人单位对应用型本科毕业生的知识能力需求和应用型本科院校教学一线教师的意见，对各本教材主编提出的编写大纲进行了认真细致的审核和修改，在会上确定了32本教材的编写大纲，为这套系列教材的质量奠定了基础。

经过各位主编、副主编和参编教师的努力，在北京大学出版社和各参编学校领导的关心和支持下，经过北大出版社编辑们的辛苦工作，我们这套系列教材终于在2006年与读者见面了。

《21世纪应用型本科电子通信系列实用规划教材》涵盖了电子信息、通信等专业的基础课程和主干专业课程，同时还包括其他非电类专业的电工电子基础课程。

电工电子与信息技术越来越渗透到社会的各行各业，知识和技术更新迅速，要求应用型本科院校在人才培养过程中，必须紧密结合现行工业企业技术现状。因此，教材内容必须能够将技术的最新发展和当今应用状况及时反映进来。

参加系列教材编写的作者主要是来自全国各地应用型本科院校的第一线教师和部分工业企业工程技术人员，他们都具有多年从事应用型本科教学的经验，非常熟悉应用型本科教育教学的现状、目标，同时还熟悉工业企业的技术现状和人才知识能力需求。本系列教材明确定位于"应用型人才培养"目标，具有以下特点：

(1) **强调大基础**：针对应用型本科教学对象特点和电子信息学科知识结构，调整理顺了课程之间的关系，避免了内容的重复，将众多电子、电气类专业基础课程整合在一个统一的大平台上，有利于教学过程的实施。

(2) **突出应用性**：教材内容编排上力求尽可能把科学技术发展的新成果吸收进来、把工业企业的实际应用情况反映到教材中，教材中的例题和习题尽量选用具有实际工程背景的问题，避免空洞。

(3) **坚持科学发展观**：教材内容组织从可持续发展的观念出发，根据课程特点，力求反映学科现代新理论、新技术、新材料、新工艺。

(4) **教学资源齐全**：与纸质教材相配套，同时编制配套的电子教案、数字化素材、网络课程等多种媒体形式的教学资源，方便教师和学生的教学组织实施。

衷心感谢本套系列教材的各位编著者，没有他们在教学第一线的教改和工程第一线的辛勤实践，要出版如此规模的系列实用教材是不可能的。同时感谢北京大学出版社为我们广大编著者提供了广阔的平台，为我们进一步提高本专业领域的教学质量和教学水平提供了很好的条件。

我们真诚希望使用本系列教材的教师和学生，不吝指正，随时给我们提出宝贵的意见，以期进一步对本系列教材进行修订、完善。

《21 世纪应用型本科电子通信系列实用规划教材》
专家编审委员会
2006 年 4 月

前　言

　　MATLAB 作为目前国际上最流行、应用最广泛的科学与工程计算软件，深受广大研究工作者的欢迎，成为在校学生必须学习和掌握的基本软件，为此，许多高校开设了 MATLAB 课程，广大师生迫切希望拥有一本适合 MATLAB 课程教学的优秀教材。北京大学出版社邀请多所高校从事 MATLAB 教学的教师，结合近年来的教学实践和应用开发经验编写了这本《MATLAB 基础及其应用教程》，希望能为 MATLAB 的教学提供一本适用且实用的优秀教材，同时也可作为各类 MATLAB 培训和 MATLAB 相关应用开发的参考用书。

　　本教材基于 MATLAB 7.1 版，讲解 MATLAB 的基础知识和核心内容。根据本课程"课时少、内容多、应用广、实践性强"的特点，教材在内容编排上，尽量精简非必要的部分，着重讲解 MATLAB 最基本的内容。对需要学生掌握的内容，做到深入浅出，实例引导，讲解详实，既为教师讲授提供较大的选择余地，又为学生自主学习提供了方便。为使学生能通过练习和实际操作，在较短的时间内掌握 MATLAB 的基本内容及其应用技术，本教材还加入了习题和上机实验。

　　本书凝结了集体的智慧，参与本书编写工作的有来自海南大学的周开利老师、伍小芹老师、王旭老师、易家傅老师，以及厦门大学的邓春晖老师、太原科技大学的李临生老师、南阳师范学院的沈献博老师、烟台大学的李爱华老师。在编写过程中，周开利老师和邓春晖老师完成了对各章节的修改，伍小芹老师和王旭老师对文字进行了校对，最后由周开利老师统编、定稿。

　　限于作者水平，本教材疏漏之处在所难免，恳请读者批评指正，有关意见可以发至主编的电子邮箱：kaili@hainu.edu.cn。

编　者

2007 年 1 月

目 录

第 1 章 MATLAB 简介 ... 1
1.1 MATLAB 的发展沿革 ... 1
1.2 MATLAB 的特点及应用领域 ... 2
1.3 MATLAB 系统及工具箱 ... 3
1.4 MATLAB 的安装和启动 ... 4
1.5 MATLAB 操作界面 ... 5
1.5.1 命令窗口(Command Window) ... 5
1.5.2 历史命令(Command History)窗口 ... 9
1.5.3 当前目录(Current Directory)窗口 ... 11
1.5.4 工作空间(Workspace)窗口 ... 12
1.5.5 帮助(Help)窗口 ... 13
1.6 MATLAB 的各种文件 ... 14
1.7 MATLAB 的搜索路径 ... 14
1.7.1 搜索路径机制和搜索顺序 ... 14
1.7.2 设置搜索路径的方法 ... 15
1.8 MATLAB 窗口操作命令 ... 16
1.9 小结 ... 18
1.10 习题 ... 18

第 2 章 MATLAB 语言基础 ... 20
2.1 基本概念 ... 20
2.1.1 MATLAB 数据类型 ... 20
2.1.2 常量与变量 ... 21
2.1.3 标量、向量、矩阵与数组 ... 22
2.1.4 字符串 ... 23
2.1.5 运算符 ... 23
2.1.6 命令、函数、表达式和语句 ... 26
2.2 向量运算 ... 27
2.2.1 向量的生成 ... 27
2.2.2 向量的加减和数乘运算 ... 28
2.2.3 向量的点、叉积运算 ... 29
2.3 矩阵运算 ... 31
2.3.1 矩阵元素的存储次序 ... 31
2.3.2 矩阵元素的表示及相关操作 ... 31
2.3.3 矩阵的创建 ... 34
2.3.4 矩阵的代数运算 ... 40
2.4 数组运算 ... 48
2.4.1 多维数组元素的存储次序 ... 48
2.4.2 多维数组的创建 ... 48
2.4.3 数组的代数运算 ... 51
2.4.4 数组的关系与逻辑运算 ... 54
2.4.5 数组和矩阵函数的通用形式 ... 57
2.5 字符串运算 ... 59
2.5.1 字符串变量与一维字符数组 ... 59
2.5.2 对字符串的多项操作 ... 60
2.5.3 二维字符数组 ... 62
2.6 小结 ... 63
2.7 习题 ... 63

第 3 章 MATLAB 数值运算 ... 65
3.1 多项式 ... 65
3.1.1 多项式的表达和创建 ... 65
3.1.2 多项式的四则运算 ... 65
3.1.3 多项式求值和求根运算 ... 68
3.1.4 多项式的构造 ... 70
3.2 插值和拟合 ... 71
3.2.1 多项式插值和拟合 ... 71
3.2.2 最小二乘法拟合 ... 77
3.3 数值微积分 ... 79
3.3.1 微分和差分 ... 79
3.3.2 牛顿-科茨系列数值积分公式 ... 81
3.4 线性方程组的数值解 ... 83
3.4.1 直接法 ... 84
3.4.2 迭代法 ... 85
3.5 稀疏矩阵 ... 89
3.5.1 稀疏矩阵的建立 ... 90

	3.5.2	稀疏矩阵的存储	92
	3.5.3	用稀疏矩阵求解线性方程组	93
3.6	常微分方程的数值解		95
	3.6.1	欧拉法	96
	3.6.2	龙格-库塔方法	99
3.7	小结		102
3.8	习题		102

第 4 章 结构数组与细胞数组 104

- 4.1 结构数组 104
  - 4.1.1 结构数组的创建 104
  - 4.1.2 结构数组的操作 106
- 4.2 细胞数组 113
  - 4.2.1 细胞数组的创建 113
  - 4.2.2 细胞数组的操作 115
  - 4.2.3 结构细胞数组 123
- 4.3 小结 124
- 4.4 习题 124

第 5 章 MATLAB 符号运算 128

- 5.1 符号对象及其表达方式 128
  - 5.1.1 符号常量和变量 128
  - 5.1.2 符号表达式 130
  - 5.1.3 符号矩阵 131
- 5.2 符号算术运算 132
  - 5.2.1 符号对象的加减 132
  - 5.2.2 符号对象的乘除 133
- 5.3 独立变量与表达式化简 134
  - 5.3.1 表达式中的独立变量 134
  - 5.3.2 表达式化简 135
- 5.4 符号微积分运算 140
  - 5.4.1 符号极限 140
  - 5.4.2 符号微分 141
  - 5.4.3 符号积分 141
  - 5.4.4 符号 Taylor 级数展开 142
- 5.5 符号积分变换 144
  - 5.5.1 傅里叶变换及其反变换 144
  - 5.5.2 拉普拉斯变换及其反变换 145
  - 5.5.3 Z 变换及其反变换 147
- 5.6 方程的解析解 149
  - 5.6.1 线性方程组的解析解 149
  - 5.6.2 非线性方程(组)的解析解 150
  - 5.6.3 常微分方程(组)的解析解 152
- 5.7 小结 154
- 5.8 习题 154

第 6 章 MATLAB 程序设计 157

- 6.1 M 文件 157
  - 6.1.1 局部变量与全局变量 157
  - 6.1.2 M 文件的编辑与运行 158
  - 6.1.3 脚本文件 159
  - 6.1.4 函数文件 160
  - 6.1.5 函数调用 161
- 6.2 MATLAB的程序控制结构 164
  - 6.2.1 循环结构 164
  - 6.2.2 选择结构 169
  - 6.2.3 程序流的控制 173
- 6.3 数据的输入与输出 173
  - 6.3.1 键盘输入语句(input) 173
  - 6.3.2 屏幕输出语句(disp) 174
  - 6.3.3 M 数据文件的存储/加载 (save / load) 174
  - 6.3.4 格式化文本文件的存储/读取(fprintf / fscanf) 174
  - 6.3.5 二进制数据文件的存储/读取(fwrite/ fread) 174
  - 6.3.6 数据文件行存储/读取 (fgetl / fgets) 175
- 6.4 MATLAB 文件操作 175
- 6.5 面向对象编程 177
  - 6.5.1 面向对象程序设计的基本方法 177
  - 6.5.2 面向对象的程序设计实例 179
- 6.6 MATLAB 程序优化 181
- 6.7 程序调试 182
- 6.8 小结 183
- 6.9 习题 183

第7章 MATLAB 数据可视化 185
7.1 二维图形 185
7.1.1 MATLAB 的图形窗口 186
7.1.2 基本二维图形绘制 187
7.1.3 其他类型的二维图 189
7.1.4 色彩和线型 191
7.1.5 坐标轴及标注 193
7.1.6 子图 194
7.2 三维图形 195
7.2.1 三维曲线图 196
7.2.2 三维曲面图 196
7.2.3 视角控制 200
7.2.4 其他图形函数 202
7.3 图像 205
7.3.1 图像的类别和显示 205
7.3.2 图像的读写 207
7.4 函数绘图 208
7.4.1 一元函数绘图 208
7.4.2 二元函数绘图 209
7.5 小结 212
7.6 习题 212

第8章 交互式仿真集成环境 SIMULINK 214
8.1 SIMULINK 简介 214
8.1.1 SIMULINK 特点 214
8.1.2 SIMULINK 的工作环境 215
8.1.3 SIMULINK 仿真基本步骤 ... 216
8.2 模型的创建 217
8.2.1 模型概念和文件操作 217
8.2.2 模块操作 218
8.2.3 信号线操作 221
8.2.4 对模型的注释 223
8.2.5 常用的 Source 信源 223
8.2.6 常用的 Sink 信宿 230
8.2.7 仿真的配置 235
8.2.8 启动仿真 239
8.3 SIMULINK 仿真实例 239
8.4 小结 245
8.5 习题 246

附录 MATLAB 上机实验 247

参考文献 274

第 1 章 MATLAB 简介

教学提示：MATLAB 是目前在国际上被广泛接受和使用的科学与工程计算软件。虽然 Cleve Moler 教授开发它的初衷是为了更简单、更快捷地解决矩阵运算，但 MATLAB 现在的发展已经使其成为一种集数值运算、符号运算、数据可视化、图形界面设计、程序设计、仿真等多种功能于一体的集成软件。

教学要求：了解 MATLAB 的发展历史、特点和功能，了解 MATLAB 工具箱的概念及类型。重点掌握 MATLAB 主界面各窗口的用途和操作方法。

1.1 MATLAB 的发展沿革

20 世纪 70 年代中后期，曾在密西根大学、斯坦福大学和新墨西哥大学担任数学与计算机科学教授的 Cleve Moler 博士，为讲授矩阵理论和数值分析课程的需要，他和同事用 Fortran 语言编写了两个子程序库 EISPACK 和 LINPACK，这便是构思和开发 MATLAB 的起点。MATLAB 一词是对 Matrix Laboratory(矩阵实验室)的缩写，由此可看出 MATLAB 与矩阵计算的渊源。MATLAB 除了利用 EISPACK 和 LINPACK 两大软件包的子程序外，还包含了用 Fortran 语言编写的、用于承担命令翻译的部分。

为进一步推动 MATLAB 的应用，在 20 世纪 80 年代初，John Little 等人将先前的 MATLAB 全部用 C 语言进行改写，形成了新一代的 MATLAB。1984 年，Cleve Moler 和 John Little 等人成立 MathWorks 公司，并于同年向市场推出了第一个 MATLAB 的商业版本。随着市场接受度的提高，其功能也不断增强，在完成数值计算的基础上，新增了数据可视化以及与其他流行软件的接口等功能，并开始了对 MATLAB 工具箱的研究开发。

1993 年，MathWorks 公司推出了基于 PC 的以 Windows 为操作系统平台的 MATLAB 4.0 版。1994 年推出的 4.2 版，扩充了 4.0 版的功能，尤其在图形界面设计方面提供了新的方法。

1997 年推出的 MATLAB 5.0 版增加了更多的数据结构，如结构数组、细胞数组、多维数组、对象、类等，使其成为一种更方便的编程语言。1999 年初推出的 MATLAB 5.3 版在很多方面又进一步改进了 MATLAB 的功能。

2000 年 10 月底推出了全新的 MATLAB 6.0 正式版(Release 12)，在核心数值算法、界面设计、外部接口、应用桌面等诸多方面有了极大的改进。时隔 2 年，即 2002 年 8 月又推出了 MATLAB 6.5 版，其操作界面进一步集成化，并开始运用 JIT 加速技术，使运算速度有了明显提高。

2004 年 7 月，MathWorks 公司又推出了 MATLAB 7.0 版(Release 14)，其中集成了 MATLAB 7.0 编译器、Simulink 6.0 图形仿真器及很多工具箱，在编程环境、代码效率、数据可视化、文件 I/O 等方面都进行了全面的升级。

最近的一次版本更新是在 2005 年 9 月，Mathworks 公司推出了 MATLAB 7.1 版，包括了新的时间序列分析工具，进一步加强了对 Macintosh 平台的支持。另外，此前的两次较小范围的更新主要提供了一个 Linux 平台上的 64 位版本，并且优化了工作在 Linux 和 Macintosh 平台上的基本线性代数子程序库。

显然，今天的 MATLAB 已经不再是仅仅解决矩阵与数值计算的软件，更是一种集数值与符号运算、数据可视化图形表示与图形界面设计、程序设计、仿真等多种功能于一体的集成软件。观察由欧美引进的新版教材，MATLAB 已经成为线性代数、数值分析计算、数学建模、信号与系统分析、自动控制、数字信号处理、通信系统仿真等一批课程的基本教学工具。而在国内，随着 MATLAB 在我国高校的推广和应用，MATLAB 已经渐入人心。

1.2 MATLAB 的特点及应用领域

MATLAB 有两种基本的数据运算量：数组和矩阵，单从形式上，它们之间是不好区分的。每一个量可能被当作数组，也可能被当作矩阵，这要依所采用的运算法则或运算函数来定。在 MATLAB 中，数组与矩阵的运算法则和运算函数是有区别的。但不论是 MATLAB 的数组还是 MATLAB 的矩阵，都已经改变了一般高级语言中使用数组的方式和解决矩阵问题的方法。

在 MATLAB 中，矩阵运算是把矩阵视为一个整体来进行，基本上与线性代数的处理方法一致。矩阵的加减乘除、乘方开方、指数对数等运算，都有一套专门的运算符或运算函数。而对于数组，不论是算术的运算，还是关系或逻辑的运算，甚至于调用函数的运算，形式上可以当作整体，有一套有别于矩阵的、完整的运算符和运算函数，但实质上却是针对数组的每个元素施行的。

当 MATLAB 把矩阵(或数组)独立地当作一个运算量来对待后，向下可以兼容向量和标量。不仅如此，矩阵和数组中的元素可以用复数作基本单元，向下可以包含实数集。这些是 MATLAB 区别于其他高级语言的根本特点。以此为基础，还可以概括出如下一些 MATLAB 的特色。

1. 语言简洁，编程效率高

因为 MATLAB 定义了专门用于矩阵运算的运算符，使得矩阵运算就像列出算式执行标量运算一样简单，而且这些运算符本身就能执行向量和标量的多种运算。利用这些运算符可使一般高级语言中的循环结构变成一个简单的 MATLAB 语句，再结合 MATLAB 丰富的库函数可使程序变得相当简短，几条语句即可代替数十行 C 语言或 Fortran 语言程序语句的功能。

2. 交互性好，使用方便

在 MATLAB 的命令窗口中，输入一条命令，立即就能看到该命令的执行结果，体现了良好的交互性。交互方式减少了编程和调试程序的工作量，给使用者带来了极大的方便。因为不用像使用 C 语言和 Fortran 语言那样，首先编写源程序，然后对其进行编译、连接，待形成可执行文件后，方可运行程序得出结果。

3. 强大的绘图能力，便于数据可视化

MATLAB 不仅能绘制多种不同坐标系中的二维曲线，还能绘制三维曲面，体现了强大的绘图能力。正是这种能力为数据的图形化表示(即数据可视化)提供了有力工具，使数据的展示更加形象生动，有利于揭示数据间的内在关系。

4. 学科众多、领域广泛的工具箱

MATLAB 工具箱(函数库)可分为两类：功能性工具箱和学科性工具箱。功能性工具箱主要用来扩充其符号计算功能、图示建模仿真功能、文字处理功能以及与硬件实时交互的功能。而学科性工具箱是专业性比较强的，如优化工具箱、统计工具箱、控制工具箱、通信工具箱、图像处理工具箱、小波工具箱等。

5. 开放性好，易于扩充

除内部函数外，MATLAB 的其他文件都是公开的、可读可改的源文件，体现了MATLAB 的开放性特点。用户可修改源文件和加入自己的文件，甚至构造自己的工具箱。

6. 与 C 语言和 Fortran 语言有良好的接口

通过 MEX 文件，可以方便地调用 C 语言和 Fortran 语言编写的函数或程序，完成MATLAB 与它们的混合编程，充分利用已有的 C 语言和 Fortran 语言资源。

MATLAB 的应用领域十分广阔，典型的应用举例如下：
(1) 数据分析；
(2) 数值与符号计算；
(3) 工程与科学绘图；
(4) 控制系统设计；
(5) 航天工业；
(6) 汽车工业；
(7) 生物医学工程；
(8) 语音处理；
(9) 图像与数字信号处理；
(10) 财务、金融分析；
(11) 建模、仿真及样机开发；
(12) 新算法研究开发；
(13) 图形用户界面设计。

1.3 MATLAB 系统及工具箱

概括地讲，整个 MATLAB 系统由两部分组成，一是 MATLAB 基本部分，二是各种功能性和学科性的工具箱，系统的强大功能由它们表现出来。

基本部分包括数组、矩阵运算，代数和超越方程的求解，数据处理和傅里叶变换，数值积分等。

工具箱实际是用 MATLAB 语句编成的、可供调用的函数文件集，用于解决某一方面的专门问题或实现某一类新算法。MATLAB 工具箱中的函数文件可以修改、增加或删除，用户也可根据自己研究领域的需要自行开发工具箱并外挂到 MATLAB 中。Internet 上有大量的由用户开发的工具箱资源。

到目前为止，MATLAB 本身提供的工具箱有 40 多个，其中主要的有：
(1) 生物信息科学工具箱(Bioinformatics Toolbox)；
(2) 通信工具箱(Communication Toolbox)；
(3) 控制系统工具箱(Control System Toolbox)；
(4) 曲线拟合工具箱(Curve Fitting Toolbox)；
(5) 数据采集工具箱(Data Acquisition Toolbox)；
(6) 滤波器设计工具箱(Filter Design Toolbox)；
(7) 财政金融工具箱(Financial Toolbox)；
(8) 频域系统辨识工具箱(Frequency System Identification Toolbox)；
(9) 模糊逻辑工具箱(Fuzzy Logic Toolbox)；
(10) 遗传算法和直接搜索工具箱(Genetic Algorithm and Direct Search Toolbox)；
(11) 图像处理工具箱(Image Processing Toolbox)；
(12) 地图工具箱(Mapping Toolbox)；
(13) 模型预测控制工具箱(Model Predictive Control Toolbox)；
(14) 神经网络工具箱(Neural Network Toolbox)；
(15) 优化工具箱(Optimization Toolbox)；
(16) 偏微分方程工具箱(Partial Differential Equation Toolbox)；
(17) 信号处理工具箱(Signal Processing Toolbox)；
(18) 仿真工具箱(Simulink Toolbox)；
(19) 统计工具箱(Statistics Toolbox)；
(20) 符号运算工具箱(Symbolic Math Toolbox)；
(21) 系统辨识工具箱(System Identification Toolbox)；
(22) 小波工具箱(Wavelet Toolbox)。

1.4 MATLAB 的安装和启动

当计算机的软硬件均达到 MATLAB 的安装要求后，只需将 MATLAB 的安装光盘放入光驱，安装程序将会自动提示安装步骤，按所给提示做出选择，便能顺利完成安装。

MATLAB 对计算机软硬件的大致安装要求是：
(1) Windows 2000、Windows XP 的操作系统；
(2) Pentium III、Pentium IV 的 CPU；
(3) 128MB 左右的内存；
(4) 10GB 左右的硬盘；
(5) 最好支持 16 位颜色，分辨率在 800×600 以上的显示卡和显示器；

(6) 光驱。

成功安装后,MATLAB 将在桌面放置一图标,双击该图标即可启动 MATLAB 并显示 MATLAB 的工作窗口界面。

1.5 MATLAB 操作界面

安装后首次启动 MATLAB 所得的操作界面如图 1.1 所示,这是系统默认的、未曾被用户依据自身需要和喜好设置过的界面。

MATLAB 的主界面是一个高度集成的工作环境,有 4 个不同职责分工的窗口。它们分别是命令窗口(Command Window)、历史命令(Command History)窗口、当前目录(Current Directory)窗口和工作空间 (Workspace)窗口。除此之外,MATLAB 6.5 之后的版本还添加了开始按钮(Start)。

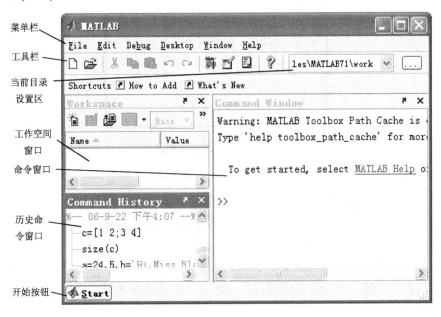

图 1.1　MATLAB 默认的主界面

菜单栏和工具栏在组成方式和内容上与一般应用软件基本相同或相似,本章不准备给出详细说明,待后面用到时自会明了。下面重点介绍 MATLAB 的 5 个窗口。

1.5.1　命令窗口(Command Window)

在 MATLAB 默认主界面的右边是命令窗口。因为 MATLAB 至今未被汉化,所有窗口名都用英文表示,所以"Command Window"即指命令窗口。

命令窗口顾名思义是接收命令输入的窗口,但实际上,可输入的对象除 MATLAB 命令之外,还包括函数、表达式、语句以及 M 文件名或 MEX 文件名等,为叙述方便,这些可输入的对象以下通称语句。

MATLAB 的工作方式之一是:在命令窗口中输入语句,然后由 MATLAB 逐句解释执行并在命令窗口中给出结果。命令窗口可显示除图形以外的所有运算结果。

命令窗口可从 MATLAB 主界面中分离出来，以便单独显示和操作，当然也可重新返回主界面中，其他窗口也有相同的行为。分离命令窗口可执行 Desktop 菜单中的 Undock Command Window 命令，也可单击窗口右上角的 按钮，另外还可以直接用鼠标将命令窗口拖离主界面，其结果如图 1.2 所示。若将命令窗口返回到主界面中，可单击窗口右上角的 按钮，或执行 Desktop 菜单中的 Dock Command Window 命令。下面分几点对使用命令窗口的一些相关问题加以说明。

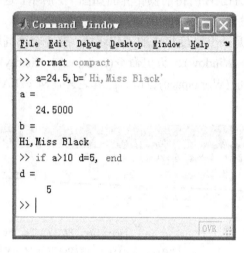

图 1.2 分离的命令窗口

1. 命令提示符和语句颜色

在图 1.2 中，每行语句前都有一个符号">>"，此即命令提示符。在此符号后(也只能在此符号后)输入各种语句并按 Enter 键，方可被 MATLAB 接收和执行。执行的结果通常就直接显示在语句下方，如图 1.2 所示。

不同类型语句用不同颜色区分。在默认情况下，输入的命令、函数、表达式以及计算结果等采用黑色字体，字符串采用赭红色，if、for 等关键词采用蓝色，注释语句用绿色。

2. 语句的重复调用、编辑和重运行

命令窗口不仅能编辑和运行当前输入的语句，而且对曾经输入的语句也有快捷的方法进行重复调用、编辑和运行。成功实施重复调用的前提是已输入的语句仍然保存在命令历史窗口中(未对该窗口执行清除操作)。而重复调用和编辑的快捷方法就是利用表 1-1 所列的键盘按键。

表 1-1 语句行用到的编辑键

键盘按键	键的用途	键盘按键	键的用途
↑	向上回调以前输入的语句行	Home	让光标跳到当前行的开头
↓	向下回调以前输入的语句行	End	让光标跳到当前行的末尾
←	光标在当前行中左移一字符	Delete	删除当前行光标后的字符
→	光标在当前行中右移一字符	Backspace	删除当前行光标前的字符

其实这些按键与文字处理软件中介绍的同一编辑键在功能上是大体一致的,不同点主要是:在文字处理软件中是针对整个文档使用,而 MATLAB 命令窗口是以行为单位使用这些编辑键,类似于编辑 DOS 命令的使用手法。提到后一点是有用意的,实际上,MATLAB 有很多命令就是从 DOS 命令中借来的。本书 1.8 节还会就一些常用命令做专门介绍。

3. 语句行中使用的标点符号

MATLAB 在输入语句时,可能要用到表 1-2 所列的各种符号,这些符号在 MATLAB 中所起的作用如表 1-2 所示。提醒一下,在向命令窗口输入语句时,一定要在英文输入状态下输入,尤其在刚刚输完汉字后初学者很容易忽视中英文输入状态的切换。

表 1-2 MATLAB 语句中常用标点符号的作用

名 称	符 号	作 用
空格		变量分隔符;矩阵一行中各元素间的分隔符;程序语句关键词分隔符
逗号	,	分隔欲显示计算结果的各语句;变量分隔符;矩阵一行中各元素间的分隔符
点号	.	数值中的小数点;结构数组的域访问符
分号	;	分隔不想显示计算结果的各语句;矩阵行与行的分隔符
冒号	:	用于生成一维数值数组;表示一维数组的全部元素或多维数组某一维的全部元素
百分号	%	注释语句说明符,凡在其后的字符视为注释性内容而不被执行
单引号	' '	字符串标识符
圆括号	( )	用于矩阵元素引用;用于函数输入变量列表;确定运算的先后次序
方括号	[ ]	向量和矩阵标识符;用于函数输出列表
花括号	{ }	标识细胞数组
续行号	...	长命令行需分行时连接下行用
赋值号	=	将表达式赋值给一个变量

语句行中使用标点符号示例。
```
>> a=24.5,b='Hi,Miss Black'    %">>"为命令行提示符;逗号用来分隔显示计算结果的各
                                语句;单引号标识字符串;"%"为注释语句说明符
a=
24.5000
b=
Hi,Miss Black
>>c=[1 2;3 4]                  %方括号标识矩阵,分号用来分隔行,空格用来分隔元素
c=
   1   2
   3   4
```

4. 命令窗口中数值的显示格式

为了适应用户以不同格式显示计算结果的需要，MATLAB 设计了多种数值显示格式以供用户选用，如表 1-3 所示。其中默认的显示格式是：数值为整数时，以整数显示；数值为实数时，以 short 格式显示；如果数值的有效数字超出了这一范围，则以科学计数法显示结果。

表 1-3 命令窗口中数据 e 的显示格式

格　式	命令窗口中的显示形式	格式效果说明
short(默认)	2.7183	保留 4 位小数，整数部分超过 3 位的小数用 short e 格式
short e	2.7183e+000	用 1 位整数和 4 位小数表示，倍数关系用科学计数法表示成十进制指数形式
short g	2.7183	保证 5 位有效数字，数字大小在 10 的正负 5 次幂之间时，自动调整数位多少，超出幂次范围时用 short e 格式
long	2.71828182845905	14 位小数，最多 2 位整数，共 16 位十进制数，否则用 long e 格式表示
long e	2.718281828459046e+000	15 位小数的科学计数法表示
long g	2.71828182845905	保证 15 位有效数字，数字大小在 10 的+15 和-5 次幂之间时，自动调整数位多少，超出幂次范围时用 long e 格式
rational	1457/536	用分数有理数近似表示
hex	4005bf0a8b14576a	十六进制表示
+	+	正、负数和零分别用＋、－、空格表示
bank	2.72	限两位小数，用于表示元、角、分
compact	不留空行显示	在显示结果之间没有空行的压缩格式
loose	留空行显示	在显示结果之间有空行的稀疏格式

需要说明的是，表中最后 2 个是用于控制屏幕显示格式的，而非数值显示格式。

必须指出，MATLAB 所有数值均按 IEEE 浮点标准所规定的长型格式存储，显示的精度并不代表数值实际的存储精度，或者说数值参与运算的精度，认清这点是非常必要的。

5. 数值显示格式的设定方法

格式设定的方法有两种：一是执行 MATLAB 窗口中 File 菜单的 Preferences 命令，用弹出的对话框(如图 1.3 所示)去设定；二是执行 format 命令，例如要用 long 格式，在命令窗口中输入 format long 语句即可。两种方法均可独立完成设定，但使用命令是方便在程序设计时进行格式设定。

不仅数值显示格式可由用户自行设置，数字和文字的字体显示风格、大小、颜色也可由用户自行挑选。其方法还是执行 File | Preferences 命令，弹出如图 1.3 所示对话框。利用该对话框左侧的格式对象树，从中选择要设定的对象再配合相应的选项，便可对所选对象的风格、大小、颜色等进行设定。

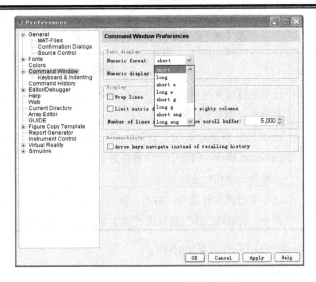

图 1.3　Preferences 设置对话框

6. 命令窗口清屏

当命令窗口中执行过许多命令后，窗口会被占满，为方便阅读，清除屏幕显示是经常采用的操作。清除命令窗口显示通常有两种方法：一是执行 MATLAB 窗口的 Edit|Clear Command Window 命令；二是在提示符后直接输入 clc 语句。两种方法都能清除命令窗口中的显示内容，也仅仅是命令窗口的显示内容而已，并不能清除工作空间和历史命令窗口的显示内容。

1.5.2　历史命令(Command History)窗口

历史命令窗口是 MATLAB 用来存放曾在命令窗口中使用过的语句。它借用计算机的存储器来保存信息。其主要目的是为了便于用户追溯、查找曾经用过的语句，利用这些既有的资源节省编程时间。

单击历史命令窗口右上角的 按钮，便可将其从 MATLAB 主界面分离出来，如图 1.4 所示。从窗口中记录的时间来看，其中存放的正是曾经使用过的语句。

对历史命令窗口中的内容，可在选中的前提下，将它们复制到当前正在工作的命令窗口中，以供进一步修改或直接运行。其优势在如下两种情况下体现得尤为明显：一是需要重复处理长语句；二是在选择多行曾经用过的语句形成 M 文件时。

图 1.4　分离的历史命令窗口

1. 复制、执行历史命令窗口中的命令

历史命令窗口的主要应用体现在表 1-4 中。表中操作方法一栏中提到的"选中"操作，与 Windows 选中文件时方法相同，同样可以结合 Ctrl 键和 Shift 键使用。

表 1-4　历史命令窗口的主要应用

功　　能	操作方法
复制单行或多行语句	选中单行或多行语句，执行 Edit 菜单的 Copy 命令，回到命令窗口，执行粘贴操作，即可实现复制
执行单行或多行语句	选中单行或多行语句，右击，弹出快捷菜单，执行该菜单中的 Evaluate Selection 命令，则选中语句将在命令窗口中运行，并给出相应结果。或者双击选择的语句行也可运行
把多行语句写成 M 文件	选中单行或多行语句，右击，弹出快捷菜单，执行该菜单中的 Create M-File 命令，利用随之打开的 M 文件编辑/调试器窗口，可将选中语句保存为 M 文件

用历史命令窗口完成所选语句的复制操作。
(1) 用鼠标选中所需第一行；
(2) 再按 Shift 键和鼠标选择所需最后一行，于是连续多行即被选中；
(3) 执行 Edit | Copy 菜单命令，或在选中区域单击鼠标右键，执行快捷菜单的 Copy 命令；
(4) 回到命令窗口，在该窗口用快捷菜单中的 Paste 命令，所选内容即被复制到命令窗口。其操作如图 1.5 所示。

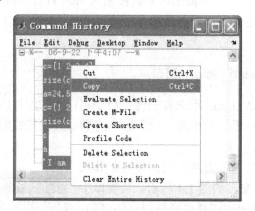

图 1.5　历史命令窗口选中与复制操作

用历史命令窗口完成所选语句的运行操作。
(1) 用鼠标选中所需第一行；
(2) 再按 Ctrl 键结合鼠标点选所需的行，于是不连续多行即被选中；
(3) 在选中的区域右击弹出快捷菜单，选用 Evaluate Selection 命令，计算结果就会出现在命令窗口中。

2. 清除历史命令窗口中的内容

清除历史命令窗口内容的方法就是执行 Edit 菜单中的 Clear Command History 命令。当执行上述命令后，历史命令窗口当前的内容就被完全清除了，以前的命令再不能被追溯和利用，这一点必须清楚。

1.5.3 当前目录(Current Directory)窗口

MATLAB 借鉴 Windows 资源管理器管理磁盘、文件夹和文件的思想，设计了当前目录窗口。利用该窗口可组织、管理和使用所有 MATLAB 文件和非 MATLAB 文件，例如新建、复制、删除和重命名文件夹和文件。甚至还可用此窗口打开、编辑和运行 M 程序文件以及载入 MAT 数据文件等。当然，其核心功能还是设置当前目录。

当前目录窗口如图 1.6 所示。下面主要介绍当前目录的概念及如何完成对当前目录的设置，并不准备在此讨论程序文件的运行。

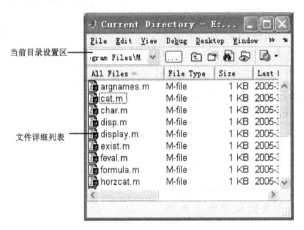

图 1.6 分离的当前目录窗口

MATLAB 的当前目录即是系统默认的实施打开、装载、编辑和保存文件等操作时的文件夹。用桌面图标启动 MATLAB 后，系统默认的当前目录是 …\MATLAB\work。设置当前目录就是将此默认文件夹改变成用户希望使用的文件夹，它应是用户准备用来存放文件和数据的文件夹，可能正是用户自己有意提前创建好的。

具体的设置方法有两种：

(1) 在当前目录设置区设置。在图 1.1 所示 MATLAB 主界面工具栏的右边以及图 1.6 所示分离的当前目录设置窗口都有当前目录设置区，可以在设置区的下拉列表文本框中直接填写待设置的文件夹名或选择下拉列表中已有的文件夹名；或单击 ... 按钮，从弹出的当前目录设置对话框的目录树中选取欲设为当前目录的文件夹即可。欲弹出分离的当前目录设置窗口，执行 MATLAB 窗口的 Desktop | Current Directory 菜单命令即可。

(2) 用命令设置。有一组从 DOS 中借用的目录命令可以完成这一任务，它们的语法格式如表 1-5 所示。

表 1-5 几个常用的设置当前目录的命令

目录命令	含　　义	示　　例
cd	显示当前目录	cd
cd 文件夹名	设定当前目录为"文件夹名"	cd f:\matfiles
cd ..	回到当前目录的上一级目录	cd

用命令设置当前目录,为在程序中控制当前目录的改变提供了方便,因为编写完成的程序通常用 M 文件存放,执行这些文件时是不便先退出再用窗口菜单或对话框去改变当前目录设置的。

1.5.4 工作空间(Workspace)窗口

工作空间窗口的主要目的是为了对 MATLAB 中用到的变量进行观察、编辑、提取和保存。从该窗口中可以得到变量的名称、数据结构、字节数、变量的类型甚至变量的值等多项信息。工作空间的物理本质就是计算机内存中的某一特定存储区域,因而工作空间的存储表现亦如内存的表现。工作空间窗口如图 1.7 所示。

因为工作空间的内存性质,存放其中的 MATLAB 变量(或称数据)在退出 MATLAB 程序后会自动丢失。若想在以后利用这些数据,可在退出前用数据文件(.MAT 文件)将其保存在外存上。其具体操作方法有两种:(1)在工作空间窗口中结合快捷菜单来实现;(2)在命令窗口中执行相关命令,下面分别予以介绍。

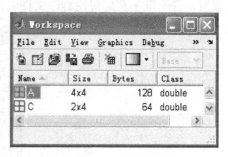

图 1.7 分离的工作空间窗口

1. 用工作空间结合快捷菜单保存数据

在工作空间窗口中结合快捷菜单来保存变量或删除变量的操作方法列在表 1-6 中。

表 1-6 工作空间中保存和删除变量的操作方法

功　能	操作方法
全部工作空间变量保存为 MAT 文件	右击,在弹出的快捷菜单中执行 Save Workspace As…命令,则可把当前工作空间中的全部变量保存为外存中的数据文件
部分工作空间变量保存为 MAT 文件	选中若干变量右击,在弹出的快捷菜单中执行 Save Selection As…命令,则可把所选变量保存为数据文件
删除部分工作空间变量	选中一个或多个变量按鼠标右键弹出快捷菜单,选用 Delete 命令,或执行 MATLAB 窗口的 Edit|Delete 菜单命令;在弹出的 Confirm Delete 对话框中单击"确定"按钮。
删除全部工作空间变量	右击,弹出快捷菜单,执行 Clear Workspace 命令,或执行 MATLAB 窗口的 Edit|Clear Workspace 菜单命令

2. 用命令建立数据文件以保存数据

MATLAB 提供了一组命令来处理工作空间中的变量,在此只介绍 3 个命令,其他命令将在本书 1.8 节中说明。

(1) save 命令,其功能是把工作空间的部分或全部变量保存为以 .mat 为扩展名的文件。它的通用格式是:

```
save 文件名 变量名1 变量名2 变量名3…参数
```

将工作空间中的全部或部分变量保存为数据文件。

```
>>save dataf                %将工作空间中所有变量保存在 dataf.mat 文件中
>>save var_ab A B           %将工作空间中变量 A、B 保存在 var_ab.mat 文件中
>>save var_ab C -append     %将工作空间中变量 C 添加到 var_ab.mat 文件中
```

(2) load 命令，其功能是把外存中的.mat 文件调入工作空间，与 save 命令相对。它的通用格式是：

load 文件名 变量名 1 变量名 2 变量名 3…

将外存中.mat 文件的全部或部分变量调入工作空间。

```
>>load dataf                %将 dataf.mat 文件中全部变量调入工作空间
>>load var_ab A B           %将 var_ab.mat 文件中的变量 A、B 调入工作空间
```

(3) clear 命令，其功能是把工作空间的部分或全部变量删除，但它不清除命令窗口。它的通用格式是：

clear 变量名 1 变量名 2 变量名 3…

删除工作空间中的全部或部分变量。

```
>>clear                     %删除工作空间中的全部变量
>>clear A B                 %删除工作空间中的变量 A、B
```

与用菜单方式删除工作空间变量不同，用 clear 命令删除工作空间变量时不会弹出确认对话框，且删除后是不可恢复的，因此在使用前要想清楚。

1.5.5 帮助(Help)窗口

图 1.8 所示是 MATLAB 的帮助窗口。该窗口分左右两部分，左侧为帮助导航器(Help Navigator)，右侧为帮助浏览器。

图 1.8 帮助窗口

帮助导航器的功能是向用户提供各种不同的帮助手段，以选项卡的方式组织，分为Contents、Index、Search 和 Demos 等，其功能如下：

(1) Contents 选项卡向用户提供全方位帮助的向导图，单击左边的目录条时，会在窗口右边的帮助浏览器中显示相应的 HTML 帮助文本。

(2) Index 选项卡是 MATLAB 提供的术语索引表，用以查找命令、函数和专用术语等。

(3) Search 选项卡是通过关键词来查找全文中与之匹配的章节条目。

(4) Demos 选项卡用来运行 MATLAB 提供的 Demo。

1.6 MATLAB 的各种文件

因为 MATLAB 是一个多功能集成软件，不同的功能需要使用不同的文件格式去表现，所以 MATLAB 的文件也有多种格式。最基本的是 M 文件、数据文件和图形文件，除此之外，还有 MEX 文件、模型文件和仿真文件等。下面分别予以说明。

(1) M 文件，以.m 为扩展名，所以称为 M 文件。M 文件是由一系列 MATLAB 语句组成的文件，包括命令文件和函数文件两类，命令文件类似于其他高级语言中的主程序或主函数，而函数文件则类似于子程序或被调函数。

MATLAB 众多工具箱中的(函数)文件基本上是 M 函数文件。因为它们是由 ASCII 码表示的文件，所以可由任一文字处理软件编辑后以文本格式存放。

(2) 数据文件，以.mat 为扩展名，所以又称 MAT 文件。在讨论工作空间窗口时已经涉及到 MAT 文件。显然，数据文件保存了 MATLAB 工作空间窗口中变量的数据。

(3) 图形文件，以.fig 为扩展名。主要由 MATLAB 的绘图命令产生，当然也可用 File 菜单中的 New 命令建立。

(4) MEX 文件，以.mex 或.dll 为扩展名，所以称 MEX 文件。MEX 实际是由 MATLAB Executable 缩写而成的，由此可见，MEX 文件是 MATLAB 的可执行文件。

(5) 模型和仿真文件，模型文件以.mdl 为扩展名，由 Simulink 仿真工具箱在建立各种仿真模型时产生。仿真文件以.s 为扩展名。

1.7 MATLAB 的搜索路径

MATLAB 中大量的函数和工具箱文件是组织在硬盘的不同文件夹中的。用户建立的数据文件、命令和函数文件也是由用户存放在指定的文件夹中。当需要调用这些函数或文件时，找到这些函数或文件所存放的文件夹就成为首要问题，路径的概念也就因此而产生了。

1.7.1 搜索路径机制和搜索顺序

路径其实就是给出存放某个待查函数和文件的文件夹名称。当然，这个文件夹名称应包括盘符和一级级嵌套的子文件夹名。例如，现有一文件 lx04_01.m 存放在 D 盘"MATLAB 文件"文件夹下的"M 文件"子文件夹下的"第 4 章"子文件夹中，那么，描述它的路径是：D:\MATLAB 文件\M 文件\第 4 章。若要调用这个 M 文件，可在命令窗口或程序中将其表达为：D:\MATLAB 文件\M 文件\第 4 章\lx04_01.m。在实用时，这种书写因为过长而很不方便，MATLAB 为克服这一问题，引入了搜索路径机制。

设置搜索路径机制就是将一些可能要被用到的函数或文件的存放路径提前通知系统，而无须在执行和调用这些函数和文件时输入一长串的路径。

必须指出，不是说有了搜索路径，MATLAB 对程序中出现的符号就只能从搜索路径中去查找。在 MATLAB 中，一个符号出现在程序语句里或命令窗口的语句中可能有多种解读，它也许是一个变量、特殊常量、函数名、M 文件或 MEX 文件等，到底将其识别成什么，这里涉及一个搜索顺序的问题。

如果在命令提示符 ">>" 后输入符号 xt，或程序语句中有一个符号 xt，那么，MATLAB 将试图按下列次序去搜索和识别：

(1) 在 MATLAB 内存中进行检查搜索，看 xt 是否为工作空间窗口的变量或特殊常量，如果是，则将其当成变量或特殊常量来处理，不再往下展开搜索识别；

(2) 上一步否定后，检查 xt 是否为 MATLAB 的内部函数，若肯定，则调用 xt 这个内部函数；

(3) 上一步否定后，继续在当前目录中搜索是否有名为 "xt.m" 或 "xt.mex" 的文件存在，若肯定，则将 xt 作为文件调用；

(4) 上一步否定后，继续在 MATLAB 搜索路径的所有目录中搜索是否有名为 "xt.m" 或 "xt.mex" 的文件存在，若肯定，则将 xt 作为文件调用；

(5) 上述 4 步全走完后，仍未发现 xt 这一符号的出处，则 MATLAB 发出错误信息。

必须指出的是，这种搜索是以花费更多执行时间为代价的。

1.7.2 设置搜索路径的方法

MATLAB 设置搜索路径的方法有两种：一种是用菜单对话框；另一种是用命令。现将两方案分述如下。

1. 用菜单和对话框设置搜索路径

在 MATLAB 主界面的 File 菜单中有 Set Path 命令，执行这一命令将打开设置搜索路径的对话框，如图 1.9 所示。

图 1.9 设置搜索路径对话框

对话框左边设计了多个按钮,其中最上面的两个按钮分别是:Add Folder...和 Add with Subfolders...,单击任何一个按钮都会弹出一个名为浏览文件夹的对话框,如图 1.10 所示。利用"浏览文件夹"对话框可以从树形目录结构中选择欲指定为搜索路径的文件夹。

图 1.10 浏览文件夹对话框

Add Folder...和 Add with Subfolders...两个按钮的不同处在于后者设置某个文件夹成为可搜索的路径后,其下级子文件夹将自动被加入到搜索路径中。

从图 1.9 和图 1.10 中可看出将路径"F:\ MATLAB 文件\M 文件"下的所有子文件夹都设置成可搜索路径的效果和过程。

图 1.9 所示对话框下面有两个按钮 Save 和 Close 在使用时值得注意。Save 按钮是用来保存对当前搜索路径所做修改的,通常先执行 Save 命令后,再执行 Close。Close 按钮是用来关闭对话框的,但是如果只想将修改过的路径为本次打开 MATLAB 使用,无意供 MATLAB 永久搜索,那么直接单击 Close 按钮,再在弹出的对话框中作否定回答即可。

2. 用命令设置搜索路径

MATLAB 能够将某一路径设置成可搜索路径的命令有两个:一个是 path;另一个是 addpath。下面以将路径"F:\ MATLAB 文件\M 文件"设置成可搜索路径为例,分别予以说明。

用 path 和 addpath 命令设置搜索路径。
```
>>path(path,'F:\ MATLAB 文件\M 文件');
>>addpath F:\ MATLAB 文件\M 文件 -begin     %begin 意为将路径放在路径表的前面
>>addpath F:\ MATLAB 文件\M 文件 -end       %end 意为将路径放在路径表的最后
```

1.8 MATLAB 窗口操作命令

在本章前述的讨论中曾多次指出,针对 MATLAB 各窗口在应用中所需的多种设置,可用菜单、对话框去解决,也可用命令去设置,这是 MATLAB 提供的两套并行的解决方案，目的在于适应不同的应用需求。当用户处在命令窗口中与系统采用交互的行编辑方式执行命令时，用菜单和对话框是方便的，但当用户需要编写一个程序，而将所需的设置动作体现在程序中时，只能采用命令去设置，因为编好的程序不方便在执行中途退出后去完成打开菜单和对话框的操作，然后又回去接着执行后续的程序。因此用命令去完成 MATLAB 的多种设置操作就不是可有可无的了。

MATLAB 针对窗口的操作命令在前面其实已多处提及，例如，清除命令窗口的命令 clc，清除工作空间窗口的命令 clear，设置当前目录的命令 cd，等等。限于篇幅，本节仅将与 MATLAB 基本操作有关的命令以列表形式给出，不做详细讲解。这些命令被分成 4 组，分别列在表 1-7 至表 1-10 中。

表 1-7　工作空间管理命令

命　令	示　例	说　明
save	save lx01 或 save lx02 A B	将工作空间中的变量以数据文件格式保存在外存中
load	load lx01	从外存中将某数据文件调入内存
who	who	查询当前工作空间中的变量名
whos	whos	查询当前工作空间中的变量名、大小、类型和字节数
clear	clear A	删除工作空间中的全部或部分变量

表 1-8　与命令窗口相关的操作命令

命　令	示　例	说　明
format	format bank format compact	对命令窗口显示内容的格式进行设定，与表 1-3 所列格式结合使用
echo	echo on,echo off	用来控制是否显示正在执行的 MATLAB 语句，on 表示肯定，off 表示否定
more	more(10)	规定命令窗口中每个页面的显示行数
clc	clc	清除命令窗口的显示内容
clf	clf	清除图形窗口中的图形内容
cla	cla	清除当前坐标内容
close	close all	关闭当前图形窗口，加参数 all 则关闭所有图形窗口

表 1-9　目录文件管理命令

命　令	示　例	说　明
pwd	pwd	显示当前目录的名称
cd	cd d:\xt_mat\04	把 cd 命令后所跟的目录变成当前目录

命令	示例	说明
mkdir	mkdir xt_mat	在当前文件夹下建立一子文件夹
dir	dir	显示当前或指定目录下的文件或子目录清单
what	what	显示当前目录下 M、MAT、MEX 这 3 类文件清单
which	which inv.m	寻求某个文件所在的文件夹
type	type xt06.m	显示某个文件的内容或注释
delete	delete xt01.m	删除文件和图形对象

表 1-10 帮助命令

命令	示例	说明
help	help mkdir	提供 MATLAB 命令、函数和 M 文件的使用和帮助信息
lookfor	lookfor Z	根据用户提供的关键字去查找相关函数的信息,常用来查找具有某种功能而不知道准确名字的命令
helpwin	helpwin graphics	打开帮助窗口显示指定的主题信息

1.9 小 结

　　MATLAB 是一个功能多样的、高度集成的、适合科学和工程计算的软件,但同时它又是一种高级程序设计语言。

　　MATLAB 的主界面集成了命令窗口、历史命令窗口、当前目录窗口、工作空间窗口和帮助窗口等 5 个窗口。它们既可单独使用,又可相互配合,为用户提供了十分灵活方便的操作环境。

　　对 MATLAB 各窗口的某项设置操作通常都有两条途径:一条是用 MATLAB 相关窗口的对话框或菜单(包括快捷菜单);另一条是在命令窗口执行某一命令。前者的优点是方便用户与 MATLAB 的交互,而后者主要是考虑到程序设计的需要和方便。

1.10 习 题

1. 单项选择题

(1) 可以用命令或是菜单清除命令窗口中的内容。若用命令,则这个命令是(　　)。
　　A. clear　　　　　　B. clc　　　　　　C. clf　　　　　　D. cls
(2) 启动 MATLAB 程序后,结果不见工作空间窗口出现,其最有可能的原因是(　　)。
　　A. 程序出了问题　　　　　　　　　　B. 桌面菜单中"workspace"菜单项未选中
　　C. 其他窗口打开太多　　　　　　　　D. 其他窗口未打开

(3) 在一个矩阵的行与行之间需用某个符号分隔,这个符号可以是(　　)。
   A. 句号　　　　B. 减号　　　　C. 逗号　　　　D. 回车

2. 多项选择题

(1) 在 MATLAB 语言中,逗号会在多种场合中用到,但代表的含义有所不同,下列哪些是它能起的作用(　　)。
   A. 分隔希望显示执行结果的命令　　B. 实现转置共轭
   C. 分隔矩阵中同一行的各元素　　　D. 分隔输入变量
   E. 用作矩阵行与行之间的分隔符

(2) 分号在 MATLAB 语言中经常会被用到,但代表的含义有所不同,下列哪些是它能起的作用(　　)。
   A. 分隔希望显示执行结果的命令
   B. 用在不希望显示执行结果的命令结尾
   C. 分隔不希望显示执行结果的命令
   D. 用作矩阵行与行之间的分隔符
   E. MATLAB 语句书写格式的要求

(3) 工具箱是 MATLAB 解决专门领域问题的特殊程序集,它有多达数十个工具箱,常用的工具箱有(　　)。
   A. 自动控制　　　B. 信号处理　　　C. 图像处理
   D. 通信仿真　　　E. 小波变换　　　F. 最优化问题

(4) 历史命令窗口能够实现的功能有(　　)。
   A. 记录并显示已经运行过的命令
   B. 可以把该窗口中的命令复制到命令窗口中
   C. 可以把该窗口中的命令选中后,用快捷菜单构造 M 文件
   D. 可以把该窗口中的命令选中后,用快捷菜单去执行

3. 填空题

(1) MATLAB 是目前国际上最流行、应用最广泛的_____软件。

(2) MATLAB 动态仿真功能是由_____工具箱提供的(用英文)。

(3) 启动 MATLAB 程序后,在默认设置下,MATLAB 会同时打开 4 个窗口,它们分别是_____、Command History、Workspace 和 Current Directory。

第 2 章 MATLAB 语言基础

教学提示：数组是一种在高级语言中被广泛使用的构造型数据结构。但与一般高级语言不同，在 MATLAB 中数组可作为一个独立的运算单位，直接进行类似简单变量的多种运算而无需采用循环结构，由此决定了数组在 MATLAB 中作为基本运算量的角色定位。数组有一维、二维和多维之分，在 MATLAB 中，它们有类似于简单变量的、统一的运算符号和运算函数。当一维数组按向量的规则实施运算时，它便是向量；二维数组按矩阵的运算规则实施运算时，它便是矩阵。数组及矩阵的基本运算构成了整个 MATLAB 的语言基础。

教学要求：了解 MATLAB 的数据类型，理解向量、矩阵、数组、函数和表达式等基本概念，掌握向量、矩阵和数组的基本运算法则和运算函数的使用。

2.1 基 本 概 念

数据类型、常量与变量是程序语言入门时必须引入的一些基本概念，MATLAB 虽是一个集多种功能于一体的集成软件，但就其语言部分而言，这些概念同样不可缺少。本节除了引入这些概念之外，还将对诸如向量、矩阵、数组、运算符、函数和表达式等一些更专门的概念给出描述和说明。

2.1.1 MATLAB 数据类型

数据作为计算机处理的对象，在程序语言中可分为多种类型，MATLAB 作为一种可编程的语言当然也不例外。MATLAB 的主要数据类型如图 2.1 所示。

MATLAB 数值型数据划分成整型和浮点型的用意和 C 语言有所不同。MATLAB 的整型数据主要为图像处理等特殊的应用问题提供数据类型，以便节省空间或提高运行速度。对一般数值运算，绝大多数情况是采用双精度浮点型的数据。

MATLAB 的构造型数据基本上与 C++的构造型数据相衔接，但它的数组却有更加广泛的含义和不同于一般语言的运算方法。

符号对象是 MATLAB 所特有的一类为符号运算而设置的数据类型。严格地说，它不是某一类型的数据，它可以是数组、矩阵、字符等多种形式及其组合，但它在 MATLAB 的工作空间中的确又是另立的一种数据类型。

MATLAB 数据类型在使用中有一个突出的特点，即对不同数据类型的变量在程序中被引用时，一般不用事先对变量的数据类型进行定义或说明，系统会依据变量被赋值的类型自动进行类型识别，这在高级语言中是极有特色的。这样处理的好处是，在书写程序时可以随时引入新的变量而不用担心会出什么问题，这的确给应用带来了很大方便。但缺点是

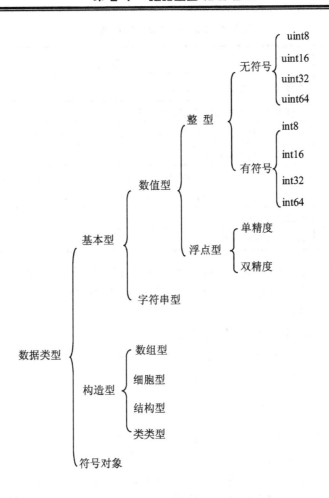

图 2.1 MATLAB 的主要数据类型

有失严谨,会给搜索和确定一个符号是否为变量名带来更多的时间开销。在 1.7.1 节中曾经指出过这一问题。

2.1.2 常量与变量

常量是程序语句中取不变值的哪些量,如表达式 y=0.618*x,其中就包含一个 0.618 这样的数值常数,它便是一数值常量。而另一表达式 s='Tomorrow and Tomorrow'中,单引号内的英文字符串"Tomorrow and Tomorrow"则是一字符串常量。

在 MATLAB 中,有一类常量是由系统默认给定一个符号来表示的,例如 pi,它代表圆周率 π 这个常数,即 3.1415926…,类似于 C 语言中的符号常量,这些常量如表 2-1 所列,有时又称为系统预定义的变量。

变量是在程序运行中其值可以改变的量,变量由变量名来表示。在 MATLAB 中变量名的命名有自己的规则,可以归纳成如下几条:

(1) 变量名必须以字母开头,且只能由字母、数字或者下画线 3 类符号组成,不能含有空格和标点符号(如( ),。% ')等。

表 2-1 MATLAB 特殊常量表

常量符号	常量含义
i 或 j	虚数单位,定义为 $i^2 = j^2 = -1$
Inf 或 inf	正无穷大,由零做除数引入此常量
NaN	不定式,表示非数值量,产生于 $0/0$、∞/∞、$0*\infty$ 等运算
pi	圆周率 π 的双精度表示
eps	容差变量,当某量的绝对值小于 eps 时,可认为此量为零,即为浮点数的最小分辨率,PC 上此值为 2^{-52}
Realmin 或 realmin	最小浮点数,2^{-1022}
Realmax 或 realmax	最大浮点数,2^{1023}

(2) 变量名区分字母的大小写。例如,"a"和"A"是不同的变量。

(3) 变量名不能超过 63 个字符,第 63 个字符后的字符被忽略,对于 MATLAB 6.5 版以前的变量名不能超过 31 个字符。

(4) 关键字(如 if、while 等)不能作为变量名。

(5) 最好不要用表 2-1 中的特殊常量符号作变量名。

常见的错误命名如 f(x),y',y'',A_2 等。

2.1.3 标量、向量、矩阵与数组

标量、向量、矩阵和数组是 MATLAB 运算中涉及的一组基本运算量。它们各自的特点及相互间的关系可以描述如下:

(1) 数组不是一个数学量,而是一个用于高级语言程序设计的概念。如果数组元素按一维线性方式组织在一起,那么称其为一维数组,一维数组的数学原型是向量。如果数组元素分行、列排成一个二维平面表格,那么称其为二维数组,二维数组的数学原型是矩阵。如果元素在排成二维数组的基础上,再将多个行、列数分别相同的二维数组叠成一本立体表格,便形成三维数组。依此类推下去,便有了多维数组的概念。在 MATLAB 中,数组的用法与一般高级语言不同,它不借助于循环,而是直接采用运算符,有自己独立的运算符和运算法则,2.1.5 节和 2.4 节将有专门讨论。

(2) 矩阵是一个数学概念,一般高级语言并未引入将其作为基本的运算量,但 MATLAB 是个例外。一般高级语言是不认可将两个矩阵视为两个简单变量而直接进行加减乘除的,要完成矩阵的四则运算必须借助于循环结构。当 MATLAB 将矩阵引入作为基本运算量后,上述局面改变了。MATLAB 不仅实现了矩阵的简单加减乘除运算,而且许多与矩阵相关的其他运算也因此大大简化了。

(3) 向量是一个数学量,一般高级语言中也未引入,它可视为矩阵的特例。从 MATLAB 的工作空间窗口可以查看到:一个 n 维的行向量是一个 $1 \times n$ 阶的矩阵,而列向量则当成 $n \times 1$ 阶的矩阵。

(4) 标量的提法也是一个数学概念,但在 MATLAB 中,一方面可将其视为一般高级语言的简单变量来处理,另一方面又可把它当成 1×1 阶的矩阵,这一看法与矩阵作为

MATLAB 的基本运算量是一致的。

(5) 在 MATLAB 中，二维数组和矩阵其实是数据结构形式相同的两种运算量。二维数组和矩阵的表示、建立、存储根本没有区别，区别只在它们的运算符和运算法则不同。

例如，向命令窗口中输入 a=[1 2;3 4]这个量，实际上它有两种可能的角色：矩阵 a 或二维数组 a。这就是说，单从形式上是不能完全区分矩阵和数组的，必须再看它使用什么运算符与其他量之间进行运算。相关运算符在 2.1.5 节会给出描述。

(6) 数组的维和向量的维是两个完全不同的概念。数组的维是从数组元素排列后所形成的空间结构去定义的：线性结构是一维，平面结构是二维，立体结构是三维，当然还有四维以至多维。向量的维相当于一维数组中的元素个数。

2.1.4 字符串

字符串是 MATLAB 中另外一种形式的运算量。正如在例 1.1 中介绍的那样，在 MATLAB 中，字符串是用单引号来标示的，例如，S='I Have a Dream.'。赋值号之后在单引号内的字符即是一个字符串，而 S 是一个字符串变量，整个语句完成了将一个字符串常量赋值给一字符串变量的操作。

在 MATLAB 中，字符串的存储是按其中字符逐个顺序单一存放的，且存放的是它们各自的 ASCII 码，由此看来字符串实际可视为一个字符数组，字符串中每个字符则是这个数组的一个元素。

字符串的相关运算将在 2.5 节讨论。

2.1.5 运算符

MATLAB 运算符可分为三大类，它们是算术运算符、关系运算符和逻辑运算符。下面分类给出它们的运算符和运算法则。

1. 算术运算符

算术运算因所处理的对象不同，分为矩阵和数组算术运算两类。表 2-2 给出的是矩阵算术运算的符号、名称、示例和使用说明，表 2-3 给出的是数组算术运算的运算符号、名称、示例和使用说明。

表 2-2 矩阵算术运算符

运算符	名称	示例	法则或使用说明
+	加	$C=A+B$	矩阵加法法则，即 $C(i,j)=A(i,j)+B(i,j)$
-	减	$C=A-B$	矩阵减法法则，即 $C(i,j)=A(i,j)-B(i,j)$
*	乘	$C=A*B$	矩阵乘法法则
/	右除	$C=A/B$	定义为线性方程组 $X*B=A$ 的解，即 $C=A/B=A*B^{-1}$
\	左除	$C=A\backslash B$	定义为线性方程组 $A*X=B$ 的解，即 $C=A\backslash B=A^{-1}*B$
^	乘幂	$C=A^B$	A、B 其中一个为标量时有定义
'	共轭转置	$B=A'$	B 是 A 的共轭转置矩阵

表 2-3 数组算术运算符

运算符	名称	示例	法则或使用说明
.*	数组乘	C=A.*B	C(i,j)=A(i,j)*B(i,j)
./	数组右除	C=A./B	C(i,j)=A(i,j)/B(i,j)
.\	数组左除	C=A.\B	C(i,j)=B(i,j)/A(i,j)
.^	数组乘幂	C=A.^B	C(i,j)=A(i,j)^B(i,j)
.'	转置	A.'	将数组的行摆放成列,复数元素不做共轭

针对表 2-2 和表 2-3 需要说明几点:

(1) 矩阵的加减、乘运算是严格按矩阵运算法则定义的,而矩阵的除法虽和矩阵求逆有关系,但却分了左、右除,因此不是完全等价的。乘幂运算更是将标量幂扩展到矩阵可作为幂指数。总的来说,MATLAB 接受了线性代数已有的矩阵运算规则,但又不仅止于此。

(2) 表 2-3 中并未定义数组的加减法,是因为矩阵的加减法与数组的加减法相同,所以未做重复定义。

(3) 不论是加减乘除,还是乘幂,数组的运算都是元素间的运算,即对应下标元素一对一的运算。

(4) 多维数组的运算法则,可依元素按下标一一对应参与运算的原则将表 2-3 推广。

2. 关系运算符

MATLAB 关系运算符列在表 2-4 中。

表 2-4 关系运算符

运算符	名称	示例	法则或使用说明
<	小于	A<B	1. A、B 都是标量,结果是或为 1(真)或为 0(假)的标量
<=	小于等于	A<=B	2. A、B 若一个为标量,另一个为数组,标量将与数组各元素逐一比较,结果为与运算数组行列相同的数组,其中各元素取值或 1 或 0
>	大于	A>B	
>=	大于等于	A>=B	3. A、B 均为数组时,必须行、列数分别相同,A 与 B 各对应元素相比较,结果为与 A 或 B 行列相同的数组,其中各元素取值或 1 或 0
==	恒等于	A==B	
~=	不等于	A~=B	4. ==和~=运算对参与比较的量同时比较实部和虚部,其他运算只比较实部

需要明确指出的是,MATLAB 的关系运算虽可看成矩阵的关系运算,但严格地讲,把关系运算定义在数组基础之上更为合理。因为从表 2-4 所列法则不难发现,关系运算是元素一对一的运算结果。数组的关系运算向下可兼容一般高级语言中所定义的标量关系运算。

3. 逻辑运算符

逻辑运算在 MATLAB 中同样需要,为此 MATLAB 定义了自己的逻辑运算符,并设定了相应的逻辑运算法则,如表 2-5 所示。

表 2-5 逻辑运算符

运算符	名　称	示　例	法则或使用说明
&	与	A&B	1. A、B 都为标量，结果是或为 1(真)或为 0(假)的标量
|	或	A|B	2. A、B 若一个为标量，另一个为数组，标量将与数组各元素逐一做逻辑运算，结果为与运算数组行列相同的数组，其中各元素取值或 1 或 0
~	非	~A	3. A、B 均为数组时，必须行、列数分别相同，A 与 B 各对应元素做逻辑运算，结果为与 A 或 B 行列相同的数组，其中各元素取值或 1 或 0
&&	先决与	A&&B	
||	先决或	A||B	4. 先决与、先决或是只针对标量的运算

同样地，MATLAB 的逻辑运算也是定义在数组的基础之上，向下可兼容一般高级语言中所定义的标量逻辑运算。

为提高运算速度，MATLAB 还定义了针对标量的先决与和先决或运算。先决与运算是当该运算符的左边为 1(真)时，才继续与该符号右边的量做逻辑运算。先决或运算是当运算符的左边为 1(真)时，就不需要继续与该符号右边的量做逻辑运算，而立即得出该逻辑运算结果为 1(真)；否则，就要继续与该符号右边的量运算。

4. 运算符的优先级

和其他高级语言一样，当用多个运算符和运算量写出一个 MATLAB 表达式时，运算符的优先次序是一个必须明确的问题。表 2-6 列出了运算符的优先次序。

表 2-6 MATLAB 运算符的优先次序

优先次序	运　算　符
最　高	'(转置共轭)、^(矩阵乘幂)、.'(转置)、.^(数组乘幂)
	~(逻辑非)
	、/(右除)、\(左除)、.(数组乘)、./(数组右除)、.\(数组左除)
	+、−
	:(冒号运算)
	<、<=、>、>=、==(恒等于)、~=(不等于)
	&(逻辑与)
	|(逻辑或)
	&&(先决与)
最　低	||(先决或)

MATLAB 运算符的优先次序在表 2-6 中依从上到下的顺序，分别由高到低。而表中同

一行的各运算符具有相同的优先级,而在同一级别中又遵循有括号先括号运算的原则。

2.1.6 命令、函数、表达式和语句

有了常量、变量、数组和矩阵,再加上各种运算符即可编写出多种 MATLAB 的表达式和语句。但在 MATLAB 的表达式或语句中,还有一类对象会时常出现,那便是命令和函数。

1. 命令

命令通常就是一个动词,在第 1 章中已经有过接触,例如 clear 命令,用于清除工作空间。还有的可能在动词后带有参数,例如 "addpath F:\MATLAB 文件\M 文件-end" 命令,用于添加新的搜索路径。在 MATLAB 中,命令与函数都组织在函数库里,有一个专门的函数库 general 就是用来存放通用命令的。一个命令也是一条语句。

2. 函数

函数对 MATLAB 而言,有相当特殊的意义,这不仅因为函数在 MATLAB 中应用面广,更在于其多。仅就 MATLAB 的基本部分而言,其所包括的函数类别就达二十多种,而每一类中又有少则几个,多则几十个函数。

基本部分之外,还有各种工具箱,而工具箱实际上也是由一组组用于解决专门问题的函数构成。不包括 MATLAB 网站上外挂的工具箱函数,就目前 MATLAB 自带的工具箱已多达几十种,可见 MATLAB 其函数之多。从某种意义上说,函数就代表了 MATLAB,MATLAB 全靠函数来解决问题。

函数最一般的引用格式是:

$$\text{函数名(参数 1, 参数 2, \cdots)}$$

例如,引用正弦函数就书写成 sin(A),A 就是一个参数,它可以是一个标量,也可以是一个数组,而对数组求其正弦是针对其中各元素求正弦,这是由数组的特征决定的,2.4.5 节会有详细的举例。

3. 表达式

用多种运算符将常量、变量(含标量、向量、矩阵和数组等)、函数等多种运算对象连接起来构成的运算式子就是 MATLAB 的表达式。例如

$$A+B\&C-\sin(A*pi)$$

就是一个表达式。请分析它与表达式(A+B)&C-sin(A*pi)有无区别。

4. 语句

在 MATLAB 中,表达式本身即可视为一个语句。而典型的 MATLAB 语句是赋值语句,其一般的结构是:

$$\text{变量名=表达式}$$

例如 F=(A+B)&C-sin(A*pi)就是一个赋值语句。

除赋值语句外,MATLAB 还有函数调用语句、循环控制语句、条件分支语句等。这些语句将会在后面章节逐步介绍。

2.2 向量运算

向量是高等数学、线性代数中讨论过的概念。虽是一个数学的概念,但它同时又在力学、电磁学等许多领域中被广泛应用。电子信息学科的电磁场理论课程就以向量分析和场论作为其数学基础。

向量是一个有方向的量。在平面解析几何中,它用坐标表示成从原点出发到平面上的一点(a,b),数据对(a,b)称为一个二维向量。立体解析几何中,则用坐标表示成(a,b,c),数据组(a,b,c)称为三维向量。线性代数推广了这一概念,提出了 n 维向量,在线性代数中,n 维向量用 n 个元素的数据组表示。

MATLAB 讨论的向量以线性代数的向量为起点,多可达 n 维抽象空间,少可应用到解决平面和空间的向量运算问题。下面首先讨论在 MATLAB 中如何生成向量的问题。

2.2.1 向量的生成

在 MATLAB 中,生成向量主要有 3 种方案:直接输入法、冒号表达式法和函数法,现分述如下。

1. 直接输入法

在命令提示符之后直接输入一个向量,其格式是:向量名=[a1,a2,a3,...]

【例 2.1】 直接法输入向量。

```
>>A=[2,3,4,5,6],B=[1;2;3;4;5],C=[4 5 6 7 8 9];   %最后一个分号表示执行后不
                                                    显示 C
```

其运行结果为

```
A =
     2     3     4     5     6
B =
     1
     2
     3
     4
     5
```

2. 冒号表达式法

利用冒号表达式 a1:step:an 也能生成向量,式中 a1 为向量的第一个元素,an 为向量最后一个元素的限定值,step 是变化步长,省略步长时系统默认为 1。

【例 2.2】 用冒号表达式生成向量。

```
>>A=1:2:10,B=1:10,C=10:-1:1,D=10:2:4,E=2:-1:10
```

其运行结果为

```
A =
    1    3    5    7    9
B =
    1    2    3    4    5    6    7    8    9   10
C =
   10    9    8    7    6    5    4    3    2    1
D =
    Empty matrix: 1-by-0
E =
    Empty matrix: 1-by-0
```

试分析 D、E 不能生成的原因。

3. 函数法

有两个函数可用来直接生成向量。一个实现线性等分——linspace( )；另一个实现对数等分——logspace( )。

线性等分的通用格式为 A=linspace(a1,an,n)，其中 a1 是向量的首元素，an 是向量的尾元素，n 把 a1 至 an 之间的区间分成向量的首尾之外的其他 n-2 个元素。省略 n 则默认生成 100 个元素的向量。

【例 2.3】 请在 MATLAB 命令窗口输入以下语句，观察用线性等分函数生成向量的结果。

```
>>A=linspace(1,50),B=linspace(1,30,10)
```

对数等分的通用格式为 A=logspace(a1,an ,n)，其中 a1 是向量首元素的幂，即 $A(1)=10^{a1}$；an 是向量尾元素的幂，即 $A(n)=10^{an}$。n 是向量的维数。省略 n 则默认生成 50 个元素的对数等分向量。

【例 2.4】 请在 MATLAB 命令窗口输入以下语句，观察用对数等分函数生成向量的结果。

```
>>A=logspace(0,49),B=logspace(0,4,5)
```

尽管用冒号表达式和线性等分函数都能生成线性等分向量，但在使用时有几点区别值得注意：

(1) an 在冒号表达式中，它不一定恰好是向量的最后一个元素，只有当向量的倒数第二个元素加步长等于 an 时，an 才正好构成尾元素。如果一定要构成一个以 an 为末尾元素的向量，那么最可靠的生成方法是用线性等分函数。

(2) 在使用线性等分函数前，必须先确定生成向量的元素个数，但使用冒号表达式将依着步长和 an 的限制去生成向量，用不着去考虑元素个数的多少。

(3) 实际应用时，同时限定尾元素和步长去生成向量，有时可能会出现矛盾，此时必须做出取舍。要么坚持步长优先，调整尾元素限制；要么坚持尾元素限制，去修改等分步长。

2.2.2 向量的加减和数乘运算

在 MATLAB 中，维数相同的行向量之间可以相加减，维数相同的列向量也可相加减，标量数值可以与向量直接相乘除。

【例 2.5】 向量的加、减和数乘运算。

```
>>A=[1 2 3 4 5];B=3:7;C=linspace(2,4,3); AT=A';BT=B';
>>E1=A+B,E2=A-B,F=AT-BT,G1=3*A,G2=B/3,H=A+C
```

其运行结果为

```
E1 =
     4     6     8    10    12
E2 =
    -2    -2    -2    -2    -2
F =
    -2
    -2
    -2
    -2
    -2
G1 =
     3     6     9    12    15
G2 =
    1.0000    1.3333    1.6667    2.0000    2.3333
??? Error using ==> +
Matrix dimensions must agree.
```

上述实例执行后，H=A+C 显示了出错信息，表明维数不同的向量之间的加减法运算是非法的。

2.2.3 向量的点、叉积运算

向量的点积即数量积，叉积又称向量积或矢量积。点积、叉积甚至两者的混合积在场论中是极其基本的运算。MATLAB 是用函数实现向量点、叉积运算的。下面举例说明向量的点积、叉积和混合积运算。

1. 点积运算

点积运算(***A·B***)的定义是参与运算的两向量各对应位置上元素相乘后，再将各乘积相加。所以向量点积的结果是一标量而非向量。

点积运算函数是：dot(A,B)，A、B 是维数相同的两向量。

【例 2.6】 向量点积运算。

```
>>A=1:10;B=linspace(1,10,10); AT=A';BT=B';
>>e=dot(A,B),f=dot(AT,BT)
```

其运算结果为

```
e =
   385
f =
   385
```

2. 叉积运算

在数学描述中，向量 ***A***、***B*** 的叉积是一新向量 ***C***，***C*** 的方向垂直于 ***A*** 与 ***B*** 所决定的平面。用三维坐标表示时

$$A = A_x\boldsymbol{i} + A_y\boldsymbol{j} + A_z\boldsymbol{k}$$
$$B = B_x\boldsymbol{i} + B_y\boldsymbol{j} + B_z\boldsymbol{k}$$
$$C = A \times B = (A_yB_z - A_zB_y)\boldsymbol{i} + (A_zB_x - A_xB_z)\boldsymbol{j} + (A_xB_y - A_yB_x)\boldsymbol{k}$$

叉积运算的函数是：cross(A,B)，该函数计算的是 A、B 叉积后各分量的元素值，且 A、B 只能是三维向量。

【例 2.7】 合法向量叉积运算。

```
>>A=1:3,B=3:5
>>E=cross(A,B)
```

其运算结果为

```
A =
    1    2    3
B =
    3    4    5
E =
   -2    4   -2
```

【例 2.8】 非法向量叉积运算(不等于三维的向量做叉积运算)。

```
>>A=1:4,B=3:6,C=[1 2],D=[3 4]
>>E=cross(A,B),F=cross(C,D)
```

其运行结果为

```
A =
    1    2    3    4
B =
    3    4    5    6
C =
    1    2
D =
    3    4
??? Error using ==> cross
A and B must have at least one dimension of length 3.
```

3. 混合积运算

综合运用上述两个函数就可实现点积和叉积的混合运算，该运算也只能发生在三维向量之间，现示例如下。

【例 2.9】 向量混合积示例。

```
>>A=[1 2 3],B=[3 3 4],C=[3 2 1]
>>D=dot(C,cross(A,B))
```

其运行结果为

```
A =
    1    2    3
B =
    3    3    4
C =
```

$$D = \begin{matrix} 3 & 2 & 1 \\ 4 & & \end{matrix}$$

请问：点叉积函数的顺序是否可以颠倒？

2.3 矩阵运算

矩阵运算是 MATLAB 特别引入的一种运算。一般高级语言只定义了标量(语言中通常分为常量和变量)的各种运算，MATLAB 将此推广，把标量换成了矩阵，而标量则成了矩阵的元素或视为矩阵的特例。如此一来，MATLAB 既可用简单的方法解决原本复杂的矩阵运算问题，又可向下兼容处理标量运算。

为方便后续的讨论，本节准备在讨论矩阵运算之前先用两小节将矩阵元素的存储次序和表示方法进行说明。

2.3.1 矩阵元素的存储次序

假设有一个 $m \times n$ 阶的矩阵 A，如果用符号 i 表示它的行下标，用符号 j 表示它的列下标，那么这个矩阵中第 i 行、第 j 列的元素就可表示为 $A(i,j)$。

如果要将一个矩阵存储在计算机中，MATLAB 规定矩阵元素在存储器中的存放次序是按列的先后顺序存放，即存完第 1 列后，再存第 2 列，依次类推。例如有一个 3×4 阶的矩阵 B，若要把它存储在计算机中，其存放次序就如表 2-7 所列。

表 2-7 矩阵 B 的各元素存储次序

次序	元 素	次序	元 素	次序	元 素	次序	元 素
1	B(1,1)	4	B(1,2)	7	B(1,3)	10	B(1,4)
2	B(2,1)	5	B(2,2)	8	B(2,3)	11	B(2,4)
3	B(3,1)	6	B(3,2)	9	B(3,3)	12	B(3,4)

作为矩阵的特例，一维数组或者说向量元素是依其元素本身的先后次序进行存储的。

必须指出，不是所有高级语言都这样规定矩阵(或数组)元素的存储次序，例如 C 语言就是按行的先后顺序来存放数组元素，即存完第 1 行后，再存第 2 行，依次类推。记住这一点对正确使用高级语言的接口技术是十分有益的。

2.3.2 矩阵元素的表示及相关操作

弄清了矩阵元素的存储次序，现在来讨论矩阵元素的表示方法和应用。在 MATLAB 中，矩阵除了以矩阵名为单位整体被引用外，还可能涉及对矩阵元素的引用操作，所以矩阵元素的表示也是一个必须交待的问题。

1. 元素的下标表示法

矩阵元素的表示采用下标法。在 MATLAB 中有全下标方式和单下标方式两种方案，现分述如下：

(1) 全下标方式：用行下标和列下标来标示矩阵中的一个元素，这是一个被普遍接受和采用的方法。对一个 $m\times n$ 阶的矩阵 A，其第 i 行、第 j 列的元素用全下标方式就表示成 $A(i,j)$。

(2) 单下标方式：将矩阵元素按存储次序的先后用单个数码顺序地连续编号。仍以 $m\times n$ 阶的矩阵 A 为例，全下标元素 $A(i,j)$ 对应的单下标表示便是 $A(s)$，其中 $s=(j-1)\times m+i$。

必须指出，i、j、s 这些下标符号，不能只将其视为单数值下标，也可理解成用向量表示的一组下标，全面准确的理解请分析例 2.10 及其运行后的结果。

【例 2.10】 元素的下标表示。

```
>>A=[1 2 3;6 5 4;8 7 9]
A =
     1     2     3
     6     5     4
     8     7     9
>>A(2,3),A(6)      %显示矩阵中全下标元素 A(2,3)和单下标元素 A(6)的值
ans =
     4
ans =
     7
>>A(1:2,3)         %显示矩阵 A 第 1、2 两行的第 3 列的元素值
ans =
     3
     4
>>A(6:8)           %显示矩阵 A 单下标第 6~8 号元素的值，此处是用一向量表示一下标区间
ans =
     7     3     4
```

2. 矩阵元素的赋值

矩阵元素的赋值有 3 种方式：全下标方式、单下标方式和全元素方式。必须声明，用后两种方式赋值的矩阵必须是被引用过的矩阵，否则，系统会提示出错信息。

(1) 全下标方式：在给矩阵的单个或多个元素赋值时，采用全下标方式接收。

【例 2.11】 全下标接收元素赋值。

```
>>clear                    %不要因工作空间中已有内容干扰了后面的运算
>>A(1:2,1:3)=[1 1 1;1 1 1] %可用一矩阵给矩阵 A 的 1~2 行 1~3 列的全部元素赋值为 1
A =
     1     1     1
     1     1     1
>>A(3,3)=2                 %给原矩阵中并不存在的元素下标赋值会扩充矩阵阶数，注
                           %意补 0 的原则
A =
     1     1     1
     1     1     1
     0     0     2
```

(2) 单下标方式：在给矩阵的单个或多个元素赋值时，采用单下标方式接收。

【例2.12】 单下标接收元素赋值(续例2.11)。

```
>>A(3:6)=[-1 1 1 -1]              %可用一向量给单下标表示的连续多个矩阵元素赋值
A =
     1     1     1
     1     1     1
    -1    -1     2
>> A(3)=0;A(6)=0                  %用单下标对单一元素赋值
A =
     1     1     1
     1     1     1
     0     0     2
```

(3) 全元素方式：将矩阵 **B** 的所有元素全部赋值给矩阵 **A**，即 **A(:)=B**，不要求 **A**、**B** 同阶，只要求元素个数相等。

【例2.13】 全元素方式赋值。

```
>> A(:)=1:9                       %将一向量按列之先后赋值给矩阵A，A在上例已被引用
A =
     1     4     7
     2     5     8
     3     6     9
>> A(3,4)=16,B=[11 12 13;14 15 16;17 18 19;0 0 0]
                                  %扩充矩阵A，生成4×3阶矩阵B
A =
     1     4     7     0
     2     5     8     0
     3     6     9    16
B =
    11    12    13
    14    15    16
    17    18    19
     0     0     0
>> A(:)=B                         %将4×3阶矩阵B按列全部赋给3×4阶矩阵A
A =
    11     0    18    16
    14    12     0    19
    17    15    13     0
```

3. 矩阵元素的删除

在 MATLAB 中，可以用空矩阵(用[]表示)将矩阵中的单个元素、某行、某列、某矩阵子块及整个矩阵中的元素删除。

【例2.14】 删除元素操作。

```
>>clear
>>A(2:3,2:3)=[1 1;2 2]            %生成一新矩阵A
A =
     0     0     0
     0     1     1
     0     2     2
>> A(2,:)=[]                      %删除A矩阵的第2行，":"可表示所有行或列
```

```
A =
    0    0    0
    0    2    2
>> A(1:2)=[]                    %删除新矩阵 A 的前两个单下标元素，矩阵变成向量
A =
    0    2    0    2
>> A=[]                         %删除所有元素
A =
    []
```

2.3.3 矩阵的创建

在 MATLAB 中建立矩阵的方法很多，本节将介绍 7 种，它们分别是：直接输入法、抽取法、拼接法、函数法、拼接函数和变形函数法、加载法和 M 文件法。不同的方法往往适用于不同的场合和需要。

因为矩阵是 MATLAB 特别引入的量，所以在表达时，必须给出一些相关的约定与其他量区别，这些约定是：

(1) 矩阵的所有元素必须放在方括号([])内；
(2) 每行的元素之间需用逗号或空格隔开；
(3) 矩阵的行与行之间用分号或回车符分隔；
(4) 元素可以是数值或表达式。

这些约定同样适用于 2.4 节将要讨论的数组。

1. 直接输入法

在命令行提示符 ">>" 后，直接输入一矩阵的方法即是直接输入法。直接输入法对建立规模较小的矩阵是相当方便的，特别适用于在命令窗口讨论问题的场合，也适用于在程序中给矩阵变量赋初值。

【例 2.15】 用直接输入法建立矩阵。

```
>>x=27;y=3;
>>A=[1 2 3;4 5 6];B=[2,3,4;7,8,9;12,2*6+1,14];
>>C=[3  4  5
     7  8  x/y
     10 11 12];               %用回车符而非分号分隔矩阵各行
>>A,B,C
```

其运算结果为

```
A =
    1    2    3
    4    5    6
B =
    2    3    4
    7    8    9
    12   13   14
C =
    3    4    5
    7    8    9
    10   11   12
```

2. 抽取法

抽取法是从大矩阵中抽取出需要的小矩阵(或子矩阵)。线性代数中分块矩阵就是一个典型的从大矩阵中取出子矩阵块的实例。

矩阵的抽取实质是元素的抽取，依据 2.3.2 节的介绍，用元素下标的向量表示从大矩阵中去提取元素就能完成抽取过程。

1) 用全下标方式

【例 2.16】 用全下标抽取法建立子矩阵。

```
>>clear
>>A=[1 2 3 4;5 6 7 8;9 10 11 12;13 14 15 16]
A =
     1     2     3     4
     5     6     7     8
     9    10    11    12
    13    14    15    16
>>B=A(1:3,2:3)              % 取矩阵 A 行数为 1～3，列数为 2～3 的元素构成子矩阵 B
B =
     2     3
     6     7
    10    11
>>C=A([1 3],[2 4])          %取矩阵 A 行数为 1、3，列数为 2、4 的元素构成子矩阵 C
C =
     2     4
    10    12
>>D=A(4,:)                  %取矩阵 A 第 4 行，所有列，":"可表示所有行或列
D =
    13    14    15    16
>>E=A([2 4],end)            %取 1、4 行，最后列，用"end"表示某一维数中的最大值
E =
     8
    16
```

2) 用单下标方式

【例 2.17】 用单下标抽取法建立子矩阵。

```
>>clear
>>A=[1 2 3 4;5 6 7 8;9 10 11 12;13 14 15 16]
A =
     1     2     3     4
     5     6     7     8
     9    10    11    12
    13    14    15    16
>>B=A([4:6;3 5 7;12:14])
B =
    13     2     6
     9     2    10
    15     4     8
```

本例是从矩阵 A 中取出单下标 4～6 的元素做第 1 行，单下标 3、5、7 这 3 个元素做第 2 行，单下标 12～14 的元素做第 3 行，生成一 3×3 阶新矩阵 B。若用 B=A([4:6;[3 5 7];12:14])

的格式去抽取也是正确的，关键在于若要抽取出矩阵，就必须在单下标引用中的最外层加上一对方括号，以满足 MATLAB 对矩阵的约定。另外，其中的分号也不能少。分号若改写成逗号时，矩阵将变成向量，例如用 C=A([4:5,7,10:13])抽取，则结果为 C=[13 2 10 7 11 15 4]。

3. 拼接法

行数与行数相同的小矩阵可在列方向扩展拼接成更大的矩阵。同理，列数与列数相同的小矩阵可在行方向扩展拼接成更大的矩阵。

【例2.18】 小矩阵拼成大矩阵。

```
>> A=[1 2 3;4 5 6;7 8 9],B=[9 8;7 6;5 4],C=[4 5 6;7 8 9]
A =
     1     2     3
     4     5     6
     7     8     9
B =
     9     8
     7     6
     5     4
C =
     4     5     6
     7     8     9
>> E=[A B;B A]              %行列两个方向同时拼接，请留意行、列数的匹配问题
E =
     1     2     3     9     8
     4     5     6     7     6
     7     8     9     5     4
     9     8     1     2     3
     7     6     4     5     6
     5     4     7     8     9
>> F=[A;C]                  %A、C 列数相同，沿行向扩展拼接
     1     2     3
     4     5     6
     7     8     9
     4     5     6
     7     8     9
```

4. 函数法

MATLAB 有许多函数可以生成矩阵，大致可分为基本函数和特殊函数两类。基本函数主要生成一些常用的工具矩阵，如表 2-8 所示。特殊函数则生成一些特殊矩阵，如希尔伯特矩阵、魔方矩阵、帕斯卡矩阵、范德蒙矩阵等，这些矩阵如表 2-9 所示。

表 2-8 常用工具矩阵生成函数

函　　数	功　　能
zeros(m,n)	生成 m×n 阶的全 0 矩阵
ones(m,n)	生成 m×n 阶的全 1 矩阵

续表

函　　数	功　　能
rand(m,n)	生成取值在 0～1 之间满足均匀分布的随机矩阵
randn(m,n)	生成满足正态分布的随机矩阵
eye(m,n)	生成 m×n 阶的单位矩阵

表 2-9　特殊矩阵生成函数

函　数	功　能	函　数	功　能
compan	Companion 矩阵	magic	魔方矩阵
gallery	Higham 测试矩阵	pascal	帕斯卡矩阵
hadamard	Hadamard 矩阵	rosser	经典对称特征值测试矩阵
hankel	Hankel 矩阵	toeplitz	Toeplitz 矩阵
hilb	Hilbert 矩阵	vander	范德蒙矩阵
invhilb	反 Hilbert 矩阵	wilkinson	Wilkinson's 特征值测试矩阵

在表 2-8 的常用工具矩阵生成函数中，除了 eye 外，其他函数都能生成三维以上的多维数组(2.4.2 节将给出介绍)，而 eye(m,n)可生成非方阵的单位阵。

【例 2.19】 用函数生成矩阵。

```
>>A=ones(3,4),B=eye(3,4),C=magic(3)
A =
    1   1   1   1
    1   1   1   1
    1   1   1   1
B =
    1   0   0   0
    0   1   0   0
    0   0   1   0
C =
    8   1   6
    3   5   7
    4   9   2
>> format rat;D=hilb(3),E=pascal(4)      %rat 的数值显示格式可将小数用分数表示
D =
    1      1/2    1/3
    1/2    1/3    1/4
    1/3    1/4    1/5
E =
    1   1   1   1
    1   2   3   4
    1   3   6   10
    1   4   10  20
```

n 阶魔方矩阵的特点是每行、每列和两对角线上的元素之和各等于$(n^3+n)/2$。例如上例中 3 阶魔方阵每行、每列和两对角线元素和为 15。希尔伯特矩阵的元素在行、列方向和对

角线上的分布规律是显而易见的,而帕斯卡矩阵在其副对角线及其平行线上的变化规律实际上就是中国人称为杨辉三角而西方人称帕斯卡三角的变化规律。

5. 拼接函数和变形函数法

拼接函数法是指用 cat 和 repmat 函数将多个或单个小矩阵或沿行、或沿列方向拼接成一个大矩阵。

cat 函数的使用格式是:cat(n,A1,A2,A3,…),n=1 时,表示沿行方向拼接;n=2,表示沿列方向拼接。n 可以是大于 2 的数字,此时拼接出的是多维数组,2.4.2 节将会加以讨论。

repmat 函数的使用格式是:repmat(A,m,n…),m 和 n 分别是沿行和列方向重复拼接矩阵 A 的次数。

【例 2.20】 用 cat 函数实现矩阵 $A1$ 和 $A2$ 分别沿行向和沿列向的拼接。

```
>> A1=[1 2 3;9 8 7;4 5 6],A2=A1.'
A1 =
    1    2    3
    9    8    7
    4    5    6
A2 =
    1    9    4
    2    8    5
    3    7    6
>> cat(1,A1,A2,A1)              %沿行向拼接
ans =
    1    2    3
    9    8    7
    4    5    6
    1    9    4
    2    8    5
    3    7    6
    1    2    3
    9    8    7
    4    5    6
>> cat(2,A1,A2)                 %沿列向拼接
ans =
    1    2    3    1    9    4
    9    8    7    2    8    5
    4    5    6    3    7    6
```

【例 2.21】 用 repmat 函数对矩阵 $A1$ 实现沿行向和沿列向的拼接(续例 2.20)。

```
>> repmat(A1,2,2)
ans =
    1    2    3    1    2    3
    9    8    7    9    8    7
    4    5    6    4    5    6
    1    2    3    1    2    3
    9    8    7    9    8    7
    4    5    6    4    5    6
```

```
>> repmat(A1,2,1)
ans =
    1    2    3
    9    8    7
    4    5    6
    1    2    3
    9    8    7
    4    5    6
>> repmat(A1,1,3)
ans =
    1    2    3    1    2    3    1    2    3
    9    8    7    9    8    7    9    8    7
    4    5    6    4    5    6    4    5    6
```

变形函数法主要是把一向量通过变形函数 reshape 变换成矩阵，当然也可将一个矩阵变换成一个新的、与之阶数不同的矩阵。reshape 函数的使用格式是：reshape(A,m,n...)，m 和 n 分别是变形后新矩阵的行列数。

【例 2.22】 用变型函数生成矩阵。

```
>>A=linspace(2,18,9)
A =
    2    4    6    8   10   12   14   16   18
>>B=reshape(A,3,3)          %注意新矩阵的排列方式，从中体会矩阵元素的存储次序
B =
    2    8   14
    4   10   16
    6   12   18
>>a=20:2:24;b=a.';          %生成 3 个元素的列向 b，便于将矩阵 B 扩展成 3×4 阶的矩阵 C
>>C=[B b],D=reshape(C,4,3)  %将 3×4 阶的矩阵 C 变形成 4×3 阶的矩阵 D
C =
    2    8   14   20
    4   10   16   22
    6   12   18   24
D =
    2   10   18
    4   12   20
    6   14   22
    8   16   24
```

6. 加载法

所谓加载法是指将已经存放在外存中的 .mat 文件读入 MATLAB 工作空间中。这一方法的前提是：必须在外存中事先已保存了该 .mat 文件且数据文件中的内容是所需的矩阵。

在用 MATLAB 编程解决实际问题时，可能需要将程序运行的中间结果用 .mat 保存在外存中以备后面的程序调用。这一调用过程实质就是将外存中的数据(包括矩阵)加载到 MATLAB 内存工作空间以备当前程序使用。

加载的方法具体有菜单法和命令法，在命令窗口中交互讨论问题时，用菜单和用命令都可用来加载数据，但在程序设计时就只能用命令去书写程序了。具体来说，加载用的菜

单是命令窗口中的 File|Import Data，而命令则是 load。

【例 2.23】 利用外存数据文件加载矩阵。

```
>> clear
>> load sl2_19      %从外存中加载事先保存在可搜索路径中的数据文件 sl2_19.mat

>> who              %询问加载的矩阵名称，参见 1.8 节表 1.8 的命令
Your variables are:
A

>> A                %显示加载的矩阵内容
A =
     4     5     6     7
     1     2     3     4
     9     8     7     6
```

7. M 文件法

M 文件法和加载法其实十分相似，都是将事先保存在外存中的矩阵读入内存工作空间中，不同点在于加载法读入的是数据文件(.mat)，而 M 文件法读入的是内容仅为矩阵的.m 文件。

M 文件一般是程序文件，其内容通常为命令或程序设计语句，但也可存放矩阵，因为给一个矩阵赋值本身就是一条语句。在程序设计中，当矩阵的规模较大，而这些矩阵又要经常被引用时，若每次引用都采用直接输入法，这样既容易出错又很笨拙。一个省时、省力而又保险的方法就是：先用直接输入法将某个矩阵准确无误地赋值给一个程序中会被反复引用的矩阵，且用 M 文件将其保存。每当用到该矩阵时，就只需在程序中引用该 M 文件即可。

2.3.4 矩阵的代数运算

矩阵的代数运算应包括线性代数中讨论的诸多方面，限于篇幅，本节仅就一些常用的代数运算在 MATLAB 中的实现给予描述。

本节所描述的代数运算包括求矩阵行列式的值、矩阵的加减乘除、矩阵的求逆、求矩阵的秩、求矩阵的特征值与特征向量、矩阵的乘方与开方等。这些运算在 MATLAB 中有些是由运算符完成的，但更多的运算是由函数实现的。

1. 求矩阵行列式的值

求矩阵行列式的值由函数 det(A) 实现。

【例 2.24】 求给定矩阵的行列式值。

```
>> A=[3 2 4;1 -1 5;2 -1 3],D1=det(A)
A =
     3     2     4
     1    -1     5
     2    -1     3
D1 =
    24
```

```
>> B=ones(3),D2=det(B),C=pascal(4),D3=det(C)
B =
     1     1     1
     1     1     1
     1     1     1
D2 =
     0
C =
     1     1     1     1
     1     2     3     4
     1     3     6    10
     1     4    10    20
D3 =
     1
```

2. 矩阵加减、数乘与乘法

矩阵的加减法、数乘和乘法可用表 2-2 介绍的运算符来实现。

【例 2.25】 已知矩阵

$$A=\begin{bmatrix} 1 & 3 \\ 2 & -1 \end{bmatrix}, B=\begin{bmatrix} 3 & 0 \\ 1 & 2 \end{bmatrix}$$

求 $A+B$，$2A$，$2A-3B$，AB。

```
>>A=[1 3;2 -1];B=[3 0;1 2];
>>A+B
ans =
     4     3
     3     1
>> 2*A
ans =
     2     6
     4    -2
>> 2*A-3*B
ans =
    -7     6
     1    -8
>> A*B
ans =
     6     6
     5    -2
```

因为矩阵加减运算的规则是对应元素相加减，所以参与加减运算的矩阵必须是同阶矩阵。而数与矩阵的加减乘除的规则一目了然，但矩阵相乘有定义的前提是两矩阵内阶相等。

3. 求矩阵的逆矩阵

在 MATLAB 中，求一个 n 阶方阵的逆矩阵远比线性代数中介绍的方法来得简单，只需调用函数 inv(A)即可实现。

【例 2.26】 求矩阵 A 的逆矩阵。

```
>> A=[1 0 1;2 1 2;0 4 6]
A =
     1     0     1
     2     1     2
     0     4     6
>> format rat;A1=inv(A)
A1 =
    -1/3      2/3     -1/6
    -2        1        0
     4/3     -2/3      1/6
```

4. 矩阵的除法

有了矩阵求逆运算后，线性代数中不再需要定义矩阵的除法运算。但为与其他高级语言中的标量运算保持一致，MATLAB 保留了除法运算，并规定了矩阵的除法运算法则，又因照顾到解不同线性代数方程组的需要，提出了左除和右除的概念。

左除即 A\B=inv(A)*B，右除即 A/B=A*inv(B)，相关运算符的定义参见 2.1.5 节表 2-2 的说明。

【例 2.27】 求下列线性方程组的解

$$\begin{cases} x_1 + 4x_2 - 7x_3 + 6x_4 = 0 \\ 2x_2 + x_3 + x_4 = -8 \\ x_2 + x_3 + 3x_4 = -2 \\ x_1 + x_3 - x_4 = 1 \end{cases}$$

解：此方程可列成两组不同的矩阵方程形式。

一是，设 X=[x_1;x_2;x_3;x_4]为列向量，矩阵 A= [1 4 –7 6;0 2 1 1;0 1 1 3;1 0 1 –1]，B=[0;-8;-2;1] 为列向量，则方程形式为 $AX=B$，其求解过程用左除：

```
>>A=[1 4 -7 6;0 2 1 1;0 1 1 3;1 0 1 -1],B=[0;-8;-2;1],x=A\B
A =
     1     4    -7     6
     0     2     1     1
     0     1     1     3
     1     0     1    -1
B =
     0
    -8
    -2
     1
x =
     3.0000
    -4.0000
    -1.0000
     1.0000
>> inv(A)*B
ans =
     3.0000
    -4.0000
```

```
    -1.0000
     1.0000
```

由此可见，A\B 的确与 inv(A)*B 相等。

二是，设 $X=[x_1\ x_2\ x_3\ x_4]$ 为行向量，矩阵 A=[1 0 0 1;4 2 1 0;-7 1 1 1;6 1 3 -1]，矩阵 B=[0 -8 -2 1]为行向量，则方程形式为 $XA=B$，其求解过程用右除：

```
>>A=[1 0 0 1;4 2 1 0;-7 1 1 1;6 1 3 -1],B=[0 -8 -2 1],x=B/A
A =
     1     0     0     1
     4     2     1     0
    -7     1     1     1
     6     1     3    -1
B =
     0    -8    -2     1
x =
    3.0000   -4.0000   -1.0000    1.0000
>> B*inv(A)
ans =
    3.0000   -4.0000   -1.0000    1.0000
```

由此可见，A/B 的确与 B*inv(A)相等。

本例用左右除法两种方案求解了同一线性方程组的解，计算结果证明两种除法都是准确可用的，区别只在于方程的书写形式不同而已。

另需说明一点，本例所求的是一个恰定方程组的解，对超定和欠定方程，MATLAB 矩阵除法同样能给出其解，限于篇幅，在此不做讨论。

5. 求矩阵的秩

矩阵的秩是线性代数中一个重要的概念，它描述了矩阵的一个数值特征。在 MATLAB 中求秩运算是由函数 rank(A)完成。

【例 2.28】 求矩阵的秩。

```
>> B=[1 3 -9 3;0 1 -3 4;-2 -3 9 6],rb=rank(B)
B =
     1     3    -9     3
     0     1    -3     4
    -2    -3     9     6
rb =
     2
```

6. 求矩阵的特征值与特征向量

矩阵的特征值与特征向量是在最优控制、经济管理等许多领域都会用到的重要数学概念。在 MATLAB 中，求矩阵 A 的特征值和特征向量的数值解，有两个函数可用：一是 [X,λ]=eig(A)，另一是[X,λ]=eigs(A)。但后者因采用迭代法求解，在规模上最多只给出 6 个特征值和特征向量。

【例 2.29】 求矩阵 A 的特征值和特征向量。

```
>> A=[1 -3 3;3 -5 3;6 -6 4], [X,Lamda]=eig(A)
```

```
A =
    1    -3     3
    3    -5     3
    6    -6     4
X =
    0.4082    0.4082   -0.1203
    0.4082   -0.4082   -0.7595
    0.8165   -0.8165   -0.6393

Lamda =
    4.0000         0         0
         0   -2.0000         0
         0         0   -2.0000
```

Lamda 用矩阵对角线方式给出了矩阵 A 的特征值为 $\lambda_1=4$，$\lambda_2=\lambda_3=-2$。而与这些特征值相应的特征向量则由 X 的各列来代表，X 的第 1 列是 λ_1 的特征向量，第 2 列是 λ_2 的，其余类推。必须说明，矩阵 A 的某个特征值对应的特征向量不是有限的，更不是唯一的，而是无穷的。所以，例中结果只是一个代表向量而已。有关知识请参阅线性代数教材。

7. 矩阵的乘幂与开方

在 MATLAB 中，矩阵的乘幂运算与线性代数相比已经做了扩充，在线性代数中，一个矩阵 A 自己连乘数遍，就构成了矩阵的乘方，例如 A^3。但 3^A 这种形式在线性代数中就没有明确定义了，而 MATLAB 则承认其合法性并可进行运算。矩阵的乘方有自己的运算符(^)。

同样地，矩阵的开方运算也是 MATLAB 自己定义的，它的依据在于开方所得矩阵相乘正好等于被开方的矩阵。矩阵的开方运算由函数 sqrtm(A)实现。

【例 2.30】 矩阵的乘幂与开方运算。

```
>> A=[1 -3 3;3 -5 3;6 -6 4];
>> A^3
ans =
    28   -36    36
    36   -44    36
    72   -72    64

>> A^1.2
ans =
   1.7097 - 0.6752i  -3.5683 - 0.6752i   3.5683 + 0.6752i
   3.5683 + 0.6752i  -5.4270 - 2.0256i   3.5683 + 0.6752i
   7.1367 + 1.3504i  -7.1367 - 1.3504i   5.2780 - 0.0000i

>> 3^A
ans =
   40.5556  -40.4444   40.4444
   40.4444  -40.3333   40.4444
   80.8889  -80.8889   81.0000
```

```
>> A1=sqrtm(A)
A1 =
   1.0000 + 0.7071i  -1.0000 + 0.7071i   1.0000 - 0.7071i
   1.0000 - 0.7071i  -1.0000 + 2.1213i   1.0000 - 0.7071i
   2.0000 - 1.4142i  -2.0000 + 1.4142i   2.0000 - 0.0000i

>> A1^2
ans =
   1.0000 - 0.0000i  -3.0000 + 0.0000i   3.0000
   3.0000 - 0.0000i  -5.0000 + 0.0000i   3.0000 - 0.0000i
   6.0000 - 0.0000i  -6.0000 + 0.0000i   4.0000 - 0.0000i
```

本例中，矩阵 **A** 的非整数次幂是依据其特征值和特征向量进行运算的，如果用 **X** 表示特征向量，Lamda 表特征值，具体计算式是 A^p=Lamda*X.^p/Lamda。

需要强调指出的是，矩阵的乘方和开方运算是以矩阵作为一个整体的运算，而不是针对矩阵每个元素施行的。强调的目的在于与 2.4.3 节数组的乘幂和开方运算相区别。

8. 矩阵的指数与对数

矩阵的指数与对数运算也是以矩阵为整体而非针对元素的运算。和标量运算一样，矩阵的指数与对数运算也是一对互逆的运算，也就是说，矩阵 A 的指数运算可以用对数去验证，反之亦然。

矩阵指数运算的函数有多个，例如 expm( )、expm1( )、expm2( ) 和 expm3( ) 等，其中最常用的是 expm(A)；而对数运算函数则是 logm(A)。

【例 2.31】 矩阵的指数与对数运算。

```
>> A=[1 -1 1;2 -4 1;1 -5 3]
A =
     1    -1     1
     2    -4     1
     1    -5     3

>> Ae=expm(A)
Ae =
    1.3719   -3.7025    4.4810
    0.3987   -2.3495    2.9241
   -2.5254   -7.6138    9.5555

>> Ael=logm(Ae)
Ael =
    1.0000   -1.0000    1.0000
    2.0000   -4.0000    1.0000
    1.0000   -5.0000    3.0000
```

9. 矩阵转置

在 MATLAB 中，矩阵的转置被分成共轭转置和非共轭转置两大类。共轭转置有专门的运算符列在表 2-2 中。但就一般实矩阵而言，共轭转置与非共轭转置的效果没有区别，复矩阵则在转置的同时实现共轭。

单纯的转置运算可以用函数 transpose(Z) 实现，不论实矩阵还是复矩阵都只实现转置而不做共轭变换。具体情况见下例。

【例 2.32】 矩阵转置运算。

```
>> a=1:9
a =
     1     2     3     4     5     6     7     8     9
>> A=reshape(a,3,3)
A =
     1     4     7
     2     5     8
     3     6     9
>> B=A'
B =
     1     2     3
     4     5     6
     7     8     9
>> Z=A+i*B
Z =
   1.0000 + 1.0000i   4.0000 + 2.0000i   7.0000 + 3.0000i
   2.0000 + 4.0000i   5.0000 + 5.0000i   8.0000 + 6.0000i
   3.0000 + 7.0000i   6.0000 + 8.0000i   9.0000 + 9.0000i
>> Z'
ans =
   1.0000 - 1.0000i   2.0000 - 4.0000i   3.0000 - 7.0000i
   4.0000 - 2.0000i   5.0000 - 5.0000i   6.0000 - 8.0000i
   7.0000 - 3.0000i   8.0000 - 6.0000i   9.0000 - 9.0000i
>> transpose(A)
ans =
     1     2     3
     4     5     6
     7     8     9
>> transpose(Z)
ans =
   1.0000 + 1.0000i   2.0000 + 4.0000i   3.0000 + 7.0000i
   4.0000 + 2.0000i   5.0000 + 5.0000i   6.0000 + 8.0000i
   7.0000 + 3.0000i   8.0000 + 6.0000i   9.0000 + 9.0000i
```

10. 矩阵的提取与翻转

矩阵的提取和翻转是针对矩阵的常见操作。在 MATLAB 中，这些操作都由函数实现，这些函数如表 2-10 所示。

表 2-10 矩阵结构形式提取与翻转函数

函 数	功 能
triu(A)	提取矩阵 A 的右上三角元素，其余元素补 0
tril(A)	提取矩阵 A 的左下三角元素，其余元素补 0
diag(A)	提取矩阵 A 的对角线元素

续表

函　　数	功　　能
flipud(A)	矩阵 A 沿水平轴上下翻转
fliplr(A)	矩阵 A 沿垂直轴左右翻转
flipdim(A,dim)	矩阵 A 沿特定轴翻转。dim=1，按行翻转；dim=2，按列翻转
rot90(A)	矩阵 A 整体逆时针旋转 90°

下面举例说明他们的应用。

【例 2.33】 矩阵提取与翻转。

```
>> a=linspace(1,23,12)
a =
     1     3     5     7     9    11    13    15    17    19    21    23
>> A=reshape(a,4,3)'
A =
     1     3     5     7
     9    11    13    15
    17    19    21    23
>> fliplr(A)
ans =
     7     5     3     1
    15    13    11     9
    23    21    19    17
>> flipdim(A,2)
ans =
     7     5     3     1
    15    13    11     9
    23    21    19    17
>> flipdim(A,1)
ans =
    17    19    21    23
     9    11    13    15
     1     3     5     7
>> triu(A)
ans =
     1     3     5     7
     0    11    13    15
     0     0    21    23
>> tril(A)
ans =
     1     0     0     0
     9    11     0     0
    17    19    21     0
>> diag(A)
ans =1
    11
    21
```

2.4 数组运算

数组是一般高级语言中都有的概念，但它在 MATLAB 中却又表现出个性。MATLAB 数组的个性体现在运算法则和运算方法与众不同，且具有明显的优点。它的与众不同在于其运算法则是针对其中每一个元素的，数组之间的运算讲究元素的一一对应，因而数组之间的加减乘除就直接在元素之间对应展开，而无需用到循环语句。它的优点是利用数组结构可以简化同类运算，例如将同类对象组织在一个数组中，再对它实施某种函数操作，一次批量解决问题。随着学习的进一步深入，对此将有更深刻的体会。

2.4.1 多维数组元素的存储次序

因为二维数组与矩阵结构相同，所以存储方案也就相同。而矩阵元素的存储次序已在 2.3.1 节讨论过了，因此，本小节只讨论多维数组元素存储次序问题。

多维数组元素的存储次序实际就是二维数组(或矩阵)元素存储原则的扩展。以一个 $m \times n \times 1$ 的三维数组 A 为例，考虑到它是由多个 $m \times n$ 的二维数组(表)叠放而成的，如果用符号 i 表示每个二维数组(表)的行下标，用符号 j 表示每个二维数组(表)的列下标，另外再用符号 k 表示数组 A 的另一维(称为页的)下标，那么数组 A 中第 i 行、第 j 列、第 k 页的元素就可表示为 A(i,j,k)。

例如，要将一个 $3 \times 2 \times 2$ 的三维数组 B 存储在计算机中，其元素的存储次序就按表 2-11 所列序号存放。

表 2-11 数组 B 的各元素存储次序

序号	元 素	序号	元 素	序号	元 素	序号	元 素
1	B(1,1,1)	4	B(1,2,1)	7	B(1,1,2)	10	B(1,2,2)
2	B(2,1,1)	5	B(2,2,1)	8	B(2,1,2)	11	B(2,2,2)
3	B(3,1,1)	6	B(3,2,1)	9	B(3,1,2)	12	B(3,2,2)

表 2-11 中，排在前 6 的是第 1 页的元素，排在 7~12 的是第 2 页的元素。由此可见，三维数组元素的存放原则是按页优先，即第 1 页存完后再存第 2 页，依次类推。而同一页中则按列优先。

2.4.2 多维数组的创建

抛开运算法则，单从形式上讲，向量即是一种一维数组，而矩阵是一种二维数组。从这一理解出发，创建一维数组和二维数组的方法已经在前面两节讲过了。

因此，本小节只准备介绍 3 种三维以上数组的创建方法。它们分别是下标赋值法、工具阵函数法、拼接和变形函数法。

1. 下标赋值法

对多维数组的下标赋值法采用全下标方式。以三维为例，在全下标方式下，在原有行列下标表示的基础上,再增加页下标,针对每一页下标赋值一个二维数组即可构成一个三维数组。

【例 2.34】 创建一个两页的三维数组。

```
>> A=[1,2,3;4 5 6;7,8,9];B=reshape([10:18],3,3).';    %创建两个二维数组
>> C(:,:,1)=A; C(:,:,2)=B;                %将 A、B 分别赋给三维数组的页下标 1、2

>> C                                      %显示三维数组 C,留意三维数组的表示形式
C(:,:,1) =
     1     2     3
     4     5     6
     7     8     9
C(:,:,2) =
    10    11    12
    13    14    15
    16    17    18
```

2. 工具阵函数法

在 2.3.3 节的表 2-8 中,曾经给出了常用工具矩阵的生成函数,并且也曾指出,除 eye( ) 函数外,这些函数不但能生成矩阵,而且还能生成多维数组。现举例如下。

【例 2.35】 用 zeros、ones、rand 和 randn 函数生成多维数组。

```
>> zeros(2,3,3)
ans(:,:,1) =
     0     0     0
     0     0     0
ans(:,:,2) =
     0     0     0
     0     0     0
ans(:,:,3) =
     0     0     0
     0     0     0

>> ones(2,3,2,2)              %生成一个四维数组,留意下面给出的表示形式
ans(:,:,1,1) =
     1     1     1
     1     1     1
ans(:,:,2,1) =
     1     1     1
     1     1     1
ans(:,:,1,2) =
     1     1     1
     1     1     1
ans(:,:,2,2) =
     1     1     1
     1     1     1

>> rand(2,3,2)
ans(:,:,1) =
    0.9501    0.6068    0.8913
```

```
         0.2311    0.4860    0.7621
    ans(:,:,2) =
         0.4565    0.8214    0.6154
         0.0185    0.4447    0.7919

>> randn(2,2,2)
ans(:,:,1) =
    -0.4326    0.1253
    -1.6656    0.2877
ans(:,:,2) =
    -1.1465    1.1892
     1.1909   -0.0376
```

3. 拼接和变形函数法

拼接和变形函数及其使用格式在 2.3.3 节已经给出。并且当时已经提到它们具有构成多维数组的能力，现举例如下。

【例 2.36】 用 cat 和 repmat 函数创建三维数组。

```
>> A1=[1 2 3;9 8 7;4 5 6],A2=A1.'
A1 =
     1    2    3
     9    8    7
     4    5    6
A2 =
     1    9    4
     2    8    5
     3    7    6
>> cat(3,A1,A2)          %数字3表示在页方向上拼接，形成有两页的三维数组，参见2.3.3节
ans(:,:,1) =
     1    2    3
     9    8    7
     4    5    6
ans(:,:,2) =
     1    9    4
     2    8    5
     3    7    6
>> repmat(A1,[1,1,2])    %数字2表示在页方向上放两个矩阵A1，形成共有两页的三维数组
ans(:,:,1) =
     1    2    3
     9    8    7
     4    5    6
ans(:,:,2) =
     1    2    3
     9    8    7
     4    5    6
```

【例 2.37】 用 reshape 函数变形生成三维数组。

```
>> A=1:18
>> reshape(A,3,3,2)      %体会三维数组元素的存放次序
ans(:,:,1) =
```

```
           1     4     7
           2     5     8
           3     6     9
ans(:,:,2) =
          10    13    16
          11    14    17
          12    15    18
```

上述函数不仅能生成三维数组,还可生成更多维的数组,限于篇幅不再举例。

2.4.3 数组的代数运算

本节主要介绍数组的加减乘除、乘幂与开方、指数与对数等运算,通过实例来体会数组代数运算与矩阵代数运算的区别。

1. 数组的加减、数乘与乘法

数组加减运算的运算符与矩阵相同,定义在表 2-2 中,而乘法运算的运算符在表 2-3 中已经定义。现举例说明应用。

【例 2.38】 一维和二维数组的加减乘运算。

```
>> A1=[6 5 4 3 2 1];B1=[1 2 3 4 5 6];
>> C1=A1+B1,C2=C1-B1,C3=A1.*B1
C1 =
     7     7     7     7     7     7
C2 =
     6     5     4     3     2     1
C3 =
     6    10    12    12    10     6
>> A2=reshape(A1,2,3),B2=reshape(B1,2,3)
A2 =
     6     4     2
     5     3     1
B2 =
     1     3     5
     2     4     6
>> D1=A2+B2,D2=3.*A2,D3=A2.*B2        %体会对应元素相加减和相乘
D1 =
     7     7     7
     7     7     7
D2 =
    18    12     6
    15     9     3
D3 =
     6    12    10
    10    12     6
```

【例 2.39】 三维数组的乘法示例(续例 2.38)。

```
>> A3=cat(3,D2,D3),B3=repmat(D1,[1,1,2])
A3(:,:,1) =
```

```
              18    12     6
              15     9     3
   A3(:,:,2) =
               6    12    10
              10    12     6
   B3(:,:,1) =
               7     7     7
               7     7     7
   B3(:,:,2) =
               7     7     7
               7     7     7
>> A3.*B3                        %体会三维数组对应元素相乘的含义
   ans(:,:,1) =
             126    84    42
             105    63    21
   ans(:,:,2) =
              42    84    70
              70    84    42
```

2. 数组的除法

为了与矩阵运算相对应，数组的除法运算也分左、右除来定义，其运算符及其定义列在表 2-3 中。

【例 2.40】 用例 2.38 的数据做数组的左右除。

```
>> D1./4
   ans =
       1.7500    1.7500    1.7500
       1.7500    1.7500    1.7500
>> 4./D1
   ans =
       0.5714    0.5714    0.5714
       0.5714    0.5714    0.5714
>> A3./B3                %请与下面B3.\A3的结果相比较，体会数组左右除的含义
   ans(:,:,1) =
       2.5714    1.7143    0.8571
       2.1429    1.2857    0.4286
   ans(:,:,2) =
       0.8571    1.7143    1.4286
       1.4286    1.7143    0.8571
>> B3.\A3
   ans(:,:,1) =
       2.5714    1.7143    0.8571
       2.1429    1.2857    0.4286
   ans(:,:,2) =
       0.8571    1.7143    1.4286
       1.4286    1.7143    0.8571
```

3. 数组的乘幂与开方

在表 2-3 中，数组的幂运算符是 .^，但数组的开方运算需借助开方函数 sqrt 才能完成，

没有开方运算符。

【例 2.41】 对 2×3 的二维数组 A 的乘幂与开方运算。

```
>> A=[1 2 3;4 5 6]; A2p=A.^2, App=A.^1.5
A2p =
     1     4     9
    16    25    36
App =
    1.0000    2.8284    5.1962
    8.0000   11.1803   14.6969
>> As=sqrt(A)
As =
    1.0000    1.4142    1.7321
    2.0000    2.2361    2.4495
>> App1=sqrt(A.^3)               %请与 A.^1.5 的结果相比较
App1 =
    1.0000    2.8284    5.1962
    8.0000   11.1803   14.6969
```

4. 数组的指数与对数

数组的指数与对数运算也没有专门的运算符，但可借助指数函数 exp( )和对数函数 log( )来实现。

【例 2.42】 求数组 A 的指数和对数。

```
>> A=[1 2 3;4 5 6]
A =
     1     2     3
     4     5     6
>> Ae=exp(A),Al=log(A)
Ae =
    2.7183    7.3891   20.0855
   54.5982  148.4132  403.4288
Al =
         0    0.6931    1.0986
    1.3863    1.6094    1.7918
```

5. 数组或矩阵的单纯转置

单纯转置运算在表 2-3 中有其运算符 '.''。与矩阵的转置运算符 ' 相比较，它不具备转置的同时完成共轭运算的功能，所以它是单纯转置的，对复矩阵也是如此。下面实例就说明了这一点。

【例 2.43】 对复矩阵 A 做单纯转置运算。

```
>> a=[1 2 3;4 5 6];b=[2 3 4;5 6 7];
>> A=a+i*b
A =
   1.0000 + 2.0000i   2.0000 + 3.0000i   3.0000 + 4.0000i
   4.0000 + 5.0000i   5.0000 + 6.0000i   6.0000 + 7.0000i
>> B=A.'
B =
   1.0000 + 2.0000i   4.0000 + 5.0000i
```

```
   2.0000 + 3.0000i   5.0000 + 6.0000i
   3.0000 + 4.0000i   6.0000 + 7.0000i
```

分析数组代数运算的上述实例之后，再与矩阵运算相比较，一个深刻的印象便是两个数组之间的运算，不论它是加减、还是乘除，讲究的是元素一对一的运算。而数乘、数除和幂运算也是将一个单数(或幂)分配到数组的每个元素中(或上)。开方、指数和对数还是将执行相应运算的函数作用于每个数组元素上。

但是矩阵则不然，除了矩阵加减法要求元素的一一对应之外，矩阵的乘法、除法、乘幂、开方、指数和对数都是将矩阵视为一个整体参与运算。导致这种区别的原因在于矩阵运算采用的是线性代数法则，而线性代数中矩阵本身就不是一个单纯数的集合，矩阵已经失去了单纯数的性质而呈现自身的特点。但数组完全是将一些单纯的数汇集起来，让它们批量地参与运算。了解这些有利于准确理解 MATLAB 的矩阵与数组运算，有利于弄清这些运算各自适用的场合，便于今后在实际应用中做出正确选择。

2.4.4 数组的关系与逻辑运算

在 2.1.5 节介绍 MATLAB 的运算符时已经指出，关系与逻辑运算尽管可以将其视为矩阵的运算，但认真分析关系与逻辑运算的规则，不难发现，它们更多地体现了数组运算的特征，譬如，两个矩阵的关系逻辑运算是元素一对一的关系比较或逻辑运算，这一点与数组的各种代数运算法则是一脉相承的。又如，参与关系与逻辑运算的两矩阵必须同阶(行、列数分别相同)。所以本书将关系与逻辑运算放到数组运算中，但也不排斥将其视为矩阵的运算。并且不论是视为数组运算，还是矩阵运算，它们的运算结果将根据应用场合的不同，既可视为数组，也可视为矩阵。

1. 数组的关系运算

数组的关系运算主要是由表 2-4 所列关系运算符来实现。表中一共列出了 6 种关系运算并且说明了相关的运算法则。现仅举一例加以说明。

【例 2.44】 找出 6 阶魔方矩阵中所有能被 3 整除的元素，并在其位置上标 1。

```
>> A=magic(6)
A =
    35     1     6    26    19    24
     3    32     7    21    23    25
    31     9     2    22    27    20
     8    28    33    17    10    15
    30     5    34    12    14    16
     4    36    29    13    18    11
>> P=mod(A,3)==0
P =
     0     0     1     0     0     1
     1     0     0     1     0     0
     0     1     0     0     1     0
     0     0     1     0     0     1
     1     0     0     1     0     0
     0     1     0     0     1     0
```

本例中，mod(A,B)是一个求余函数，用于求 A 除以 B 的余数。若整除，其余数为 0，那么，mod(A,B)==0 的结果就为 1，否则为 0。矩阵 P 正反映了这一结果。

2. 数组的逻辑运算

数组的逻辑运算一共有 6 种，但表 2-5 中只给出了 5 个运算符，因异或运算没有运算符只有运算函数 xor( )。另外，与、或、非 3 种运算符也有各自对应的函数，它们分别是 and( )、or( )、not( )。

【例 2.45】 数组的逻辑运算示例。

```
>> A=pascal(3),B=eye(3)
A =
     1     1     1
     1     2     3
     1     3     6
B =
     1     0     0
     0     1     0
     0     0     1
>> A&B
ans =
     1     0     0
     0     1     0
     0     0     1
>> A|B
ans =
     1     1     1
     1     1     1
     1     1     1
>> ~B
ans =
     0     1     1
     1     0     1
     1     1     0
>> xor(A,B)
ans =
     0     1     1
     1     0     1
     1     1     0
>> a=0;b=1;
>> a&&b
ans =
     0
>> a=1;b=0;
>> a||b
ans =
     1
```

尽管通过例题看不到先决与和先决或的执行过程，但从执行结果中至少看出这两种运算符在 MATLAB 中是有定义的。

3. 与逻辑运算相关的函数

MATLAB 除定义了自己的关系和逻辑运算之外,还设计了一组相关的函数。出于判断的目的,这些函数可能经常会被采用,所以,表 2-12 列出了这些函数。

表 2-12 常用的逻辑运算函数

函 数	功 能 说 明
all(A,n)	分行、列判断 A 中每行、列元素是否全非 0,是则该行、列取 1,非则取 0。$n=1$,表列向判断;$n=2$,表行向判断
any(A,n)	分行、列判断 A 中每行、列元素是否有非 0,是则该行、列取 1,非则取 0。$n=1$,表列向判断;$n=2$,表行向判断
isnan(A)	判断 A 中各元素是否为非数值量(NaN),是则取 1,非则取 0
isinf(A)	判断 A 中各元素是否为无穷大,是则取 1,非则取 0
isnumeric(A)	判断 A 的元素是否全为数值量,是则返回结果 1,非为 0
isreal(A)	判断 A 的元素是否全为实数量,是则返回结果 1,非为 0
isempty(A)	判断 A 是否为空阵,是则返回结果 1,非为 0
find(A)	用单下标表示返回数组 A 中非 0 元素的下标值

【例 2.46】 常用逻辑运算函数举例。

```
>> A=[1 2 3;0 4 5;8 9 0]
A =
     1     2     3
     0     4     5
     8     9     0
>> all(A,1)
ans =
     0     1     0
>> all(A,2)
ans =
     1
     0
     0
>> B=1:4
B =
     1     2     3     4
>> any(B)
ans =
     1
>> any(B,1)
ans =
     1     1     1     1
>> any(B,2)
ans =
     1
>> isnan(A)
```

```
ans =
     0     0     0
     0     0     0
     0     0     0
>> isnumeric(A)
ans =
     1
```

2.4.5 数组和矩阵函数的通用形式

在 MATLAB 中，除了少数由运算符定义的矩阵或数组运算外，还有大量的运算是通过函数实现的。例如，前面已经提到的矩阵和数组的开方、指数、对数运算等。但是 MATLAB 的函数远不止这些，依靠函数实现的运算几乎涵盖了 MATLAB 所有可能的应用领域或各种可能的工具箱。

据前已知，矩阵的开方、指数、对数运算使用的函数分别是 sqrtm( )、expm( )、logm( )，而对应数组操作的上述函数则是 sqrt( )、exp( )、log( )。如果照此下去，那么 MATLAB 必须为矩阵和数组的函数运算提供两套函数符号，果真如此，这种开销实属多余。因为所谓的矩阵函数运算大多数情况下真正的作用对象是数组而非矩阵，因为大多数情况下是针对矩阵中的每一个元素函数运算，而非矩阵整体。如此一来，只需定义一套针对数组的运算函数符号就可以了。若真需要针对矩阵的运算时，则在利用数组函数的基础上，采用所谓通用形式即可。

实际上，MATLAB 仅有少数几个针对矩阵的函数，如 sqrtm( )、expm( )、logm( )，而绝大多数函数运算是采用通用形式。

矩阵函数运算的通用形式，就是借用数组函数名来实现针对矩阵整体的运算。以矩阵 A 的开方运算为例，其通用形式是：funm(A,'sqrt')，其中借用了数组函数 sqrt。它的结果与 sqrtm(A)相互等效。依此类推，矩阵 A 的对数函数可表达为 funm(A,'log')。

因为上面讨论过的数组与矩阵函数的统一性，所以下面只给出一组针对数组的常用数学运算函数，如表 2-13、表 2-14、表 2-15 所示。如果需要，这些函数都可用通用格式完成对矩阵整体的运算。

表 2-13 基本数学函数

函数符号	名称或功能	函数符号	名称或功能
abs	求绝对值或复数的模	log10	以 10 为底的对数
sqrt	开平方	round	四舍五入并取整
angle	求复数相角	fix	向最接近 0 方向取整
real	求复数实部	floor	向接近 $-\infty$ 方向取整
imag	求复数虚部	ceil	向接近 $+\infty$ 方向取整
conj	求复数的共轭	rem(a,b)	求 a/b 的有符号余数
exp	自然指数	mod(c,m)	求 c/m 的正余数
ln	以 e 为底的对数	sign	符号函数
log2	以 2 为底的对数		

表2-14 基本三角函数

函数符号	名称或功能	函数符号	名称或功能
sin	正弦	sinh	双曲正弦
cos	余弦	cosh	双曲余弦
tan	正切	tanh	双曲正切
asin	反正弦	asinh	反双曲正弦
acos	反余弦	acosh	反双曲余弦
atan	反正切	atanh	反双曲正切

表2-15 特殊函数

函数符号	名称或功能	函数符号	名称或功能
besselj	第一类贝塞尔函数	gamma	γ 函数
bessely	第二类贝塞尔函数	gammainc	不完全的 γ 函数
besselh	第三类贝塞尔函数	ellipj	Jacobi 椭圆函数
legendre	联合勒让德函数	ellipke	第一种完全椭圆积分
beta	β 函数	erf	误差函数
betainc	不完全的 β 函数	rat	有理逼近

【例2.47】 以 2° 为间隔利用 sin( ) 函数结合数组求正弦函数表。

```
>> ang=0:2:90;angle1=ang.*pi/180;
>> sin(angle1)
ans =
  Columns 1 through 7
        0    0.0349    0.0698    0.1045    0.1392    0.1736    0.2079
  Columns 8 through 14
   0.2419    0.2756    0.3090    0.3420    0.3746    0.4067    0.4384
  Columns 15 through 21
   0.4695    0.5000    0.5299    0.5592    0.5878    0.6157    0.6428
  Columns 22 through 28
   0.6691    0.6947    0.7193    0.7431    0.7660    0.7880    0.8090
  Columns 29 through 35
   0.8290    0.8480    0.8660    0.8829    0.8988    0.9135    0.9272
  Columns 36 through 42
   0.9397    0.9511    0.9613    0.9703    0.9781    0.9848    0.9903
  Columns 43 through 46
   0.9945    0.9976    0.9994    1.0000
```

本例以 2° 为间隔，通过构造一维度数数组，然后在其上施加正弦函数运算，一次性地批量求得了 0°～90° 之间的 46 个函数值。通过此例，读者可初次体会到 MATLAB 的数组运算在数值计算领域的强大功能。需要说明的是，以 2° 为间隔是受到本书篇幅的限制，任何细分的间隔都是可实现的。

【例 2.48】 用矩阵函数的通用形式求矩阵的对数。

```
>> A=[2 3 4;5 6 7;8 9 10]
A =
     2     3     4
     5     6     7
     8     9    10
>> B=funm(A,'log10')
B =
  -2.4810 + 0.9456i    5.4987 + 0.2274i   -2.3901 - 0.4908i
   5.6293 + 0.0903i  -10.1738 + 0.0217i    5.7600 - 0.0469i
  -2.1288 - 0.7650i    5.8906 - 0.1840i   -1.9584 + 0.3971i
```

当把 A 视为数组时，下面给出了相应的计算结果。请与例 2.45 比较，体会数组与矩阵函数的区别。

```
>> Ba=log10(A)
Ba =
    0.3010    0.4771    0.6021
    0.6990    0.7782    0.8451
    0.9031    0.9542    1.0000
```

2.5 字符串运算

MATLAB 虽有字符串概念，但和 C 语言一样，仍是将其视为一个一维字符数组对待。因此本节针对字符串的运算或操作，对字符数组也有效。

2.5.1 字符串变量与一维字符数组

当把某个字符串赋值给一个变量后，这个变量便因取得这一字符串而被 MATLAB 作为字符串变量来识别。更进一步，当观察 MATLAB 的工作空间窗口时，字符串变量的类型是字符数组类型(即 char array)。而从工作空间窗口去观察一个一维字符数组时，也发现它具有与字符串变量相同的数据类型。由此推知，字符串与一维字符数组在运算处理和操作过程中是等价的。

1. 给字符串变量赋值

用一个赋值语句即可完成字符串变量的赋值操作，现举例如下。

【例 2.49】 将 3 个字符串分别赋值给 S1、S2、S3 这 3 个变量。

```
>> S1='go home',S2='朝闻道,夕死可矣',S3='go home.朝闻道,夕死可矣'
S1 =
go home
S2 =
朝闻道,夕死可矣
S3 =
go home.朝闻道,夕死可矣
```

2. 一维字符数组的生成

因为向量的生成方法就是一维数组的生成方法，而一维字符数组也是数组，与数值数组的不同是字符数组中的元素是一个个字符而非数值。因此，原则上生成向量的方法就能生成字符数组。当然最常用的还是直接输入法。

【例 2.50】 用 3 种方法生成字符数组。

```
>>Sa=['I love my teacher, ' 'I' ' love truths ' 'more profoundly.']
Sa =
I love my teacher, I love truths more profoundly.
>>Sb=char('a':2:'r')                          %冒号法
Sb =
acegikmoq
>>Sc=char(linspace('e','t',10))               %函数法
Sc =
efhjkmoprt
```

本例中，char( )是一个将数值转换成字符串的函数，2.5.2 节将有讨论。另外，请注意观察 Sa 在工作空间窗口中的各项数据，尤其是 size 的大小，不要以为它只有 4 个元素，从中体会 Sa 作为一个字符数组的真正含义。

2.5.2 对字符串的多项操作

对字符串的操作主要由一组函数实现，这些函数中有求字符串长度和矩阵阶数的 length( )和 size( )，有字符串和数值相互转换的 double( )和 char( )等。下面举例说明用法。

1. 求字符串长度

length( )和 size( )虽然都能测字符串、数组或矩阵的大小，但用法上有区别。length( )只从它们各维中挑出最大维的数值大小，而 size( )则以一个向量的形式给出所有各维的数值大小。两者的关系是：length( )=max(size( ))。请仔细体会下面的举例。

【例 2.51】 length( )和 size( )函数的用法。

```
>> Sa=['I love my teacher, ' 'I' ' love truths ' 'more profoundly.'];
>> length(Sa)
ans =
    49
>> size(Sa)
ans =
    1    49
>> A=[1 2 3;4 5 6];
>> length(A)
ans =
    3
>> A=[1 2 ;4 5; 6 7];
>> length(A)
ans =
    3
>> size(A)
```

```
ans =
     3     2
```

2. 字符串与一维数值数组的相互转换

字符串是由若干字符组成的，在 ASCII 码中，每个字符又可对应一个数值编码，例如字符 A 对应 65。如此一来，字符串又可在一个一维数值数组之间找到某种对应关系。这就构成了字符串与数值数组之间可以相互转换的基础。

【例 2.52】 用 abs( )、double( )和 char( )、setstr( )实现字符串与数值数组的相互转换。

```
>> S1='I am nobody';
>> As1=abs(S1)
As1 =
    73    32    97   109    32   110   111    98   111   100   121
>> As2=double(S1)
As2 =
    73    32    97   109    32   110   111    98   111   100   121
>> char(As2)
ans =
I am nobody
>> setstr(As2)
ans =
I am nobody
```

3. 比较字符串

strcmp(S1,S2)是 MATLAB 的字符串比较函数，当 S1 与 S2 完全相同时，返回值为 1；否则，返回值为 0。

【例 2.53】 strcmp( )的用法。

```
>> S1='I am nobody';
>> S2='I am nobody.';
>> strcmp(S1,S2)
ans =
     0
>> strcmp(S1,S1)
ans =
     1
```

4. 查找字符串

findstr(S,s)是从某个长字符串 S 中查找子字符串 s 的函数。返回的结果值是子串在长串中的起始位置。

【例 2.54】 findstr( )的用法。

```
>> S='I believe that love is the greatest thing in the world.';
>> findstr(S,'love')
ans =
    16
```

5. 显示字符串

disp( )是一个原样输出其中内容的函数，它经常在程序中做提示说明用。其用法见下例。

【例 2.55】 disp( )的用法。

```
>> disp('两串比较的结果是：'),Result=strcmp(S1,S1),disp('若为 1 则说明两串完全相同，为 0 则不同。')
```

两串比较的结果是：

```
Result =
     1
```

若为 1 则说明两串完全相同，为 0 则不同。

除了上面介绍的这些字符串操作函数外，相关的函数还有很多，限于篇幅，不再一一介绍，有需要时可通过 MATLAB 帮助获得相关主题的信息。

2.5.3 二维字符数组

二维字符数组其实就是由字符串纵向排列构成的数组。借用构造数值数组的方法，可以用直接输入法生成或连接函数法获得。下面用两个实例加以说明。

【例 2.56】 将 $S1$、$S2$、$S3$、$S4$ 分别视为数组的 4 行，用直接输入法沿纵向构造二维字符数组。

```
>> S1='路修远以多艰兮，';
>> S2='腾众车使径侍。';
>> S3='路不周以左转兮，';
>> S4='指西海以为期！';
>> S=[S1;S2,' ';S3;S4,' ']        %此法要求每行字符数相同，不够时要补齐空格
S =
路修远以多艰兮，
腾众车使径侍。
路不周以左转兮，
指西海以为期！
>> S=[S1;S2,' ';S3;S4]             %每行字符数不同时，系统提示出错
??? Error using ==> vertcat
All rows in the bracketed expression must have the same
number of columns.
```

可以将字符串连接生成二维数组的函数有多个，在下例 2.54 中将主要介绍 char( )、strvcat( )和 str2mat( )这 3 个函数。

【例 2.57】 用 char( )、strvcat( )和 str2mat( )函数生成二维字符数组的示例。

```
>> S1a='I''m nobody,'; S1b=' who are you?';    %注意串中有单引号时的处理方法
>> S2='Are you nobody too?';
>> S3='Then there''s a pair of us.';            %注意串中有单引号时的处理方法
>> SS1=char([S1a,S1b],S2,S3)
SS1 =
I'm nobody, who are you?
Are you nobody too?
Then there's a pair of us.
>> SS2=strvcat(strcat(S1a,S1b),S2,S3)
SS2 =
I'm nobody, who are you?
Are you nobody too?
```

```
Then there's a pair of us.
>> SS3=str2mat(strcat(S1a,S1b),S2,S3)
SS3 =
I'm nobody, who are you?
Are you nobody too?
Then there's a pair of us.
```

例 2.57 中，strcat( )和 strvcat( )两函数的区别在于，前者是将字符串沿横向连接成更长的字符串，而后者是将字符串沿纵向连接成二维字符数组。

2.6 小　　结

常量、变量、函数、运算符和表达式是所有程序设计语言中必不可少的要件，MATLAB 也不例外。但是 MATLAB 的特殊性在于它对上述这些要件做了多方面的扩充或拓展。

MATLAB 把向量、矩阵、数组当成了基本的运算量，给它们定义了具有针对性的运算符和运算函数，使其在语言中的运算方法与数学上的处理方法更趋一致。

从字符串的许多运算或操作中不难看出，MATLAB 在许多方面与 C 语言非常相近，目的就是为了与 C 语言和其他高级语言保持良好的接口能力。认清这点对进行大型程序设计与开发是有重要意义的。

2.7 习　　题

1. 单项选择题

(1) 矩阵每一行中的元素之间要用某个符号分隔，这个符号可以是(　　)。
　　A. 分号　　　　B. 减号　　　　C. 回车　　　　D. 空格
(2) ones(n,m)函数是用来产生特殊矩阵的，由它形成的矩阵称为(　　)。
　　A. 单位矩阵　　B. 行向量　　　C. 1 矩阵　　　D. 列向量
(3) 在 MATLAB 中，函数 log(x)是对 x 求对数，它的底是(　　)。
　　A. 2　　　　　B 10　　　　　C. x　　　　　　D. e
(4) 当 $a=-3.2$，使用取整函数得出-4，则该取整函数是(　　)。
　　A. fix　　　　　B. round　　　　C. ceil　　　　D. floor
(5) 表达式 ax^3+by^2 改写成 MATLAB 的语句形式是(　　)。
　　A. ax3+by2　　　　　　　　　　B. a*x3+b*y2
　　C. a×x3+b×y2　　　　　　　　D. a*x^3+b*y^2
(6) 已知 a=0:1:4, b=5:-1:1，下面的运算表达式出错的是(　　)。
　　A. a+b　　　　B. a*b　　　　　C. a'*b　　　　D. a./b
(7) 将矩阵 a=[1 2 3;4 5 6;7 8 9]改变成 b=[3 6 9;2 5 8;1 4 7]的命令是(　　)。
　　A. b=a'　　　　B. b=flipud(a)　　C. b=mfliplr(a)　　D. b=rot90(a)

2. 判断题

(1) 使用函数 zeros(5)生成的是一个具有 5 个元素的向量。

(2) 在 MATLAB 命令窗口直接输入矩阵时，矩阵数据要用中括号括起来，且元素间必须用逗号分隔。

(3) A.*B 时必须要求 A 和 B 结构大小相同，否则不能进行运算。

(4) A、B 两个行列分别相同的数组，当执行 A>B 的关系运算后，其结果是 0 或者 1。

(5) strcat( )和 strvcat( )两函数都能将多个字符串连接起来形成新的字符串。

(6) abs( )是一个针对数值量求绝对值的函数。

(7) length( )是一个只能求字符串长度或向量维数的函数。

(8) funm(A,'log')和 logm(A)是效果相同的两个函数。

3. 填空题

(1) 有矩阵 A=[1 2 3 4; 5 6 7 8; 9 10 11 12; 13 14 15 16]，且有向量 x=[2,4]，当对它进行如下运算后的结果是：

C=A(x,:)=_____。

(2) x 为从 0 到 4π 步长 0.1π 的向量,使用命令 _____
_____创建。

(3) 语句 x=logspace(0,2,3)生成的向量 x 是：_____。

(4) 有矩阵 A=[4 2 3 4; 16 6 7 8; 9 10 11 12; 1 14 15 5]，当对它进行 B=A(:,[1,3])运算，结果是：B=_____。

(5) 下列语句 A=linspace(2,18,9);B=reshape(A,3,3)的执行结果是：

B=_____。

第 3 章 MATLAB 数值运算

教学提示：每当难以对一个函数进行积分或者微分以确定一些特殊的值时，可以借助计算机在数值上近似所需的结果，从而生成其他方法无法求解的问题的近似解。这在计算机科学和数学领域，称为数值分析。本章涉及的数值分析的主要内容有插值与多项式拟合、数值微积分、线性方程组的数值求解、微分方程的求解等，掌握这些主要内容及相应的基本算法有助于分析、理解、改进甚至构造新的数值算法。

教学要求：本章主要是让学生掌握数值分析中多项式插值和拟合、牛顿-科茨系列数值求积公式、3 种迭代方法求解线性方程组、解常微分方程的欧拉法和龙格-库塔法等具体的数值算法，并要求这些数值算法能在 MATLAB 中实现。

3.1 多 项 式

在工程及科学分析上，多项式常被用来模拟一个物理现象的解析函数。之所以采用多项式，是因为它很容易计算，多项式运算是数学中最基本的运算之一。在高等数学中，多项式一般可表示为以下形式：$f(x) = a_0 x^n + a_1 x^{n-1} + a_2 x^{n-2} + \ldots + a_{n-1} x + a_n$。当 x 是矩阵形式时，代表矩阵多项式，矩阵多项式是矩阵分析的一个重要组成部分，也是控制论和系统工程的一个重要工具。

3.1.1 多项式的表达和创建

在 MATLAB 中，多项式表示成向量的形式，它的系数是按降序排列的。只需将按降幂次序的多项式的每个系数填入向量中，就可以在 MATLAB 中建立一个多项式。例如，多项式

$$s^4 + 3s^3 - 15s^2 - 2s + 9$$

在 MATLAB 中，按下面方式组成一个向量

$$\boldsymbol{x} = [1\ 3\ -15\ -2\ 9]$$

MATLAB 会将长度为 $n+1$ 的向量解释成一个 n 阶多项式。因此，若多项式某些项系数为零，则必须在向量中相应位置补零。例如多项式

$$s^4 + 1$$

在 MATLAB 环境下表示为

$$\boldsymbol{y} = [1\ 0\ 0\ 0\ 1]$$

3.1.2 多项式的四则运算

多项式的四则运算包括多项式的加、减、乘、除运算。下面以对两个同阶次多项式

$a(x) = x^3 + 2x^2 + 3x + 4$,$b(x) = x^3 + 4x^2 + 9x + 16$ 做加减乘除运算为例,说明多项式的四则运算过程。

(1) 多项式相加,即 $c(x) = a(x) + b(x)$,则有
$$c(x) = 2x^3 + 6x^2 + 12x + 20$$

(2) 多项式相减,即 $d(x) = a(x) - b(x)$,则有
$$d(x) = -2x^2 - 6x - 12$$

(3) 多项式相乘,即 $e(x) = a(x)b(x)$,则有
$$e(x) = x^6 + 6x^5 + 20x^4 + 50x^3 + 75x^2 + 84x + 64$$

(4) 多项式相除,即 $f(x) = \dfrac{e(x)}{b(x)} = a(x)$,则有
$$f(x) = x^3 + 2x^2 + 3x + 4$$

多项式的加减在阶次相同的情况下可直接运算,若两个相加减的多项式阶次不同,则低阶多项式必须用零填补高阶项系数,使其与高阶多项式有相同的阶次。而且通常情况下,进行加减的两个多项式的阶次不会相同,这时可以自定义一个函数 polyadd 来完成两个多项式的相加。以下函数是由密西根大学的 Justin Shriver 编写的。(自定义函数详见 6.1 节)

```
function[poly]=polyadd(poly1,poly2)
%polyadd(poly1,poly2) adds two polynominals possibly of uneven length
if length(poly1)<length(poly2)
        short=poly1;
        long=poly2;
else
        short=poly2;
        long=poly1;
end
mz=length(long)-length(short);
if mz>0
        poly=[zeros(1,mz),short]+long;
else
        poly=long+short;
end
```

将这个函数生成 polyadd.m 文件,并将该文件保存在 MATLAB 搜索路径中的一个目录下,这样 polyadd 函数就可以和 MATLAB 工具箱中其他函数一样使用了。

【例 3.1】 调用 polyadd 函数来完成两个同阶次多项式:$a(x) = x^3 + 2x^2 + 3x + 4$,$b(x) = x^3 + 4x^2 + 9x + 16$ 的相加运算。

```
>> a=[1 2 3 4];
>> b=[1 4 9 16];
>> c=polyadd(a,b)
c=
2    6    12    20
```

【例 3.2】 调用 polyadd 函数来完成两个不同阶次多项式:$m(x) = x + 2$,$n(x) = x^2 + 4x + 7$ 的相加运算。

```
>> m=[1 2];
>> n=[1 4 7];
>> s=polyadd(m,n)
   s=
      1  5  9
```

多项式相减,相当于一个多项式加上另一个多项式的负值。

【例 3.3】 完成两个同阶次多项式:$a(x)=x^3+2x^2+3x+4$,$b(x)=x^3+4x^2+9x+16$ 的相减运算。

```
>> a=[1 2 3 4];
>> b=[1 4 9 16];
>> d=polyadd(a,-b)
   d =
      0   -2   -6   -12
```

多项式相乘是一个卷积的过程,当两个多项式相乘时,可通过计算两个多项式的系数的卷积来完成。MATLAB 中函数 conv 可完成此功能。函数 conv 的语法为 c=conv(a,b),其中 a, b 代表两个多项式的系数向量,函数 conv 也可以嵌套使用,如 conv(conv(a,b),c)。

【例 3.4】 完成两个同阶次多项式:$a(x)=x^3+2x^2+3x+4$,$b(x)=x^3+4x^2+9x+16$ 的相乘运算。

```
>> a=[1 2 3 4];
>> b=[1 4 9 16];
>> e = conv(a,b)
   e =
      1   6   20   50   75   84   64
```

【例 3.5】 完成两个不同阶次多项式:$m(x)=x+2$,$n(x)=x^2+4x+7$ 的相乘运算。

```
>> m=[1 2];
>> n=[1 4 7];
>> p = conv(m,n)
   p =
      1   6   15   14
```

多项式的除法是乘法的逆过程,利用函数 deconv 可以返回相除的余数和商多项式。函数 deconv 的语法为[q,r]=deconv(a,b),其中 q, r 分别代表整除多项式及余数多项式。

【例 3.6】 利用例 3.4 中的数据,求 $f(x)=\dfrac{e(x)}{b(x)}$,看是否为 $a(x)$。

```
>> [f, r] = deconv(e,b)
   f =
      1   2   3   4
   r =
      0   0   0   0   0   0   0
```

商多项式 f 即为例 3.4 中的多项式 $a(x)$,因为 e 能被 b 整除,因此余数多项式 r 为零。

【例 3.7】 求 $\dfrac{(s^2+1)(s+2)(s+1)}{s^3+s+1}$ 的商多项式及余数多项式。

```
>> p1=conv([1,0,1],conv([1,2],[1,1]));    % 计算分子多项式
>> p2=[1 0 1 1];                           % 注意缺项补零
>> [q,r]=deconv(p1,p2)
   q =
        1    3
   r =
        0    0    2   -1   -1
```

即表示商多项式为 $s+3$，余多项式为 $2s^2-s-1$。

3.1.3 多项式求值和求根运算

1. 多项式求值

在 MATLAB 中可用函数 polyval 来进行多项式求值运算。函数 polyval 常用的一种语法格式为

$$y = \text{polyval}(p,x)$$

其中 p 代表多项式各阶系数向量，x 为要求值的点。当 x 表示矩阵时，需用 y=polyvalm(p,x) 来计算相应的值。

【例 3.8】 利用 polyval 函数找出 $s^4 + 2s^3 - 12s^2 - s + 7$ 在 $s=3$ 处的值：

```
>>p=[1 2 -12 -1 7];
>>z=polyval(p,3)
z =
    31
```

【例 3.9】 利用 polyval 找出多项式 s^3+4s^2+7s-8 在[-1,4]间均匀分布的 5 个离散点的值。

```
>> x=linspace(-1,4,5)         % 在[-1,4]区间产生 5 个离散点
>> p=[1 4 7 -8];
>> v=polyval(p,x)
x =
   -1.0000    0.2500    1.5000    2.7500    4.0000
v =
  -12.0000   -5.9844   14.8750   62.2969  148.0000
```

v 即为多项式在各个离散点上对应的函数值。

【例 3.10】 估计矩阵多项式 $P(X) = X^3 - 2X - I$ 在已知矩阵 X 处的值，其中 X=[1 2 1; -1 0 2; 4 1 2]。

```
>> X = [1 2 1; -1 0 2; 4 1 2];
>>P=[1 -2 -1];
>>Y = polyvalm(P,X)
Y =
    0   -1    5
    9   -1   -1
    3    8    5
```

2. 多项式求根

找出多项式的根，即多项式为零的 x 的值，是许多学科共同的问题。关于 x 的多项式

都可以写成 $f(x)=0$ 的形式，对多项式的求根运算也即为求解一元多次方程的数值解。多项式的阶次不同，对应的根可以有一个到数个，可能为实数也可能为复数。

在 MATLAB 中用内置函数 roots 可找出多项式所有的实根和复根。在 MATLAB 中，无论是多项式还是它的根，都是向量。调用语法为：x=roots(P)，其中 P 为多项式的系数向量，x 也为向量，即 x(1),x(2),…,x(n)分别代表多项式的 n 个根。MATLAB 规定：多项式是行向量，根是列向量。

【例 3.11】 求解多项式 $s^4+3s^3-12s^2-2s+8$ 的根。

```
>>roots([1 3 -12 -2 8])
ans =
  -5.18325528043789
   2.17062070347062
  -0.83694739215044
   0.84958196911772
```

注意：在上面的程序中，数字格式都设为长(long)型，若改为短(short)型，结果会有差别，根据需要可执行 MATLAB 窗口的 Fle | Preferences 命令进行修改。

【例 3.12】 求下列 8 次代数方程的根。

$$x^8-36x^7+546x^6-4536x^5+22449x^4-67284x^3+118124x^2-109584x+40320=0$$

```
>> p=[1 -36 546 -4536 22449 -67284 118124 -109584 40320];
>> roots(p)
ans =
   8.00000000000060
   7.00000000000532
   5.99999999997983
   5.00000000002646
   3.99999999998295
   3.00000000000559
   1.99999999999921
   1.00000000000003
```

如果修改 7 次幂的系数-36 为-37 再求新的 8 次方程的根，可用下面的命令：

```
>> p(2)=-37;
>> roots(p)
ans =
  16.11915507295279
   5.03509581022879 + 5.149749378822547i
   5.03509581022879 - 5.149749378822547i
   2.82103813323916 + 1.728121585500609i
   2.82103813323916 - 1.728121585500609i
   2.08438753810761 + 0.249352240473904i
   2.08438753810761 - 0.249352240473904i
   0.99980196389608
```

比较两次求根结果，发现多项式系数的微小变动会引起多项式的根的显著变化。

按照一般的求根步骤，用函数 roots 求出多项式的根后，要把根代入原多项式进行验证，这可通过本节介绍的函数 polyval 来实现。

【例3.13】 求多项式 x^2-3x+2 的根并验证。

```
>> p=[1 -3 2];
>> roots(p)
ans =
     2
     1
>> polyval(p,2), polyval(p,1)
ans =
     0
ans =
     0
```

注意：如果得到的根本身就不是一个精确解，则利用函数 polyval 验证的结果不等于零，而是一个比较小的数。

3.1.4 多项式的构造

在 MATLAB 中可利用符号工具箱中的函数 poly2sym 来构造多项式，也可用函数 poly 来求根对应的多项式的各阶系数。

【例3.14】 利用函数 poly2sym 构造多项式 $s^4+3s^3-15s^2-2s+9$。

```
>> T=[1 3 -15 -2 9];
>> poly2sym(T);
ans =
     x^4+3*x^3-15*x^2-2*x+9
```

【例3.15】 用多项式的根构造多项式 $s^4+3s^3-15s^2-2s+9$。

```
>> T=[1 3 -15 -2 9];        %多项式的系数向量
>> r=roots(T);              %求得多项式的根
>> poly(r)                  %利用根构造出多项式
ans =
    1.0000    3.0000   -15.0000   -2.0000    9.0000
```

表 3-1 概括了在本节所讨论的与多项式操作有关的函数。

表 3-1 本节讨论的多项式函数

函　　数	功　　能
conv(a,b)	乘法
[q,r]=deconv(a,b)	除法
poly(r)	用根构造多项式系数
polyadd(x,y)	加法
polyval(p, x)	计算 x 点中多项式值
poly2sym(p)	将系数多项式变成符号多项式
roots(a)	求多项式的根

3.2 插值和拟合

在大量的应用领域中，很少能直接用分析方法求得系统变量之间函数关系，一般都是利用测得的一些分散的数据节点，运用各种拟合方法来生成一条连续的曲线。例如，我们经常会碰到形如 $y=f(x)$ 的函数。从原则上说，该函数在某个 $[a,b]$ 区间上是存在的，但通常只能获取它在 $[a,b]$ 上一系列离散节点的值，这些值构成了观测数据，如表 3-2 所示。函数在其他 x 点上的取值是未知的，这时只能用一个经验函数 $y=g(x)$ 对真实函数 $y=f(x)$ 作近似。

根据实验数据描述对象的不同，常用来确定经验函数 $y=g(x)$ 的方法有两种：插值和拟合。如果测量值是准确的，没有误差，一般用插值；如果测量值与真实值有误差，一般用曲线拟合。在 MATLAB 中，无论是插值还是拟合，都有相应的函数来处理。下面结合一些实验数据在 MATLAB 环境下讨论这两种方法。

表 3-2 $y=f(x)$ 的观测数据表

x	x_1	x_2	…	x_n
$f(x)$	$f(x_1)$	$f(x_2)$	…	$f(x_n)$

3.2.1 多项式插值和拟合

设 $a=x_0<x_1<\cdots<x_n=b$，已知有 $n+1$ 对节点 (x_i,y_i)，$i=0,1,\cdots,n$，其中 x_i 互不相同，这些节点 (x_i,y_i)，$i=0,1,\cdots,n$ 可以看成是由某个函数 $y=f(x)$ 产生的。f 的解析表达式既可能是复杂的，也可能不存在封闭形式，甚至可能是未知的。那么对于 $x\neq x_i$，如何确定对应的 y_i 值呢？

当利用插值技术来解决时，需构造一个相对简单的函数 $y=g(x)$，使 g 通过全部的节点，即 $y_i=g(x_i)$，$i=0,1,\cdots,n$，用 $g(x)$ 作为函数 $f(x)$ 的近似。可以看出，在插值方法中，假设已知数据正确，要求以某种方法描述数据节点之间的关系，从而可以估计别的函数节点的值。即多项式插值是指根据给定的有限个样本点，产生另外的估计点以达到数据更为平滑的效果，该技术在信号处理与图像处理上应用广泛。

拟合方法的求解思路与插值不同，在拟合方法中，人们设法找出某条光滑曲线，它最佳地拟合已知数据，但对经过的已知数据节点个数不作要求。当最佳拟合被解释为在数据节点上的最小误差平方和，且所用的曲线限定为多项式时，这种拟合方法相当简捷，称为多项式拟合(也称曲线拟合)。这在分析实验数据，将实验数据做解析描述时非常有用。

例如：对于给定的数据对 $(x_1,y_1),(x_2,y_2),\cdots,(x_n,y_n)$，选取适当阶数的多项式，假设采用三次多项式 $g(x)=a_3x^3+a_2x^2+a_1x+a_0$(也可采用其他形式的函数)，使 $g(x)$ 尽可能接近这些已知的数据对。这可以通过求解下面的最小化问题来实现：

$$\min_{a_0,a_1,a_2,a_3}\sum_{i=1}^{n}(a_3x_i^3+a_2x_i^2+a_1x_i+a_0-y_i)^2$$

假设解为 a_3^*,a_2^*,a_1^*,a_0^*，则 $g(x)=a_3^*x^3+a_2^*x^2+a_1^*x+a_0^*$ 就是所需的近似函数。简言之，多项式拟合方法就是设法找一个多项式，使得它与观测数据最为接近，这时不要求拟合多项式通过全部已知的观测节点。

拟合和插值有许多相似之处,但是这两者最大的区别在于拟合要找出一个曲线方程式,而插值仅是要求出插值数值即可。

用 MATLAB 可以很容易地实现插值和拟合,与插值有关的常用函数有:interp1(一维插值)、interp1q(快速一维线性插值)、interpft(采用 FFT 法的一维插值)、spline(三次样条插值)、interp2(二维插值)、interp3(三维插值)、interpn(n 维插值)。

下面以一维插值为例进行讨论。一维插值在 MATLAB 中可用多项式插值函数 interp1 来实现,多项式拟合用函数 polyfit 来实现。

1. 多项式插值函数(interp1)

yi = interp1(x,y,xi,method) 对应于插值函数 $y_i = g(x_i)$,其中 x 和 y 是原已知数据的 x、y 值,xi 是要内插的数据点,method 是插值方法,可以设定的内插方法有:'nearest'为寻找最近数据节点,由其得出函数值;'linear'为线性插值;'spline'为样条插值函数,在数据节点处光滑,即左导等于右导;'cubic'为三次方程式插值。其中'nearest'执行速度最快,输出结果为直角转折;'linear'是默认值,在样本点上斜率变化很大;'spline'最花时间,但输出结果也最平滑;'cubic'最占内存,输出结果与'spline'差不多。如果数据变化较大,以'spline'函数内插所形成的曲线最平滑,效果最好。

线性插值也就是分段线性插值,它是将每两个相邻的节点用直线连起来,如此形成的一条折线就是分段线性插值函数。线性内插是最简单的内插方法,但其适用范围很小;如果原来数据的函数 f 有极大的变化,则假设其数据点之间为线性变化并不合理。而且线性插值虽然在 n 足够大时精度也相当高,但是折线在各个节点处不光滑,即插值函数在节点处导数不存在,从而影响了线性插值在需要光滑插值曲线(如机械加工等)的领域中的应用。

三次样条函数其实就是分段三次多项式,它的二阶导数连续,且曲率也连续。三次样条函数记作 $S(x)(a \leqslant x \leqslant b)$,要求它满足以下 3 个条件:

(1) 在每个小区间 $[x_{i-1}, x_i](i=1,\cdots,n)$ 上是三次多项式;
(2) 在 $a \leqslant x \leqslant b$ 上二阶导数连续;
(3) $S(x_i) = y_i, (i=0,1,\cdots,n)$,三次样条函数 $S(x)$ 具有良好的收敛性。

在 MATLAB 中,调用分段线性插值的语句为:y=interp1(x0,y0,x),其中 x0、y0 为已知的离散数据,求对应 x 的插值 y;调用三次样条插值的语句为:y=interp1(x0,y0,'spline') 或 y=spline(x0,y0,x), x0、y0、x 和 y 的意义同上。

【例 3.16】 取余弦曲线上 11 个点的自变量和函数值点作为已知数据,再选取 41 个自变量点,分别用分段线性插值、三次方程式插值和样条插值 3 种方法计算确定插值函数的值。

```
>> x=0:10; y=cos(x);
>> xi=0:.25:10;
>> y0=cos(xi);                          %精确值
>> y1=interp1(x,y,xi);                  %线性插值结果
>> y2=interp1(x,y,xi,'cubic');          %三次方程式插值结果
>> y3=interp1(x,y,xi,'spline');         %样条插值结果
>> plot(xi,y0,'o',xi,y1,xi,y2,'-.',xi,y3)
```

3 种插值方法比较如图 3.1 所示,将 3 种插值结果分别减去直接由函数计算的值,得到

其误差如图 3.2 所示。从图 3.2 可以看出,样条插值和三次方程式插值效果较好,而分段线性插值则较差。

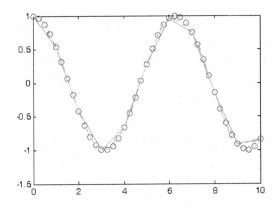

图 3.1　3 种插值方法比较图

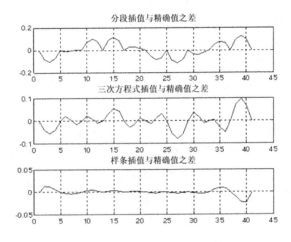

图 3.2　3 种插值方法的误差

【例 3.17】 假设有一个汽车发动机在转速为 2000r/min 时,温度(单位为℃)与时间(单位为 s)的 5 个测量值如表 3-3 所示。

表 3-3　转速一定下温度和时间的测量值

时间/s	0	1	2	3	4	5
温度/℃	0	20	60	68	77	110

其中温度的数据从 20℃变化到 110℃,如果要分别估计在 $t=2.5$s 和 $t=4.3$s 时的温度,可用下列语句计算。

```
>> t=[0 1 2 3 4 5]';        % 输入时间
>> y=[0 20 60 68 77 110]';  % 输入温度
>> y1=interp1(t,y,2.5)      % 要内插的数据点为 2.5
y1 =                        % 对应 2.5 的函数值为 64
64
>> y1=interp1(x,y,[2.5 4.3])  %内插数据点为 2.5,4.3,注意采用[ ]放入多个内插点
```

```
y1 =
    64
    86.9
>> y1=interp1(x,y,2.5,'cubic')      %以三次方程式对数据点 2.5 作内插
y1 =                                %对应 2.5 的函数值为 64.6078
    64.6078
>> y1=interp1(x,y,2.5,'spline')     %以 spline 函数对数据点 2.5 作内插
y1 =                                %对应 2.5 的函数值为 66.8750
    66.8750
```

2. 多项式拟合函数 polyfit

MATLAB 的 polyfit 函数提供了从一阶到高阶多项式的拟合，其调用方法有两种

$$p=polyfit(x,y,n)$$
$$[p,s]=polyfit(x,y,n)$$

其中 x,y 为已知的数据组，n 为要拟合的多项式的阶次，向量 p 为返回的要拟合的多项式的系数，向量 s 为调用函数 polyval 获得的错误预估计值。一般来说，多项式拟合中阶数 n 越大，拟合的精度就越高。

假设由 polyfit 函数所建立的多项式为 $f(x) = a_n x^n + a_{n-1} x^{n-1} + \cdots + a_1 x + a_0$，从 polyfit 函数得到的输出值就是上述的各项系数 $a_n, a_{n-1}, \cdots, a_1, a_0$，这些系数组成向量 p。注意：n 阶的多项式会有 n+1 个系数。

函数 polyfit 常和函数 polyval(见 3.1.3 节)结合起来使用，由 polyfit 计算出多项式的各个系数 $a_n, a_{n-1}, \cdots, a_1, a_0$ 后，再利用 polyval 对输入向量决定的多项式求值。

【例 3.18】 对向量 X=[-2.8 -1 0.2 2.1 5.2 6.8]和 Y=[3.1 4.6 2.3 1.2 2.3 -1.1]分别进行阶数为 3、4、5 的多项式拟合，并画出图形进行比较。

```
>> x=[-2.8 -1 0.2 2.1 5.2 6.8];
>> y=[3.1 4.6 2.3 1.2 2.3 -1.1];
>> p3=polyfit(x, y, 3);                    % 用不同阶数的多项式拟合 x 和 y
>> p4=polyfit(x, y, 4);
>> p5=polyfit(x, y, 5);
>> xcurve= -3.5:0.1:7.2;                   % 生成 x 值
>> p3curve=polyval(p3, xcurve);            % 计算在这些 x 点的多项式值
>> p4curve=polyval(p4, xcurve);
>> p5curve=polyval(p5, xcurve);
>> plot(xcurve,p3curve,'--',xcurve,p4curve,'-.',xcurve,p5curve,'-',x,y,'*');
```

不同阶数的多项式拟合曲线如图 3.3 所示。

如果选择阶数从 5 到 7，得到如图 3.4 所示的拟合曲线。

从仿真图可看出，并不是阶数选得越高，就越能代表原数据。从图中可以看出越高阶的多项式所形成的方程式的振荡程度越剧烈(7 阶以上的都有此现象)，而 5 阶以上的多项式都会通过所有的原始数据点。

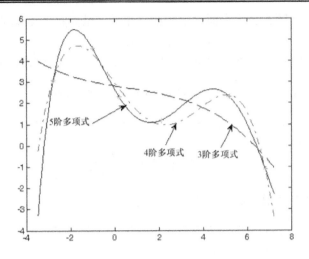

图 3.3 3~5 阶多项式拟合曲线图

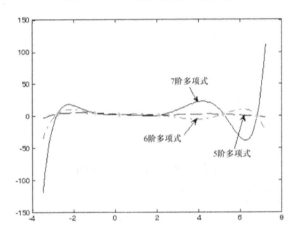

图 3.4 5~7 阶多项式拟合曲线图

【例 3.19】 炼钢厂出钢时所用的盛钢水的钢包,在使用过程中由于钢液及炉渣对包衬耐火材料的侵蚀,使其容积不断增大。经过试验,钢包的容积与相应的使用次数的数据如表 3-4 所示。

表 3-4 钢包的容积与相应的使用次数

使用次数 x	容积 y	使用次数 x	容积 y
2	106.42	11	110.59
3	108.26	14	110.60
4	109.58	15	110.90
5	109.50	16	110.76
7	110.00	18	111.00
8	109.93	19	111.20
10	110.49	—	—

解： 下列语句用3阶多项式拟合上面表中数据，并画出拟合曲线及离散点图。

```
>> x=[2 3 4 5 7 8 10 11 14 15 16 18 19];
>> y=[106.42 108.26 109.58 109.5 110 109.93 110.49 110.59 110.6 110.9 110.76
      111 111.2];
>> v=polyfit(x,y,3)            %将已知数据拟合成3阶多项式
   v=
       0.0033   -0.1224    1.5113   104.4824
>> t=1:0.5:19;
>> u=polyval(v,t);             %计算多项式在离散点t上的值
>> plot(t,u,x,y,'*')           %比较拟合的多项式曲线与已知数据点的差别
```

程序运行结果得到的拟合曲线如图3.5所示。

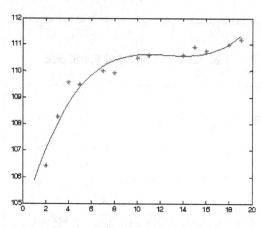

图3.5 离散点及3阶拟合曲线

当将拟合的多项式阶数选为5时，即

```
>> v=polyfit(x,y,5)            %将已知数据拟合成5阶多项式
   v=
  0.0001   -0.0055    0.1176   -1.2012    5.9223   98.5719
```

对应的离散点及拟合曲线如图3.6所示。

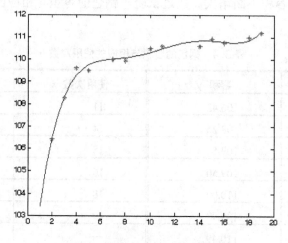

图3.6 离散点及5阶拟合曲线

为了比较拟合的程度，也可通过数字的形式表现出来，将语句修改为

```
>> x=[2 3 4 5 7 8 10 11 14 15 16 18 19];
>> y=[106.42 108.26 109.58 109.5 110 109.93 110.49 110.59 110.6 110.9 110.76
     111 111.2];
>> p1=polyfit(x,y,3);
>> p2=polyfit(x,y,5);
>> y1=polyval(p1,x);
>> y2=polyval(p2,x);
>> table=[x',y',y1',y2',(y-y1)',(y-y2)'];
```

将 table 的值列成表格形式如表 3-5 所示。

表 3-5 不同阶数的拟合的比较

x	y	y1(3 阶拟合)	y2(5 阶拟合)	y-y1	y-y2
2	106.42	107.0413	106.4682	-0.62132	-0.04819
3	108.26	108.0024	108.2841	0.25762	-0.02412
4	109.58	108.7772	109.2686	0.802772	0.31139
5	109.5	109.3854	109.7409	0.1146	-0.24089
7	110	110.1799	110.0137	-0.17987	-0.01374
8	109.93	110.4053	110.0754	-0.47526	-0.14542
10	110.49	110.61	110.3096	-0.12001	0.180446
11	110.59	110.6285	110.4777	-0.03846	0.112291
14	110.6	110.5826	110.8392	0.017417	-0.23916
15	110.9	110.5987	110.8342	0.30132	0.065845
16	110.76	110.663	110.7818	0.096962	-0.02177
18	111	111.0147	110.8533	-0.0147	0.146667
19	111.2	111.3411	111.2833	-0.14108	-0.08335
比较	3 阶拟合的差值的平方和			1.50470114	
	5 阶拟合的差值的平方和			0.314867848	

可见 5 阶多项式拟合精度确实比 3 阶拟合精度高些。

3.2.2 最小二乘法拟合

3.2.1 节讨论的多项式拟合函数是最小二乘拟合的一种常用函数形式，我们常说的最小二乘拟合通常指最小二乘多项式拟合。比多项式更一般的拟合函数形式为

$$y = \alpha_0 + \alpha_1 r_1(x) + \cdots + \alpha_m r_m(x)$$

其中 $r_1(x), r_2(x), \cdots, r_m(x)$ 为 m 个函数(多项式拟合中取为幂函数)。假设有 n 组观测数据 (x_i, y_i)，$i = 1, 2, \cdots, n, n > m$，将它们代入上面设定的拟合函数形式中得到

$$\hat{y}_i \approx \alpha_0 + \alpha_1 r_1(x_i) + \cdots + \alpha_m r_m(x_i), \quad i = 1, 2, \cdots, n$$

上面的方程组不一定有解，故写成约等号。这里的拟合就是确定参数 $\alpha_0, \alpha_1, \cdots, \alpha_m$ 的一组值，记为 $\hat{\alpha}_0, \hat{\alpha}_1, \cdots, \hat{\alpha}_m$，使得由 $\hat{y}_i = \hat{\alpha}_0 + \hat{\alpha}_1 r_1(x_i) + \cdots + \hat{\alpha}_m r_m(x_i)$，$i = 1, 2, \cdots, n$ 计算得到的数

值与观测数据 y_i 尽可能接近，这组 $\hat{\alpha}_0, \hat{\alpha}_1, \cdots, \hat{\alpha}_m$ 可通过解最小化问题得到，即求

$$\min_{\alpha_0,\alpha_1,\cdots,\alpha_m} \sum_{i=1}^{n}(y_i-(\alpha_0+\alpha_1 r_1(x_i)+\cdots+\alpha_m r_m(x_i)))^2$$

这种使 y_i 与 $\alpha_0+\alpha_1 r_1(x_i)+\cdots+\alpha_m r_m(x_i)$ 的误差平方和在最小二乘意义下最小所确定的函数 y 称为最小二乘拟合函数。

如果定义的拟合模型是关于参数 α_k 的线性函数，则称为线性模型；如果拟合模型关于参数 α_k 是非线性函数，则称为非线性模型。在多数情况下，可以通过函数变换的方式将非线性模型转化为线性模型。例如：假设拟合模型为 $y=ae^{bx}$，其中 a,b 为待定参数，是一个非线性模型。这时可对模型取对数(也可取常用对数)，得到 $\ln y=\ln a+bx$，令 $Y=\ln y, A=\ln a$，则模型转化为 $Y=A+bx$，即变成一个线性模型。这样就可以利用 MATLAB 中的 polyfit 函数进行拟合计算。

【例 3.20】 测得某单分子化学反应速度数据如表 3-6 所示。

表 3-6 某单分子化学反应速度数据

l	1	2	3	4	5	6	7	8
x_i	3	6	9	12	15	18	21	24
y_i	57.6	41.9	31.0	22.7	16.6	12.2	8.9	6.5

其中 x_i 表示从实验开始算起的时间，y_i 表示时刻反应物的量。根据化学反应速度的理论知道，选择的拟合模型应是指数函数 $y=ae^{bx}$，其中 a,b 为待定参数。求拟合参数的最小二乘解。

解： 拟合模型 $y=ae^{bx}$ 是非线性模型，两边取常用对数得到 $\lg y=(b\lg e)x+\lg a$，令 $Y=\lg y$，$B=0.4343b$，$\lg a=m$，则模型转化为 $Y=Bx+m$。重新进行计算，得到相应的 (x_i,Y_i)，如表 3-7 所示。

首先利用 (x_i,Y_i) 进行一阶多项式拟合，然后根据 $B=0.4343b$，$\lg a=m$ 分别得出模型中的 a,b 值。以如下语句实现

```
x=[3 6 9 12 15 18 21 24];
y=[1.7604 1.6222 1.4914 1.3560 1.2201 1.0864 0.9494 0.8129];
                            %这里的 y 值是对原始 y 值求对数后得出的 Y 值
p1=polyfit(x,y,1)
b=p1(1)/0.4343
a=10.^p1(2);
y1=polyval(p1,x);           %拟合值
```

得到结果为

```
p1=  -0.04502936507937    1.89524642857143
b =
  -0.10368262739895
a =
  78.56813216117476
```

取 4 位有效数字，得出拟合模型函数为 $y=78.59e^{-0.1037x}$，该函数在 x_i 上对应的拟合值

如表 3-7 所示。

表 3-7 某单分子化学反应速度模型转化数据

i	1	2	3	4	5	6	7	8
x_i	3	6	9	12	15	18	21	24
y_i	57.6	41.9	31.0	22.7	16.6	12.2	8.9	6.5
Y_i	1.7604	1.6222	1.4914	1.3560	1.2201	1.0864	0.9494	0.8129
拟合值	1.7601	1.6250	1.4900	1.3550	1.2198	1.0847	0.9496	0.8145

3.3 数值微积分

在工程实践与科学应用中,经常要计算函数的积分与微分。当已知函数形式求函数的积分时,理论上可以利用牛顿-莱布尼兹公式来计算。但在实际应用中,经常接触到的许多函数都找不到其积分函数,或者函数难于用公式表示(如只能用图形或表格给出),或者有些函数在用牛顿-莱布尼兹公式求解时非常复杂,有时甚至计算不出来。微分也存在相似的情况,此时,需考虑这些函数的积分和微分的近似计算。

3.3.1 微分和差分

严格地讲,我们在实际中所获取的数据都是离散型的,比如我们从某一天开始统计某商品的产量

$$y_n = f(n) \quad (n = 1, 2, \cdots)$$

这就是一个离散型函数。这里自变量的改变量 $\Delta n = 1$,变化率近似地用

$$\Delta y_n = \frac{\Delta y_n}{\Delta n} = f(n+1) - f(n)$$

来代替,这就是我们所讲的差分(点 n 处的一阶差分),Δ 称为差分算子。

对连续函数也可类似考虑,设 $y = f(x)$,考虑点 x_0,先选定步长 h,构造点列

$$x_n = x_0 + nh \quad (n = 0, 1, 2, \cdots)$$

可得函数值序列

$$y_n = f(x_0 + nh) = f(n)$$

此时称 $\Delta y = f(1) - f(0) = f(x_0 + h) - f(x_0)$ 为函数 $y = f(x)$ 在 x_0(或 $n=0$)点的一阶差分。

在 MATLAB 中用来计算两个相邻点的差值的函数为 diff,相关的语法有以下 4 个:

diff(x) ——返回 x 对预设独立变量的一次微分值;
diff(x,'t') ——返回 x 对独立变量 t 的一次微分值;
diff(x,n) ——返回 x 对预设独立变量的 n 次微分值;
diff(x,'t',n) ——返回 x 对独立变量 t 的 n 次微分值。
其中 x 代表一组离散点 $x_k, k = 1, \cdots, n$。计算 $dy(x)/dx$ 的数值微分为 dy=diff(y)./diff(x)。

【例 3.21】 假设有 x=[1 3 5 7 9],y=[1 4 9 16 25],它们对应的 diff 函数值是多少?

```
>> x=[1 3 5 7 9];
>> y=[1 4 9 16 25];
>> diff(x)
ans =
     2     2     2     2
>> diff(y)
ans =
     3     5     7     9
```

【例 3.22】 计算多项式 $y = x^5 - 3x^4 - 8x^3 + 7x^2 + 3x - 5$ 在 [-4, 5] 区间的微分。

```
>> x=linspace(-4,5);              %产生 100 个 x 的离散点
>> p= [1 -3 -8 7 3 -5];
>> f=polyval(p,x);                %多项式在 100 个离散 x 点上对应的值
>> subplot(2,1,1);plot(x,f)       %将多项式函数绘图
>> title('多项式方程') ;
>> dfb=diff(f)./diff(x);          %注意要分别计算 diff(f) 和 diff(x)
>> xd=x(2:length(x));             %注意只有 99 个 df 值,而且是对应 x2,x3,…,
                                  %x100 的点
>> subplot(2,1,2);plot(xd,dfb );  %绘多项式的微分图
>> title('多项式方程的微分图') ;
```

运行结果如图 3.7 所示。

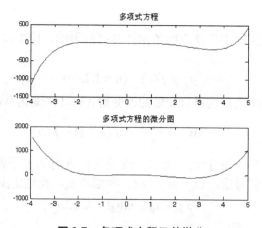

图 3.7 多项式方程及其微分

【例 3.23】 对 3 个方程式 $s1 = 6x^3 - 4x^2 + bx - 5$,$s2 = \sin(a)$,$s3 = (1-t^3)/(1+t^4)$ 利用 diff 的 4 种语法格式计算微分的示例。

```
>> S1 = '6*x^3-4*x^2+b*x-5';     %符号表达式(见第 5 章)
>> S2 = 'sin(a)';
>> S3 = '(1 - t^3)/(1 + t^4)';
>> diff(S1)                       %对预设独立变量 x 的一次微分值
ans=
18*x^2-8*x+b
>> diff(S1,2)                     %对预设独立变量 x 的二次微分值
ans=
36*x-8
>> diff(S1,'b')                   %对独立变量 b 的一次微分值
```

```
ans=
x
>> diff(S2)                    %对预设独立变量 a 的一次微分值
ans=
cos(a)
>> diff(S3)                    %对预设独立变量 t 的一次微分值
ans=
-3*t^2/(1+t^4)-4*(1-t^3)/(1+t^4)^2*t^3
```

3.3.2 牛顿-科茨系列数值积分公式

考虑一个积分式的数学式 $\int_a^b f(x)\mathrm{d}x(f(x)\geq 0)$，其中 a, b 分别为这个积分式的上限及下限，$f(x)$ 为要积分的函数。不论在实际问题中的意义如何，该积分在数值上都等于曲线 $y=f(x)$，直线 $x=a$、$x=b$ 与 x 轴所围成的曲边梯形的面积。因此，不管 $f(x)$ 以什么形式给出，只要近似地计算出相应曲边梯形的面积，就得到了所给定积分的近似值。求解定积分的数值方法基本思想：将整个积分区间$[a,b]$分成 n 个子区间$[x_i, x_{i+1}]$，$i=1,2,\cdots,n$，其中 $x_1=a$，$x_{n+1}=b$，这样求定积分问题就分解为求和问题。

利用 MATLAB 的积分函数来求解的过程类似，也要定义 $f(x)$ 及设定 a、b，还须设定区间$[a,b]$之间离散点的数目，剩下的工作就是选择精度不同的积分法来求解了。

MATLAB 提供了在有限区间内，数值计算某函数积分的函数，它们分别是 cumsum(矩形积分)，trapz(梯形积分)，quad(辛普森积分)，quad8(科茨积分，也称高精度数值积分)。下面对它们分别进行介绍。

1. 矩形法数值积分

矩形法数值积分用函数 cumsum 来实现。对于向量 x，cumsum(x)返回一个向量，其第 i 个元素为向量 x 的前 i 个元素的和。如果 x 是一个矩阵，则返回一个大小相同的矩阵，返回的矩阵中包含有 x 各列的累积和。矩形积分公式为 $I = h\sum_{i=0}^{n-1} f(x_i)$，利用 MATLAB 来求解则用 cumsum(x)*h，其中 h 为子区间步长，cumsum(x)对应 $\sum_{i=0}^{n-1} f(x_i)$。

【例 3.24】 设 A = [1 2 3]、B = [1 2 3;4 5 6]、C = [1 2 3;4 5 6;7 8 9]，利用矩形积分函数 cumsum 分别求其积分。

```
>> A = [1 2 3];
>> B = [1 2 3;4 5 6];
>> C = [1 2 3;4 5 6;7 8 9];
>> cumsum(A)
ans =
     1     3     6
>> cumsum(B)
ans =
     1     2     3
     5     7     9
>> cumsum(C)
ans =
```

```
     1     2     3
     5     7     9
    12    15    18
```

【例 3.25】 利用矩形法计算积分 $f(x)=\int_0^\pi \sin x\,dx$（该积分的精确值为 2）。

```
>> x=linspace(0,pi,100);          %在[0, π]之间取 100 个离散点
>> y=sin(x);
>> T=cumsum(y)*pi/(100-1);        % pi/(100-1)表示两个离散点之间的距离
>> I=T(100)                       %函数在[0, π]之间的矩形积分
I =
    1.9998
```

2. 梯形法数值积分

梯形法数值积分用函数 trapz 来实现。trapz 函数的调用格式为

(1) z=trapz(y)表示通过梯形积分法计算 y 的数值积分。对于向量，trapz(y)返回 y 的积分；对于矩阵，trapz(y)返回一行向量，向量中的元素分别对应矩阵中每列对 y 进行积分后的结果；对于 n 维数组，trapz(y)从第一个非独立维进行计算。

(2) z=trapz(x,y) 表示通过梯形积分法计算 y 对 x 的数值积分。x 和 y 必须是长度相等的向量，或者 x 必须是一个列向量，而 y 是一个非独立维长度与 x 等长的数组。

(3) z=trapz(x,y,dim)或 trapz(y,dim)表示从 y 的第 dim 维开始运用梯形积分法进行积分计算。x 向量的长度必须与 size(y,dim)的长度相等。

【例 3.26】 利用梯形法计算积分 $f(x)=\int_0^\pi \sin x\,dx$。

```
>> x=linspace(0,pi,100);
>> y=sin(x);
>> t=trapz(x,y)
t =
    1.9998
```

如果想得到更精确的结果，可以将步长取小一点。若上例中 x=linspace(0,pi,150)，其他语句不变，则 t= 1.9999。

3. 辛普森数值积分

辛普森法数值积分用函数 quad 来实现，quad 函数的调用格式如下：

(1) q=quad('f',a,b)   表示使用自适应递归的辛普森方法从积分区间 a 到 b 对函数 f(x)进行积分，积分的相对误差在 1e-3 范围内。输入参数中的'f'是一个字符串，表示积分函数的名字。当输入的是向量时，返回值也必须是向量形式。

(2) q=quad('f',a,b,tol) 表示使用自适应递归的辛普森方法从积分区间 a 到 b 对函数 f(x)进行积分，积分的误差在 tol 范围内。当 tol 的形式是[rel_tol abs_tol]时，分别表示相对误差与绝对误差。

(3) q=quad('f',a,b,tol,trace) 表示当输入参数 trace 不为零时，以动态点图的形式实现积分的整个过程。其他同上。

(4) q=quad('f',a,b,tol,trace,p1,p2,...) 表示允许参数 p1，p2 直接输给函数 f(x)，即 $g=F(x,p1,p2,\cdots)$。在这种情况下，当使用默认的 tol 与 trace 时，需输入空矩阵。

【例 3.27】 用辛普森积分公式求 $f(x)=\int_0^\pi \sin x \mathrm{d}x$ 的积分。

```
>>q=quad('sin',0,pi)
  q= 2.0000
```

【例 3.28】 用辛普森积分公式求 $f(x)=\int_0^2 \dfrac{1}{x^3-2x-5}\mathrm{d}x$ 的积分。

解：方法 1

```
>> quad('1./(x.^3-2*x-5)',0,2)
ans =
   -0.4605
```

方法 2

```
>> F='1./(x.^3-2*x-5)';
>> quad(F,0,2)
ans=
   -0.4605
```

4. 科茨数值积分

科茨法数值积分用函数 quadl(这里 l 是 L 的小写)来实现。quadl 的语法为

(1) q = quadl(fun,a,b)
(2) q = quadl(fun,a,b,tol)
(3) q = quadl(fun,a,b,tol,trace)
(4) [q,fcnt] = quadl(fun,a,b,...)

【例 3.29】 利用科茨数值积分 $\int_{-1}^{1} \mathrm{e}^{-x^2}\mathrm{d}x$。

```
>> z=quadl('exp(-x.^2)',-1,1)
z =
   1.4936
```

【例 3.30】 用科茨积分公式求 $f(x)=\int_0^2 \dfrac{1}{x^3-2x-5}\mathrm{d}x$ 的积分。

```
>> quadl('1./(x.^3-2*x-5)',0,2)
   ans =
      -0.4605
```

一般来说，4 种近似方法的精度由低而高，和 trapz 比较，quad、quadl 不同之处在于这两者类似解析式的积分式，只需设定上下限及定义要积分的函数；而 trapz 是针对离散点数据做积分。

3.4 线性方程组的数值解

线性方程组的求解不仅在工程技术领域涉及到，而且在其他的许多领域也经常碰到，因此这是一个应用相当广泛的课题。关于线性方程组的数值解法一般分为两类：一类是直接法，就是在没有舍入误差的情况下，通过有限步四则运算求得方程组准确解的方法。直接法主要包括矩阵相除法和消去法；另一类是迭代法，就是先给定一个解的初始值，然后

按一定的法则逐步求出解的近似值的方法。

3.4.1 直接法

1. 矩阵相除法

在 MATLAB 中，线性方程组 $AX=B$ 的直接解法是用矩阵除来完成的，即 $X=A\backslash B$。若 A 为 $m \times n$ 的矩阵，当 $m=n$ 且 A 可逆时，给出唯一解；当 $n>m$ 时，矩阵除给出方程的最小二乘解；当 $n<m$ 时，矩阵除给出方程的最小范数解。

【例 3.31】 求解下列线性方程组

$$\begin{cases} \dfrac{1}{2}x_1 + \dfrac{1}{3}x_2 + x_3 = 1 \\ x_1 + \dfrac{5}{3}x_2 + 3x_3 = 3 \\ 2x_1 + \dfrac{4}{3}x_2 + 5x_3 = 2 \end{cases}$$

```
>> a=[1/2 1/3 1;1 5/3 3;2 4/3 5];     %A 为 3×3 矩阵, n=m
>> b=[1;3;2];
>> c=a\b                              %因为 n=m，且 A 可逆，给出唯一解
c =
     4
     3
    -2
```

由此得知方程组的解为 $x_1=4, x_2=3, x_3=-2$。注意：矩阵 B 为列向量。

【例 3.32】 解方程组：$\begin{cases} x_1 - x_2 + x_3 - x_4 = 1 \\ x_1 - x_2 - x_3 + x_4 = 0 \\ x_1 - x_2 - 2x_3 + 2x_4 = -0.5 \end{cases}$

```
>> a=[1 -1 1 -1;1 -1 -1 1;1 -1 -2 2 ];     %A 为 3×4 矩阵, n>m
>> b=[1;0;-0.5];
>> c=a\b                                    %因为 n>m, 矩阵除给出方程的最小二乘解
c =
          0
    -0.5000
     0.5000
          0
```

【例 3.33】 求解下列线性方程组

$$\begin{cases} \dfrac{1}{2}x_1 + \dfrac{1}{3}x_2 + x_3 = 1 \\ x_1 + \dfrac{5}{3}x_2 + 3x_3 = 3 \\ 2x_1 + \dfrac{4}{3}x_2 + 5x_3 = 2 \\ x_1 + \dfrac{2}{3}x_2 + x_3 = 2 \end{cases}$$

```
>> a=[1/2 1/3 1;1 5/3 3;2 4/3 5;1 2/3 1];   %A 为 4×3 矩阵, n<m
```

```
>> b=[1;3;2;2];
>> c=a\b                                %因为n<m,矩阵除给出方程的最小范数解
   c =
     1.1930
     2.3158
    -0.6842
```

2. 消去法

方程的个数和未知数个数不相等，用消去法。将增广矩阵(由[A B]构成)化为简化阶梯形，若系数矩阵的秩不等于增广矩阵的秩，则方程组无解；若两者的秩相等，则方程组有解，方程组的解就是行简化阶梯形所对应的方程组的解。

【例3.34】 解方程组：$\begin{cases} x_1 - x_2 + x_3 - x_4 = 1 \\ x_1 - x_2 - x_3 + x_4 = 0 \\ x_1 - x_2 - 2x_3 + 2x_4 = -0.5 \end{cases}$

```
>> a=[1 -1 1 -1 1;1 -1 -1 1 0;1 -1 -2 2 -0.5];    %为增广矩阵,由[A B]构成
>> rref(a)
ans =
    1.0000   -1.0000         0         0    0.5000
         0         0    1.0000   -1.0000    0.5000
         0         0         0         0         0
```

由结果看出，x_2、x_4为自由未知量，方程组的通解为：$x_1 = x_2 + 0.5$，$x_3 = x_4 + 0.5$。

3.4.2 迭代法

迭代法是指用某种极限过程去逐步逼近线性方程组的精确解的过程，迭代法是解大型稀疏矩阵方程组的重要方法。相比较于 Gauss 消去法、列主元消去法、平方根法这些直接法来说，迭代法具有求解速度快的特点，在计算机上计算尤为方便。

迭代法解线性方程组的基本思想是：先任取一组近似解初值 $X^{(0)} = (x_1^0, x_2^0, \cdots, x_n^0)^T$，然后按照某种迭代规则(或称迭代函数)，由 $X^{(0)}$ 计算新的近似解 $X^{(1)} = (x_1^1, x_2^1, \cdots, x_n^1)^T$，类似地由 $X^{(1)}$ 依次得到 $X^{(2)}, X^{(3)}, \cdots, X^{(k)}, \cdots$ 当 $\{X^{(k)}\}$ 收敛时，有 $\lim_{k \to \infty} X^{(k)} = X^*$，其中 X^* 为原方程组的解向量。

在线性方程组中常用的迭代解法主要有 Jacobi 迭代法、Gauss-Seidel 迭代法、SOR(超松弛)迭代法等。下面分别进行讨论。

1. Jacobi 迭代法

设线性方程组为：$AX = B$，则 Jacobi 迭代法的迭代公式如下：

$$\begin{cases} x^{(0)} = (x_1^{(0)}, x_2^{(0)}, \cdots, x_n^{(0)})' & (\text{初始向量}) \\ x_i^{(k+1)} = (b_i - \sum_{\substack{j=1 \\ j \neq i}}^{n} a_{ij} x_j^{(k)}) / a_{ii} & \begin{matrix}(i = 1, 2, \cdots, n) \\ (k = 0, 1, 2, \cdots)\end{matrix} \end{cases}$$

据此，自定义一个函数 jacobi 实现 Jacobi 迭代法(自定义函数详见6.1节)：

```
function tx=jacobi(A,b,imax,x0,tol)      %利用jacobi迭代法解线性方程组AX=b,迭
                                         %代初值为x0,迭代次数由imax提供,精确
                                         %度由tol提供
  del=10^-10;                            %主对角的元素不能太小,必须大于del
  tx=[x0] ; n=length(x0);
  for i=1:n
    dg=A(i,i);
    if abs(dg)< del
      disp('diagonal element is too small');
      return
    end
  end
  for k = 1:imax                         %Jacobi迭代法的运算循环体开始
    for i = 1:n
      sm=b(i) ;
      for j = 1:n
        if j~=i
          sm = sm -A(i,j)*x0(j) ;
        end
      end %for j
      x(i)=sm/A(i,i) ;                   %本次迭代得到的近似解
    end
    tx=[tx ;x] ;                         %将本次迭代得到的近似解存入变量tx中
    if norm(x-x0)<tol
      return
    else
      x0=x ;
    end
  end                                    %Jacobi迭代法的运算循环体结束
```

【例3.35】 利用 Jacobi 迭代法公式解下面的线性方程组。

$$\begin{cases} 10x_1 - x_2 + 2x_3 = 6 \\ -x_1 + 11x_2 - x_3 + 3x_4 = 25 \\ 2x_1 - x_2 + 10x_3 - x_4 = -11 \\ 3x_2 - x_3 + 8x_4 = 15 \end{cases}$$

选取 $x^{(0)} = [0,0,0,0]'$,迭代 10 次。精度选 10^{-6}。

```
>> A=[10 -1 2 0;-1 11 -1 3;2 -1 10 -1;0 3 -1 8];
>> b=[6 25 -11 15]';
>> tol=1.0*10^-6 ;
>> imax =10;
>> x0= zeros(1,4);
>> tx=jacobi(A,b,imax,x0,tol) ;
>> for j=1:size(tx,1)
     fprintf('%4d   %f   %f   %f   %f\n', j, tx(j,1),tx(j,2),tx(j,3),tx(j,4))
   end
   1    0.000000   0.000000    0.000000   0.000000
   2    0.600000   2.272727   -1.100000   1.875000
   3    1.047273   1.715909   -0.805227   0.885227
   4    0.932636   2.053306   -1.049341   1.130881
   5    1.015199   1.953696   -0.968109   0.973843
```

```
    6    0.988991    2.011415   -1.010286    1.021351
    7    1.003199    1.992241   -0.994522    0.994434
    8    0.998128    2.002307   -1.001972    1.003594
    9    1.000625    1.998670   -0.999036    0.998888
   10    0.999674    2.000448   -1.000369    1.000619
   11    1.000119    1.999768   -0.999828    0.999786
```

精确解为[1 2 -1 1]，可见，迭代次数越大，就越接近精确值。

2. Gauss-Seidel 迭代法

将线性方程组 ***AX=B*** 写成如下格式

$$\sum_{j=1}^{n} a_{ij} x_j = b_i \quad (i=1,2,\cdots,n)$$

Gauss-Seidel 迭代法公式为

$$x_i^{(k+1)} = \frac{1}{a_{ii}}[b_i - \sum_{j=1}^{i-1} a_{ij} x_j^{(k+1)} - \sum_{j=i+1}^{n} a_{ij} x_j^{(k)}] \quad (i=1,2,\cdots,n)$$

其中 k 是迭代次数。据此，同样可以自定义一个函数 gseidel 实现 Gauss-Seidel 迭代法：

```
function tx= gseidel( A,b,imax,x0,tol)   %利用 Gauss-Seidel 迭代法解线性方程组
                                         %AX=b,迭代初值为 x0,迭代次数由 imax 提
                                         %供,精确度由 tol 提供
del=10^-10;                              %主对角的元素不能太小，必须大于 del
tx=[x0]; n=length(x0);
for i=1:n
   dg=A(i,i);
   if abs(dg)< del
      disp('diagonal element is too small');
      return
   end
end
for k = 1:imax                           %Gauss-Seidel 迭代法的运算循环体开始
   x=x0;
   for i = 1:n
      sm=b(i);
      for j = 1:n
         if j~=i
            sm = sm -A(i,j)*x(j);
         end
      end
      x(i)=sm/A(i,i);
   end
   tx=[tx;x];                            %将本次迭代得到的近似解存入变量 tx 中
   if norm(x-x0)<tol
      return
   else
      x0=x;
   end
end                                      % Gauss-Seidel 迭代法的运算循环体结束
```

【例 3.36】 利用 Gauss-Seidel 函数解例 3.35 中的线性方程组。

```
>> A=[10 -1 2 0;-1 11 -1 3;2 -1 10 -1;0 3 -1 8];
>> b= [6 25 -11 15]';
>> tol=1.0*10^-6 ;
>> imax =10;
>> x0= zeros(1,4);
>> tx =gseidel(A,b,imax,x0,tol);
>> for j=1:size(tx,1)
     fprintf('%4d  %f  %f   %f  %f\n', j, tx(j,1),tx(j,2),tx(j,3),tx(j,4))
   end
   1  0.000000   0.000000    0.000000   0.000000
   2  0.600000   2.327273   -0.987273   0.878864
   3  1.030182   2.036938   -1.014456   0.984341
   4  1.006585   2.003555   -1.002527   0.998351
   5  1.000861   2.000298   -1.000307   0.999850
   6  1.000091   2.000021   -1.000031   0.999988
   7  1.000008   2.000001   -1.000003   0.999999
   8  1.000001   2.000000   -1.000000   1.000000
   9  1.000000   2.000000   -1.000000   1.000000
```

可见,还没有达到设定的最大迭代次数(10 次),就达到了预设的精度。在同样精度要求下,Gauss-Seidel 迭代法要比 Jacobi 迭代法收敛速度快,从结果中可以看出,Gauss-Seidel 迭代 5 次的结果比 Jacobi 迭代 10 次的结果还要好。

3. SOR(超松弛)迭代法

超松弛迭代法是目前解大型线性方程组的一种最常用的方法,是 Gauss-Seidel 迭代法的一种加速方法。迭代公式为

$$\begin{cases} x_i^{(k+1)} = (1-\omega)x_i^{(k)} + \dfrac{\omega}{a_{ii}}[b_i - \sum_{j=1}^{i-1} a_{ij}x_j^{(k+1)} - \sum_{j=i+1}^{n} a_{ij}x_j^{(k)}] & (i=1,2,\cdots,n) \\ X^{(0)} = (x_1^{(0)}, x_2^{(0)}, \cdots, x_n^{(0)})^T & (k=1,2,\cdots) \end{cases}$$

其中参数 ω 称做松弛因子;若 $\omega=1$,它就是 Gauss-Seidel 迭代法。

实现 SOR 迭代法的自定义函数 sor 代码为

```
function tx = sor( A,b,imax,x0,tol,w)   %利用Gauss-Seidel迭代法解线性方程组
                                         %AX=b,迭代初值为x0,迭代次数由imax
                                         %提供,精确度由tol提供,w为松弛因子
del=10^-10;                              %主对角的元素不能太小,必须大于del
tx=[x0] ; n=length(x0);
for i=1:n
   dg=A(i,i);
   if abs(dg)< del
      disp('diagonal element is too small');
      return
   end
end
for k = 1:imax                           %SOR迭代法的运算循环体开始
   x=x0 ;
   for i = 1:n
```

```
        sm=b(i);
        for j = 1:n
          if j~=i
            sm = sm -A(i,j)*x(j);
          end
        end
        x(i)=sm/A(i,i);          %本次迭代得到的近似解
        x(i)=w*x(i)+(1-w)*x0(i);
    end
    tx=[tx;x];                   %将本次迭代得到的近似解存入变量tx中
    if norm(x-x0)<tol
       return
    else
       x0=x;
    end
end                              %SOR 迭代法的运算循环体结束
```

【例 3.37】 利用超松弛法解例 3.35 中的线性方程组。

```
>> A=[10 -1 2 0;-1 11 -1 3;2 -1 10 -1;0 3 -1 8];
>> b= [6 25 -11 15]';
>> tol=1.0*10^-6;
>> imax =10;
>> x0= zeros(1,4);
>> w=1.02;                       %松弛因子
>> tx =sor(A,b,imax,x0,tol,w);
>> for j=1:size(tx,1)
     fprintf('%4d  %f   %f   %f  %f\n', j, tx(j,1),tx(j,2),tx(j,3),tx(j,4))
   end
   1  0.000000   0.000000   0.000000   0.000000
   2  0.612000   2.374931  -1.004605   0.876002
   3  1.046942   2.030921  -1.018978   0.988233
   4  1.006087   2.001460  -1.001913   0.999433
   5  1.000417   1.999990  -1.000106   1.000002
   6  1.000012   1.999991  -1.000001   1.000003
   7  0.999999   1.999999  -1.000001   1.000000
   8  1.000000   2.000000  -1.000001   1.000000
   9  1.000000   2.000000  -1.000000   1.000000
```

若参数 ω 选择得当，SOR 迭代法收敛速度比 Gauss-Seidel 迭代法更快。

在 MATLAB 中，利用函数 solve 也可解决线性方程(组)和非线性方程(组)的求解问题，详见 5.6 节。

3.5 稀 疏 矩 阵

当一个矩阵中只含一部分非零元素，而其余均为"0"元素时，我们称这一类矩阵为稀疏矩阵(Sparse Matrix)。在实际问题中，相当一部分的线性方程组的系数矩阵是大型稀疏矩阵，而且非零元素在矩阵中的位置表现得很有规律。若像满矩阵(Full Matrix)那样存储所有的元素，对计算机资源是一种很大的浪费。为了节省存储空间和计算时间，提高工作效率，

MATLAB 提供了稀疏矩阵的创建命令和稀疏矩阵的存储方式。

3.5.1 稀疏矩阵的建立

1. 以 sparse 创建稀疏矩阵

在 MATLAB 中可以由 sparse 创建一个稀疏矩阵，其语法为

(1) S = sparse(A)：将一个满矩阵 A 转化为一个稀疏矩阵 S。若 S 本身就是一个稀疏矩阵，则 sparse(S)返回 S。

(2) S = sparse(i,j,s,m,n,nzmax)：利用向量 i、j 和 s 产生一个 m×n 阶矩阵，nzmax 用于指定 A 中非零元素所用存储空间大小(可省略)，向量 i、j 和 s 长度相同。s 中的任何零元素及相应的 i 和 j 将被忽略，并且 s 中具有相同的 i 和 j 的元素会被加在一起。

(3) S = sparse(i,j,s,m,n)：在第 i 行、第 j 列输入数值 s，矩阵共 m 行 n 列，输出 S 为一个稀疏矩阵，给出(i,j)及 s。

(4) S = sparse(i,j,s)：比较简单的格式，只输入非零元的数据 s 以及各非零元的行下标 i 和列下标 j。

(5) S = sparse(m,n)：是 sparse([],[],[],m,n,0)的省略形式,用来产生一个 m×n 的全零矩阵。

【例 3.38】 将满矩阵 A 转化为一个稀疏矩阵。

```
>> A=[1 2 0;0 2 3;1 0 2];
>> S=sparse(A)
S =
   (1,1)        1
   (3,1)        1
   (1,2)        2
   (2,2)        2
   (2,3)        3
   (3,3)        2
```

这是特殊的稀疏矩阵存储方式，它的特点是所占内存少，运算速度快。如果想得到矩阵的全元素存储方式，可用下面的语句：

```
>>B = full(A)
B =
     1     2     0
     0     2     3
     1     0     2
```

【例 3.39】 创建下列 4×5 阶矩阵的稀疏矩阵。

$$A = \begin{bmatrix} 6 & 0 & 0 & 0 & 0 \\ 0 & 0 & 7 & 0 & 0 \\ 0 & 0 & 0 & 0 & 0 \\ 0 & 0 & 0 & 0 & 8 \end{bmatrix}$$

```
>> i = [1 2 4];
>> j = [1 3 5];
>> s = [6 7 8];
>> A = sparse(i,j,s)
```

```
A =
    (1,1)        6
    (2,3)        7
    (4,5)        8
```

2. 以 spdiags 创建对角稀疏矩阵

我们经常会遇到这样一种问题,即创建非零元素位于矩阵的对角线上的稀疏矩阵,这可通过函数 spdiags 来完成。函数 spdiags 的调用格式如下。

(1) [B,d]=spdiags(A):从 m×n 阶矩阵 A 中抽取所有非零对角线元素,B 是 min(m,n) ×p 阶矩阵,矩阵的列向量为矩阵 A 中 p 个非零对角线,d 为 p×1 阶矩阵,指出矩阵 A 中所有非零对角线的编号;

(2) B= spdiags(A,d):从矩阵 A 中抽取指定编号 d 的对角线元素;

(3) A= spdiags(B,d,A):用矩阵 B 的列向量代替矩阵 A 中被 d 指定的对角线元素,输出仍然是稀疏矩阵;

(4) A= spdiags(B,d,m,n):利用矩阵 B 的列向量生成一个 m×n 大小的稀疏矩阵 A,并将它放置在 d 所指定的对角线上。

【例 3.40】 创建下列矩阵 A 的对角稀疏矩阵。

$$A = \begin{bmatrix} 0 & 5 & 0 & 10 & 0 & 0 \\ 0 & 0 & 6 & 0 & 11 & 0 \\ 3 & 0 & 0 & 7 & 0 & 12 \\ 1 & 4 & 0 & 0 & 8 & 0 \\ 0 & 2 & 5 & 0 & 0 & 9 \end{bmatrix}$$

```
>> A=[0    5    0    10   0    0
      0    0    6    0    11   0
      3    0    0    7    0    12
      1    4    0    0    8    0
      0    2    5    0    0    9];
>> [B, d] =spdiags(A)
B =
     0     0     5    10
     0     0     6    11
     0     3     7    12
     1     4     8     0
     2     5     9     0
d =
    -3
    -2
     1
     3
>> s=spdiags(B,d,A)          %或 s= spdiags(B,d,5,6)
s =
    (3,1)        3
    (4,1)        1
    (1,2)        5
    (4,2)        4
    (5,2)        2
```

```
    (2,3)        6
    (5,3)        5
    (1,4)       10
    (3,4)        7
    (2,5)       11
    (4,5)        8
    (3,6)       12
    (5,6)        9
```

结果表明矩阵 A 的非零对角线编号为-3、-2、1、3，各编号的对角线元素依次存储在矩阵 B 的列中，通过非零对角线编号和矩阵 B 可以得到矩阵 A 的对角稀疏矩阵 s。关于矩阵 A 的对角线分布如图 3.8 所示。

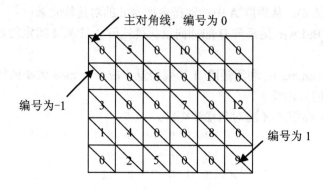

图 3.8 矩阵的对角线分布

3.5.2 稀疏矩阵的存储

对于满矩阵，MATLAB 在内部存储矩阵中的每个元素，零值元素占用的存储空间同其他任何非零元素相同。但是对于稀疏矩阵，MATLAB 只存储非零元素的值及其对应的标号（由其行号、列号组成）。对一个大部分元素都是零的大型矩阵来说，这种存储机制能大大降低对存储空间的要求。

MATLAB 采用压缩列格式来存储稀疏矩阵，这种方法采用 3 个内部实数组来存储稀疏矩阵。考虑一个 $m×n$ 的稀疏矩阵，该矩阵的 nnz 个非零元素存储在长度为 $nzmax$ 的数组中，一般情况下 $nzmax$ 等于 nnz。在 MATLAB 存储该稀疏矩阵时对应 3 个数组分别为：

(1) 第一个数组以浮点格式存放数组中所有的非零元素，该数组的长度为 $nzmax$；

(2) 第二个数组存放非零元素对应的行号，行号为整数，数组长度也等于 $nzmax$；

(3) 第三个数组存放 $n+1$ 个整型指针，其中 n 个整型指针分别指向另两个数组中每个列的起始处，另一个指针用来标记其他两个数组的结尾，该数组长度为 $n+1$。

根据上面的讨论，可知一个稀疏矩阵需要存储 $nzmax$ 个浮点数和 $nzmax+n+1$ 个整型数。假设每个浮点数需 8B，每个整型数需 4B，存储一个稀疏矩阵所需的总的字节数为

$$8×nzmax+4×(nzmax+n+1)$$

注意：需要的存储空间仅取决于 $nzmax$ 和稀疏矩阵列数 n，而与矩阵的行数无关。因此存储一个行数 m 很大而列数 n 很小的稀疏矩阵所需的存储空间远远小于以 n 为行数、m 为列数的稀疏矩阵所需的存储空间。

MATLAB 中用 spalloc 分配稀疏矩阵所需的存储空间，调用格式为

$$S = spalloc(m,n,nzmax)$$

【例 3.41】 计算 $m \times n$ 维(2^{20},2)的稀疏矩阵和 $m \times n$ 维(2,2^{20})的稀疏矩阵所占的存储空间。

```
>> S1 = spalloc(2^20,2,1);
>> S2 = spalloc(2,2^20,1);
>> whos S1 S2
  Name      Size                Bytes  Class
  S1        1048576x2              24  double array (sparse)
  S2        2x1048576         4194320  double array (sparse)
Grand total is 2 elements using 4194344 bytes
```

存储变量 S1 和 S2 共需 4194344B，其中 S1 只占 24B。

【例 3.42】 比较一个 10×10 单位矩阵 **A** 及对应的稀疏矩阵 **B**=sparse(A)所需的存储量。

```
>> A=eye(10);
>> B=sparse(A);
>> whos A B
  Name      Size            Bytes        Class
  A         10x10             800        double array
  B         10x10             164        double array (sparse)
Grand total is 110 elements using 964 bytes
```

可见存储稀疏矩阵所用的字节数少得多，这是因为存储稀疏矩阵时没有存储零元素。

3.5.3 用稀疏矩阵求解线性方程组

求解线性方程组常用的方法有两类：直接法和迭代法，3.4 节对这两种方法都有介绍，其中迭代法特别适合用于求解大型稀疏线性方程组。在 MATLAB 中，对于稀疏线性方程组，可用各种迭代法进行求解。MATLAB 中各种迭代法对应的函数有 9 个，如表 3-8 所示。

表中的方法都可用来求解 **AX**=**B**。当采用预处理梯度法时(pcg)，**A** 必须是一个正定阵，minres 和 symmlq 方法中 **A** 可以为对称非正定阵，对于 lsqr, 矩阵 **A** 可以不是方阵，在 gmres 中，**A** 为非奇异阵且不必对称，其他 4 种可处理非对称的方阵。

表 3-8 中的各种迭代函数的调用语法都差不多，下面以预处理共轭梯度法和广义极小残余法为例进行说明。

表 3-8 与稀疏线性方程组迭代法有关的函数

函数名	说 明	函数名	说 明
bicg	Bi 共轭梯度法函数	minres	极小残余函数
bicgstab	Bi 稳定共轭梯度法函数	pcg	预处理梯度法函数
cgs	二次共轭梯度法函数	qmr	准极小残余函数
gmres	广义极小残余函数	symmlq	对称 LQ 函数
lsqr	最小平方函数		

1. 预处理共轭梯度法

预处理共轭梯度法以 pcg 函数实现，其调用语法为

[x,flag,relres,iter,resvec]=pcg(A,b,tol,Maxit)

其中输入参数 tol 表示迭代求解的精度；Maxit 表示最大迭代次数。输出参数 x 为方程组的数值近似解；flag 为计算停止标志，当 flag=0 时，表示在不超过最大迭代次数的迭代过程中，计算精度已经达到指定要求，数值求解成功，否则 flag 返回一个非零的数；relres 表示近似解的残差向量范数与方程组右端向量范数的比值，当求解成功时，该值小于求解精度；iter 表示所用的迭代次数；resvec 则给出残差向量的范数值。

【例 3.43】 利用稀疏矩阵和满矩阵分别求解 $AX=B$，并对计算时间进行比较。其中

$$A = \begin{bmatrix} 2 & 1 & & & \\ 1 & 2 & 1 & & \\ & 1 & 2 & \ddots & \\ & & \ddots & \ddots & 1 \\ & & & 1 & 2 \end{bmatrix}_{500 \times 500}, \quad B = \begin{bmatrix} 1 \\ 2 \\ \vdots \\ 500 \end{bmatrix}$$

解：在 MATLAB 中编程计算

```
>> n=500;
>> A1=sparse(1:n,1:n,2,n,n);        %产生主对角线稀疏矩阵
>> A2=sparse(1:n-1,2:n,1,n,n);      %产生对角线编号为-1 的稀疏矩阵
>> A=A1+A2+A2';                     %产生矩阵 A 的稀疏矩阵(其中对角线编号为 1 的
                                    %稀疏矩阵为对角线编号为-1 的稀疏矩阵的转置)
>> b=[1:n]';
>> tic;x1=A\b;t1=toc                %计算由稀疏矩阵求解方程所用的时间
t1 =
    0.0160
>> A3=full(A);
>> tic;x2=A3\b;t2=toc               %计算由满矩阵求解方程所用的时间
t2 =
    0.0780
>> max(abs(x1-x2))                  %两种方法求解结果的最大绝对值之差
ans =
    5.8719e-011
>> min(abs(x1-x2))                  %两种方法求解结果的最小绝对值之差
ans =
    2.8188e-013
```

可见两种计算结果相差无几，而 t2 约为 t1 的 5 倍，随着 n 的增加，差距更大。

【例 3.44】 调用共轭梯度法函数 pcg 求解例 3.35 中的线性方程组。设置最大迭代次数为 10，精度选 10^{-6}。

```
>> A=[10 -1 2 0;-1 11 -1 3;2 -1 10 -1;0 3 -1 8];
>> b=[6 25 -11 15]';          %为列向量
>> [x,flag,relres,iter,resvec]=pcg(A,b,10.^(-6),10)
x =
    1.0000
    2.0000
   -1.0000
    1.0000
flag =
```

```
         0
relres =
   7.9165e-017
iter =
     4
resvec =
   31.7333
    5.1503
    1.0433
    0.1929
    0.0000
```

结果表明，迭代次数仅为 4 次，与前面的各种迭代法相比，显然共轭梯度法所用的迭代次数少多了，说明该方法求解线性方程组的效率非常高。实际上，共轭梯度法是目前求解系数矩阵正定的大型稀疏矩阵方程组的最有效的方法之一，也是使用最广泛的方法之一。

2. 广义极小残余法

广义极小残余法(Generalized Minimum Residual Method，简称 GMRES)也是一种求解大型稀疏线性方程组的常用方法，以 gmres 函数实现，其调用语法主要有

(1) x=gmres(A,B)：用来解线性方程组 AX=B，其中 n×n 系数矩阵 A 必须是稀疏大型方阵，列向量 B 的长度必须为 n；总的迭代次数为 min(n,10)，采用非重新开始方式。

(2) gmres(A,B,restart,tol,maxit)：指每经过 restart 次迭代后就周期性的重新开始，如果 restart 等于 n 或[]，则 gmres 采用非周期性重新开始法；参数 tol 表示迭代求解的精度；maxit 表示外部最大迭代次数，注意：迭代的总次数等于 restart* maxit，若 maxit 等于[]，则采用默认值 min(n/restart,10)，若 restart 等于 N 或[]，则总迭代次数为 maxit。

【例 3.45】 利用广义极小残余法求解例 3.35 中的线性方程组。

```
>> A=[10 -1 2 0;-1 11 -1 3;2 -1 10 -1;0 3 -1 8];
>> B=[6 25 -11 15]';
>> x=gmres(A,B)
mres converged at iteration 4 to a solution with relative residual 7.9e-017
x =
    1.0000
    2.0000
   -1.0000
    1.0000
```

迭代次数为 4，relres 为 7.9e-017。

3.6 常微分方程的数值解

微分方程是描述一个变量关于另一个变量的变化率的数学模型。很多基本的物理定律，包括质量、动量和能量的守恒定律，都自然地表示为微分方程。在 MATLAB 中利用函数 dsolve 可求解微分方程(组)的解析解(详见 5.6 节)。由于在工程实际与科学研究中遇到的微分方程往往比较复杂，在很多情况下，都不能给出解析表达式，这些情况下不适宜采用高

等数学课程中讨论解析法来求解，而需采用数值解法来求近似解。

常微分方程数值解法的思路是：对求解区间进行剖分，然后把微分方程离散成在节点上的近似公式或近似方程，最后结合定解条件求出近似解。下面讨论常微分方程初值问题在 MATLAB 中的解法。

常微分方程：

$$\frac{dy}{dx} = f(x, y)$$

其中 $f(x,y)$ 是自变量 x 和因变量 y 的函数。求微分方程 $y' = f(x,y)$ 满足初始条件 $y|_{x=x_0} = y_0$ 的特解这样一个问题，称为一阶微分方程的初值问题，记作

$$\begin{cases} y' = f(x, y) \\ y|_{x=x_0} = y_0 \end{cases}$$

微分方程的解的图形是一条曲线，称为微分方程的积分曲线。初值问题的几何意义就是求微分方程的通过点 (x_0, y_0) 的那条积分曲线。

3.6.1 欧拉法

欧拉法是数值求解一阶常微分方程初值问题的最常用方法之一，按照计算精度的不同，有欧拉折线法、前向后向欧拉法、改进的欧拉法等。

欧拉法的基本思想是：在小区间 $[x_n, x_{n+1}]$ 上用差商 $\dfrac{y(x_{n+1}) - y(x_n)}{h}$ 代替 $y'(x)$，即在节点处用差商近似代替导数，当 $f(x, y(x))$ 中的 x 取 $[x_n, x_{n+1}]$ 的左端点 x_n，即 $f(x_n, y(x_n))$。将 $y(x_n)$ 的近似值记为 y_n，即 $y_n \approx y(x_n)$，$y_{n+1} \approx y(x_{n+1})$，则得到前向欧拉公式 $y_{n+1} = y_n + hf(x_n, y_n)$。前向欧拉公式为显示公式，具有一阶精度。当 $f(x, y(x))$ 中的 x 取 $[x_n, x_{n+1}]$ 的左端点 x_{n+1}，即 $f(x_n, y(x_n))$，类似可得到后向欧拉公式 $y_{n+1} = y_n + hf(x_{n+1}, y_{n+1})$。后向欧拉公式实际上是从 x_{n+1}, y_{n+1} 向后推算出 y_n，当函数 $f(x,y)$ 对 y 非线性时，通常只能用迭代法求解方程，故后向欧拉公式为隐式公式，计算量比前向欧拉公式大很多，它的精度也为一阶。

改进的欧拉公式：将前向后向两个公式平衡一下，就可得到梯形公式

$$y_{n+1} = y_n + \frac{h}{2}[f(x_n, y_n) + f(x_{n+1}, y_{n+1})]$$

该公式也称为隐式公式，计算量较大。如果利用 $\bar{y}_{n+1} = y_n + hf(x_n, y_n)$ 来预测等式右边的 y_{n+1}，即可得改进的欧拉公式

$$y_{n+1} = y_n + \frac{h}{2}[f(x_n, y_n) + f(x_{n+1}, \bar{y}_{n+1})]$$

它的精度为二阶。

(1) 实现前向欧拉公式的自定义函数 Euler1，其代码如下：

```
function[xout,yout]=euler1(ypfun,xspan,y0,h)   % 前向欧拉公式
x=xspan(1):h:xspan(2);y(:,1)=y0(:);
for i=1:length(x)-1,
    y(:,i+1)=y(:,i)+h*feval(ypfun,x(i),y(:,i));
end
```

```
xout=x';yout=y';
```

调用格式为

```
[xout,yout]=euler1('ypfun',xspan,y0,h)
```

其中 xout、yout 为 xout 对应的常微分方程的解；'ypfun'是一个字符串，表示微分方程的形式，也可以是 f(x,y)的 M 文件；xspan 表示 x 的取值区间；y0 表示初始条件；h 为步长。

(2) 实现改进的欧拉公式的自定义函数 Euler2，其代码如下：

```
function[xout,yout]=euler2(ypfun,xspan,y0,h)   % 改进的欧拉公式
x=xspan(1):h:xspan(2);y(:,1)=y0(:);
for i=1:length(x)-1,
    y1(:,i+1)=y(:,i)+h*feval(ypfun,x(i),y(:,i));
    f=feval(ypfun,x(i),y(:,i))+feval(ypfun,x(i+1),y1(:,i+1));
    y(:,i+1)=y(:,i)+0.5*h*f;
end
xout=x';yout=y';
```

调用格式为

```
[xout,yout]=euler2('ypfun',xspan,y0,h)
```

其中的参数含义同(1)。

【例 3.46】 用前向欧拉法和改进的欧拉法解初值问题 $\begin{cases} y'=y-2x/y & (0 \leqslant x \leqslant 1) \\ y(0)=1 \end{cases}$，取步长 $h=0.1$，并与精确值比较。方程的解析解为 $y=\sqrt{1+2x}$。

解：先将微分方程写成自定义函数 exam1fun.m

```
function f=exam1fun (x,y)      %微分方程的自定义函数 exam1fun.m
f=y-2*x./y;
f=f(:);                        %保证 f 为一个列向量
```

然后在命令窗口输入以下语句：

```
>> xspan=[0 1];
>> y0=1;
>> h=0.1;
>> [x1,y1]=euler1('exam1fun',xspan,y0,h)
x1 =
         0
    0.1000
    0.2000
    0.3000
    0.4000
    0.5000
    0.6000
    0.7000
    0.8000
    0.9000
    1.0000
```

```
y1 =
    1.0000
    1.1000
    1.1918
    1.2774
    1.3582
    1.4351
    1.5090
    1.5803
    1.6498
    1.7178
    1.7848
>> [x2,y2]= euler2('exam1fun',xspan,y0,h)
x2 =
         0
    0.1000
    0.2000
    0.3000
    0.4000
    0.5000
    0.6000
    0.7000
    0.8000
    0.9000
    1.0000
y2 =
    1.0000
    1.0959
    1.1841
    1.2662
    1.3434
    1.4164
    1.4860
    1.5525
    1.6165
    1.6782
    1.7379
```

绘出以上计算结果曲线图如图 3.9 所示,将结果及精确解列表于表 3-9 中,可见改进欧拉法比前向欧拉法的精确度要高些。

表 3-9 欧拉法与精确值的比较

X_n	前向欧拉法	改进欧拉法	精确值
0	1.0000	1.0000	1.0000
0.1000	1.1000	1.0959	1.0954
0.2000	1.1918	1.1841	1.1832
0.3000	1.2774	1.2662	1.2649
0.4000	1.3582	1.3434	1.3416
0.5000	1.4351	1.4164	1.4142

续表

X_n	前向欧拉法	改进欧拉法	精确值
0.6000	1.5090	1.4860	1.4832
0.7000	1.5803	1.5525	1.5492
0.8000	1.6498	1.6165	1.6125
0.9000	1.7178	1.6782	1.6733
1.0000	1.7848	1.7379	1.7321

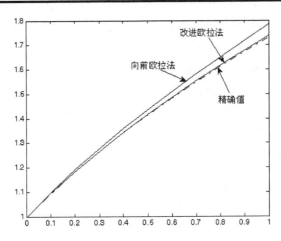

图 3.9　步长为 0.1 时数值解和精确解比较图

3.6.2　龙格-库塔方法

改进的欧拉法比欧拉法精度高的原因在于，它在确定平均斜率时，多取了一个点的斜率值。这样，如果我们在 $[x_i, x_{i+1}]$ 上多取几个点的斜率值，然后对它们作线性组合得到平均斜率，则有可能构造出精度更高的计算方法。这就是龙格-库塔法的基本思想。龙格-库塔法可看作是欧拉法思想的提高，属于精度较高的单步法。

龙格-库塔法是求解常微分方程初值问题的最重要的方法之一。MATLAB 中提供了几个采用龙格-库塔法来求解常微分方程的函数，即 ode23，ode45，ode113，ode23s，ode15s 等，其中最常用的函数是 ode23(二三阶龙格-库塔函数)和 ode45(四五阶龙格-库塔函数)，下面分别对它们进行介绍。

1. 二三阶龙格-库塔函数(ode23)

函数 ode23 的调用格式如下：

(1) [T,Y]=ODE23('F',TSPAN,Y0) 输入参数中的'F'是一个字符串，表示微分方程的形式，也可以是 $f(x,y)$ 的 M 文件。TSPAN=[T0　TFINAL]表示积分区间，Y0 表示初始条件。函数 ode23 表示在初始条件 Y0 下从 T0 到 TFINAL 对微分方程 $y' = F(t,y)$ 进行积分。函数 F(T,Y) 必须返回一列向量，两个输出参数是列向量 T 与矩阵 Y，其中向量 T 包含估计响应的积分点，而矩阵 Y 的行数与向量 T 的长度相等。向量 T 中的积分点不是等间距的，这是为了保持所需的相对精度，而改变了积分算法的步长。为了获得在确定点 T0,T1,… 的解，

TSPAN=[T0 T1 TFINAL]。需要注意的是：TSPAN 中的点必须是单调递增或单调递减的。

(2) [T,Y]=ODE23('F',TSPAN,Y0,OPTIONS) 其中，参数 options 为积分参数，它可由函数 ODESET 来设置。Options 参数最常用的是相对误差'RelTol'(默认值是 1e-3)和绝对误差 'AbsTol'(默认值是 1e-6)，其他参数同上。

(3) [T,Y]=ODE23('F',TSPAN,Y0,OPTIONS,P1,P2,…) 参数 P1,P2,…可直接输入到函数 F 中去。如 F(T,Y,FLAG,P1,P2,…)。如果参数 OPTIONS 为空，则输入 OPTIONS=[ ]。也可以在 ODE 文件中(可参阅 ODEFILE 函数)指明参数 TSPAN、Y0 和 OPTIONS 的值。如果参数 TSPAN 或 Y0 是空，则 ODE23 函数通过调用 ODE 文件[TSPAN,Y0,OPTIONS]=F([],[],'init')来获得 ODE23 函数没有被提供的自变量值。如果获得的自变量表示空，则函数 ODE23 会忽略，此时为 ODE23('F')。

(4) [T,Y,TE,YE,IE]=ODE23('F',TSPAN,Y0,OPTIONS) 此时要求在参数 options 中的事件属性设为'on'，ODE 文件必须被标记，以便 P(T,Y,'events')能返回合适的信息，详细可参阅函数 ODEFILE。输出参数中的 TE 是一个列向量，矩阵 YE 的行与列向量 TE 中元素相对应，向量 IE 表示解的索引。

2. 四五阶龙格-库塔函数(ode45)

函数 ode45 的调用格式同 ode23 相同，其差别在于内部算法不同。如果'F'为向量函数，则 ode23 和 ode45 也可用来解微分方程组。

【例 3.47】 分别用二三阶龙格-库塔法和四五阶龙格-库塔法解常微分方程的初值问题：
$$\begin{cases} y'=-y-xy^2 (0 \leq x \leq 1) \\ y(0)=1 \end{cases}$$
取步长 $h=0.1$。方程的解析解可用 dsolve 求得为 $y=-1/(x+1-2e^x)$，将改进欧拉法、龙格-库塔法与精确值进行比较。

解： 先将微分方程写成自定义函数 exam2fun.m

```
function f=exam2fun (x,y)
f=-y-x*y.^2;
f=f(:);
```

然后在命令窗口输入以下语句：

```
>> [x1,y1]=ode23('exam2fun',[0:0.1:1],1)
x1 =
         0
    0.1000
    0.2000
    0.3000
    0.4000
    0.5000
    0.6000
    0.7000
    0.8000
    0.9000
    1.0000
```

```
y1 =
    1.0000
    0.9006
    0.8046
    0.7144
    0.6314
    0.5563
    0.4892
    0.4296
    0.3772
    0.3312
    0.2910
>> [x2,y2]=ode45('exam2fun',[0:0.1:1],1)
x2 =
         0
    0.1000
    0.2000
    0.3000
    0.4000
    0.5000
    0.6000
    0.7000
    0.8000
    0.9000
    1.0000
y2 =
    1.0000
    0.9006
    0.8046
    0.7144
    0.6315
    0.5563
    0.4892
    0.4296
    0.3772
    0.3312
    0.2910
```

将改进欧拉法、二三阶龙格-库塔法、四五阶龙格-库塔法结果和精确值列在表 3-10 中。

表 3-10 改进欧拉法、龙格-库塔法与精确值的比较

X_n	改进欧拉法	ODE23	ODE45	精确值
0	1.0000	1.0000	1.0000	1.0000
0.1000	0.9010	0.9006	0.9006	0.9006
0.2000	0.8053	0.8046	0.8046	0.8046
0.3000	0.7153	0.7144	0.7144	0.7144
0.4000	0.6326	0.6314	0.6315	0.6315
0.5000	0.5576	0.5563	0.5563	0.5563

续表

X_n	改进欧拉法	ODE23	ODE45	精确值
0.6000	0.4906	0.4892	0.4892	0.4892
0.7000	0.4311	0.4296	0.4296	0.4296
0.8000	0.3786	0.3772	0.3772	0.3772
0.9000	0.3326	0.3312	0.3312	0.3312
1.0000	0.2924	0.2910	0.2910	0.2910

可见二三阶龙格-库塔法、四五阶龙格-库塔法与精确值非常接近，改进欧拉法精度远低于龙格-库塔法。

3.7 小 结

数值方法可以用来计算用其他方法无法求解的问题的近似解，本章针对数值分析中不同内容讨论了如何在 MATLAB 环境下实现各种数值算法，这些算法是学习数值分析理论和进行科学计算的基础。

多项式运算是数学中最基本的运算之一，本章从多项式的表达、创建入手，讨论了多项式的运算及求值、求根运算。插值和拟合是常用的数值逼近方法，本章介绍了多项式插值和拟合以及最小二乘拟合。在数值微积分中讨论并比较了没有初等函数解析式情况下的定积分数值逼近的矩形法、梯形法、辛普森法及科茨法。线性方程组的求解是许多数值方法的核心部分，本章讨论了矩阵相除法及 Jacobi 迭代法、Gauss-Seidel 迭代法、SOR(超松弛)迭代法，并对这 3 种常用的迭代法进行了比较。稀疏矩阵是一种占用存储空间极少、计算时间快、工作效率高的矩阵，本章对稀疏矩阵的创建及利用稀疏矩阵求解线性方程组进行了介绍。在常微分方程的数值解中描述了初值问题求解的不同方法，欧拉法是数值求解一阶常微分方程初值问题的最常用方法之一，借鉴改进欧拉法的思想提出的龙格-库塔法求解常微分方程可得到更高的精确度。

3.8 习 题

1. 用函数 roots 求方程 $x^2 - x - 1 = 0$ 的根。

2. $y = \sin x, 0 \leqslant x \leqslant 2\pi$，在 n 个节点(n 不要太大，如取 5~11)上用分段线性和三次样条插值方法，计算 m 个插值点(m 可取 50~100)的函数值。通过数值和图形输出，将两种插值结果与精度值进行比较。适当增加 n，再作比较。

3. 大气压强 p 随高度 x 变化的理论公式为 $p = 1.0332 e^{-(x+500)/7756}$，为验证这一公式，测得某地大气压强随高度变化的一组数据如表 3-11 所示，试用插值法和拟合法进行计算并绘图，看哪种方法较为合理，且总误差最小。

表 3-11 某地大气压强随高度变化数据

高度/m	0	300	600	1000	1500	2000
压强/Pa	0.9689	0.9322	0.8969	0.8519	0.7989	0.7491

4. 利用梯形法和辛普森法求定积分 $\frac{1}{2\pi}\int_{-3}^{3}e^{-\frac{x^2}{2}}dx$ 的值，并对结果进行比较。如果积分区间改为-5～5 结果有何不同？梯形积分中改变自变量 x 的维数，结果有何不同？

5. 分别用矩形法、梯形法、辛普森法和牛顿-科茨 4 种方法来近似计算定积分 $\int_{0}^{1}\frac{xdx}{x^2+4}$，取 $n=4$，保留 4 位有效数字。

6. 试分别用 Jacobi 迭代法和 Gauss-Seidel 迭代法求解下面方程组，结果保留两位有效数字。

$$\begin{bmatrix} 5 & 1 & 2 & 1 \\ 2 & 5 & 1 & 1 \\ 1 & 2 & 10 & 2 \\ 1 & 2 & 2 & 10 \end{bmatrix}\begin{bmatrix} x_1 \\ x_2 \\ x_3 \\ x_4 \end{bmatrix} = \begin{bmatrix} 9 \\ 9 \\ 15 \\ 15 \end{bmatrix}$$

取 $x(0)=[0,0,0,0]^T$，迭代 5 次。

7. 用 SOR 法解题 6，取 $\omega=1.2$，并考查其收敛性。

8. 利用稀疏矩阵中共轭梯度法来求解题 6 中的线性方程组，并比较不同方法所用的时间。

9. 分别利用欧拉法和二三阶龙格-库塔法来求解下列初值问题：

$$\begin{cases} y'=-2xy & 0\leqslant x \leqslant 1.2 \\ y(0)=1 \end{cases}$$

第 4 章 结构数组与细胞数组

教学提示：结构数组与细胞数组是 MATLAB 中的两种数据类型和数据组织与管理形式，用户可以将不同数据类型但彼此相关的数据集成在一起，从而相关的数据可以通过同一结构数组或细胞数组进行组织和访问，使数据的管理更简便、容易。

教学要求：掌握结构数组和细胞数组的创建与操作方法。

4.1 结构数组

结构数组(Structure Array)把一组彼此相关、数据结构相同但类型不同的数据组织在一起，便于管理和引用，类似于数据库，但其数据组织形式更灵活。比如，学生成绩档案，可用结构数组表示，如图 4.1 所示。

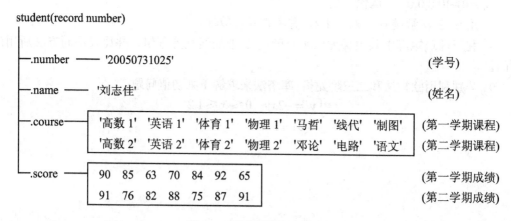

图 4.1 学生成绩结构数组

其中 student 为结构数组名(Structure)，结构数组元素是结构类型数据，包含结构类型的所有域，类似于数据库中的记录；number、name、course、score 等为域名(Filed)，类似于数据库中的字段名。结构数组名与域名之间以圆点"."间隔，不同域的维数、类型可以不同，用以存储不同类型的数据。

4.1.1 结构数组的创建

创建结构数组的方法有以下两种：
(1) 对域赋值创建；
(2) 利用函数 struct 创建。

1. 通过赋值创建结构数组

通过对结构数组的各个域进行赋值，即可创建结构数组。给域进行赋值的格式为

```
struct_name(record#).field_name=data
```

创建 1×1 的结构数组时可省略记录号。

【例 4.1】 通过赋值创建图 4.1 所示 student 结构数组。

```
>> student.number='20050731025';
>> student.name='刘志佳';
>> student.course={'高数1' '英语1' '体育1' '物理1' '马哲' '线代' '制图';...
'高数2' '英语2' '体育2' '物理2' '邓论' '电路' '语文'};
>> student.score=[90 85 63 70 84 92 65;91 76 82 88 75 87 91];
```

其中，student.course={…}为细胞数组，将在 4.2 节讨论。直接在命令窗口输入结构名，查看结构数组。

```
>> student
student =
    number: '20050731025'
      name: '刘志佳'
    course: {2x7 cell}
score: [2x7 double]
>> size(student)
ans =
     1     1
```

可以看出，student 为 1×1 的结构数组。

【例 4.2】 向例 4.1 所创建的 student 结构数组中增加一个元素。

```
>> student(2).number='20050731026';
>> student(2).name='王玲';
>> student(2).course=['高数1' '英语1' '体育1' '物理1' '马哲' '线代' '制图';...
'高数2' '英语2' '体育2' '物理2' '邓论' '电路' '语文'];
>> student(2).score=[80 95 70 90 64 82 75;81 66 92 78 85 67 81];
```

再查看结构数组。

```
>> student
student =
1x2 struct array with fields:
    number
    name
    course
    score
```

可以看出，student 变成 1×2 的结构数组，并且当结构数组包含两个以上的元素时，查看结构数组不显示各个元素的值，而是显示数组的结构信息。

2. 利用 struct 函数创建结构数组

利用 struct 函数创建结构数组的格式为

(1) struct_name = struct('field1',{},'field2',{},…)

(2) struct_name = struct('field1',values1,'field2',values2,…)

利用格式(1)的命令创建结构数组时，只创建含指定域名的空结构数组；利用格式(2)的命令创建结构数组时，valuesn 以细胞数组的形式指定各域的值。

【例 4.3】 利用 struct 函数创建图 4.1 所示 student 结构数组。

```
>> student=struct('number',{},'name',{},'course',{},'score',{})
student =
0x0 struct array with fields:
    number
    name
    course
    score
```

【例 4.4】 利用 struct 函数创建例 4.2 student 结构数组。

```
>> student=struct('number',{'20050731025','20050731026'},'name',{'刘志佳','王玲'},...'course',{{'高数1' '英语1' '体育1' '物理1' '马哲' '线代' '制图'; '高数2' '英语2' '体育2'...'物理2' '邓论' '电路' '语文'}},'score',{[90 85 63 70 84 92 65;91 76 82 88 75 87 91],...[80 95 70 90 64 82 75;81 66 92 78 85 67 81]})
student =
1x2 struct array with fields:
    number
    name
    course
    score
```

注意：(1) 如果域没有值，则一定要赋空值，不能空着。

(2) 多个元素域值相同时，可以只赋一次值。如例 4.4 中，若刘志佳、王玲的成绩相同时，创建 student 结构数组：

```
>> student=struct('number',{'20050731025','20050731026'},'name',{'刘志佳','王玲'},...
'course',{{'高数1' '英语1' '体育1' '物理1' '马哲' '线代' '制图'; '高数2' '英语2' '体育2'...'物理2' '邓论' '电路' '语文'}},'score',{[90 85 63 70 84 92 65;91 76 82 88 75 87 91]});
>> student(1,1).score       %刘志佳的成绩
ans =
    90    85    63    70    84    92    65
    91    76    82    88    75    87    91
>> student(1,2).score       %王玲的成绩
ans =
    90    85    63    70    84    92    65
    91    76    82    88    75    87    91
```

4.1.2 结构数组的操作

有关结构数组的函数如表 4-1 所示。

表 4-1 结构数组的相关函数

函数名	说 明	函数名	说 明
struct	创建结构数组	getfield	获取域值
isstruct	判定是否为结构数组,是结构数组时,其值为真	isfield	判定域是否在结构数组中,在结构数组中时,其值为真
fieldnames	获取结构数组域名	rmfield	删除结构数组中的域
setfield	设定域值	orderfields	域排序

1. 向结构数组中增加新的域

通过对结构数组中任一元素所需增加的域进行赋值即可(空值亦可),增加域将会影响整个结构数组的结构。

【例 4.5】 向例 4.4 所创建的 student 结构数组中增加 total 域。

```
>> student(1).total=[]
student =
1x2 struct array with fields:
    number
    name
    course
    score
    total
```

虽未输入 total 域值,但域名已添加于结构数组中。为了使所有结构数组元素具有相同的域名,未赋值的域将自动填入空值。如

```
>> student(2).total
ans =
    []
```

2. 获取结构数组中的域名

获取结构数组中的域名的函数为 fieldnames,其格式为

```
fieldnames(struct_name)
```

【例 4.6】 获取例 4.4 所创建的 student 结构数组的域名。

```
>> fieldnames(student)
ans =
    'number'
    'name'
    'course'
    'score'
```

3. 删除结构数组中的域

删除结构数组中的域的函数为 rmfield,其格式为

(1) rmfield (struct_name, field_name)

(2) rmfield (struct_name, {FIELDS})

删除域将会影响整个结构数组的结构。

【例 4.7】 对例 4.4 所创建的 student 结构数组先删除 student 结构数组中的 total 域，再删除 number 和 course 域。

```
>>student= rmfield (student,'total')
ans =
1x2 struct array with fields:
    number
    name
    course
    score
>> student= rmfield (student,{'number','course'})
ans =
1x2 struct array with fields:
    name
    score
```

4. 删除结构数组中的元素

将欲删除的元素赋空值即可，删除元素不会影响结构数组的结构。

【例 4.8】 删除例 4.4 所创建的 student 结构数组中第 1 个元素。

```
>> student(1)=[]
student =
    number:'20050731026'
      name:'王玲'
    course:{2x7 cell}
     score:[2x7 double]
     total:[]
```

5. 获取结构数组中的域值

1) 直接引用，格式为

(1) struct_name.field_name(m,n)

(2) struct_name(i,j).field_name(m,n)

格式(1)只适用于 1×1 的结构数组，返回指定的域值。当域为数组时，需指定其行号和列号 m、n，若不指定，则获得该域所有的值。格式(2)适用于维数高于 1×1 的结构数组，但不能同时获取多个域值或多个元素同一域值。如果需要获取所有元素同一域的值，可以采用循环语句。

【例 4.9】 获取例 4.1 所创建的 student 结构数组中的学号、姓名、高数 1 和高数 2 的值。

```
>> xuehao=student.number;
>> xingming=student.name;
>> gaoshu1=student.score(1,1);
>> gaoshu2=student.score(2,1);
>> xuehao,xingming,gaoshu1,gaoshu2
xuehao =
20050731025
xingming =
```

```
刘志佳
gaoshu1 =
    90
gaoshu2 =
    91
```

【例 4.10】 获取例 4.4 所创建的 student 结构数组中所有学生的学号、姓名；刘志佳的高数 2 的成绩；王玲第二学期所有课程的成绩。

```
>> for k = 1:2
       number{k} = student(k).number;
       name{k} = student(k).name;
   end
>> gaoshu21= student(1).score(2,1);
>> chengji22= student(2).score(2,:);
>> number, name, gaoshu21, chengji22
number =
'20050731025'    '20050731026'
name =
'刘志佳'    '王玲'
gaoshu21 =
    91
chengji22 =
    81    66    92    78    85    67    81
```

2) 利用函数 getfield，格式为

(1) getfield (struct_name, field_name)

(2) getfield (struct_name, {i,j}, field_name,{m,n})

格式(1)等价于 struct_name.field_name，格式(2)等价于 struct_name(i,j).field_name (m,n)。

【例 4.11】 以 getfield 格式(1)的形式重做例 4.9。

```
>> xuehao=getfield(student,'number');
>> xingming=getfield(student,'name');
>> gaoshu1=getfield(student,'score',{1,1});
>> gaoshu2=getfield(student,'score',{2,1});
>> xuehao,xingming,gaoshu1,gaoshu2
xuehao =
20050731025
xingming =
刘志佳
gaoshu1 =
    90
gaoshu2 =
    91
```

【例 4.12】 以 getfield 格式(2)的形式重做例 4.10。

```
>> for k = 1:2
       number{k} = getfield(student,{1,k}, 'number');
       name{k} = getfield(student,{1,k},'name');
   end
>> gaoshu21=getfield(student,{1,1},'score',{2,1});    %获取刘志佳第二学期的
```

```
>> chengji2=getfield(student,{1,2},'score');      %高数成绩
>> chengji22=chengji2(2,:);                        %获取王玲的所有成绩
>> number, name, gaoshu21, chengji22              %获取王玲第二学期成绩
number =
    '20050731025'    '20050731026'
name =
    '刘志佳'     '王玲'
gaoshu21 =
    91
chengji22 =
    81    66    92    78    85    67    81
```

3) 利用函数 deal，格式为

[Y1,Y2,Y3,...]=deal(struct_name(i,j).field_name1,struct_name(i,j).field_name2, struct_ name(i,j).field_name3,...)

等价于 Y1=struct_name(i,j).field_name1;Y2=struct_name(i,j).field_name2; Y3=struct _name(i,j).field_name3;…。

【例 4.13】 以函数 deal 重做例 4.10。

```
>> [number1,number2,name1,name2,gaoshu21,chengji22] = deal(student(:).number, ...
   student(:).name,student(1).score(2,1),student(2).score(2,:))
number1 =
20050731025
number2 =
20050731026
name1 =
刘志佳
name2 =
王玲
gaoshu21 =
    91
chengji22 =
    81    66    92    78    85    67    81
```

6. 设置结构数组中的域值

(1) 直接赋值，格式为

① struct_name.field_name(m,n)= field_value

② struct_name{i,j}.field_name(m,n) = field_value

格式①只适用于 1×1 的结构数组，给指定的域赋值。当域为数组时，需指定其行号和列号 m、n，若不指定，须以数组形式赋值。格式②适用于维数高于 1×1 的结构数组，但不能同时给多个域或多个元素赋值。

【例 4.14】 将例 4.4 所创建的结构数组 student 中的'刘志佳'修改为'刘志家'；王玲的学号修改为'20050731028'，第二学期的语文成绩修改为 66。

```
>> student(1).name='刘志家';
>> student(2).number='20050731028';
```

```
>> student(2).score(2,7)=66;
>> student(1).name,student(2).number,student(2).score(2,7)
ans =
刘志家
ans =
20050731028
ans =
    66
```

(2) 利用函数 setfield，格式为

① struct_name =setfield(struct_name,'field', field_value)

② struct_name =setfield(struct_name,{i,j},'field',{m,n}, field_value)

格式①等价于 struct_name.field_name(m,n)= field_value，格式②等价于 struct_name{i,j}.field_name(m,n) = field_value。

【例 4.15】 以函数 setfield 重做例 4.14。

```
>> student=setfield(student,{1,1},'name','刘志家');
>> student=setfield(student,{1,2},'number','20050731028');
>> student=setfield(student,{1,2},'score',{2,7},66);
>> student(1).name,student(2).number,student(2).score(2,7)
ans =
刘志家
ans =
20050731028
ans =
    66
```

7. 结构数组的域排序

(1) struct_name = orderfields(struct_name1)

(2) struct_name = orderfields(struct_name1, struct_name2)

(3) struct_name = orderfields(struct_name1,c)

(4) struct_name = orderfields(struct_name1, perm)

(5) [struct_name, perm] = orderfields(...)

格式(1)按照结构数组 struct_name1 中域名的 ASCII 码顺序排序；格式(2)使结构数组 struct_name1 中的域名按照结构数组 struct_name2 中域名的顺序排序，struct_name2 的域名必须和 struct_name1 的域名相同；格式(3)使结构数组 struct_name1 中的域名按照 c 指定的顺序排序，c 指定的域名必须和 struct_name1 的域名相同；格式(4)使结构数组 struct_name1 中的域名按照 perm 指定的顺序排序，perm 的元素个数必须与结构数组 struct_name1 中的域名个数一致；格式(5)返回按照格式(1~4)排序后新的结构数组 struct_name 及排序顺序号 perm。

【例 4.16】 对例 4.4 所创建的 student 结构数组进行如下排序操作，观察其输出结果。

```
>> [snew1, perm1] = orderfields(student)
snew1 =
1x2 struct array with fields:
    course
```

```
        name
        number
        score
    perm1 =
        3
        2
        1
        4
>> [snew2, perm2] = orderfields(student,{'name','number','course','score'})
snew2 =
1x2 struct array with fields:
    name
    number
    course
    score
perm2 =
    2
    1
    3
    4
>> [snew3, perm3] = orderfields(student,[2 4 1 3])
snew3 =
1x2 struct array with fields:
    name
    score
    number
    course
perm3 =
    2
    4
    1
    3
>> snew4 = orderfields(student,[4 3 1 2])
snew4 =
1x2 struct array with fields:
    score
    course
    number
    name
```

8. 结构数组及其域的判定

(1) tf = isstruct(A)

(2) tf = isfield(struct_name,field_name)

格式(1) 判断 A 是否为结构数组，是 tf=1，否 tf=0；格式(2)判断指定的域名 field_name 是否为结构数组 struct_name 的域，是 tf=1，否 tf=0。

【例 4.17】 对例 4.4 所创建的 student 结构数组进行如下排序操作，观察其输出结果。

```
>> tf = isstruct(student)
tf =
    1
```

```
>> teacher=['王华' '李永波'];
>> tf = isstruct(teacher)
tf =
    0
>> tf = isfield(student,'name')
tf =
    1
>> tf = isfield(student, 'age')
tf =
    0
```

4.2 细胞数组

细胞数组(Cell Array)与结构数组类似,也是把一组类型、维数不同的数据组织在一起,存储在细胞数组中,与结构数组不同的是,结构数组中的元素有域及域名,对数组元素数据的访问是通过域名实现的。

细胞数组的基本元素是细胞(Cell),每个细胞可以存储不同类型、不同维数的数据,通过下标区分不同的细胞。图 4.2 所示为 2×2 细胞数组,其中细胞(1,1)是字符数组,细胞(1,2)、(2,1)、(2,2)本身也是细胞数组。

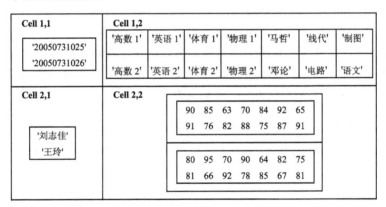

图 4.2 2×2 细胞数组

4.2.1 细胞数组的创建

创建结构数组的方法有以下两种:
(1) 对细胞元素直接赋值创建;
(2) 利用函数 cell 创建。

1. 通过赋值创建细胞数组

通过赋值创建细胞数组的格式为

cell_name{i,j} = {value}

【例 4.18】 通过赋值创建如图 4.2 所示的细胞数组。

```
>> student{1,1}=['20050731025';'20050731026'];
```

```
>> student{2,1}={'刘志佳';'王玲'};
>> student{1,2}={'高数 1' '英语 1' '体育 1' '物理 1' '马哲' '线代' '制图'; ...
'高数 2' '英语 2' '体育 2' '物理 2' '邓论' '电路' '语文'};
>> student{2,2}={[90 85 63 70 84 92 65; 91 76 82 88 75 87 91]; ...
[80 95 70 90 64 82 75; 81 66 92 78 85 67 81]};
>> student
student =
    [2x11 char]    {2x7 cell}
    {2x1 cell}     {2x1 cell}
```

或

```
>> student(1,1)={['20050731025';'20050731026']};
>> student(2,1)={{'刘志佳';'王玲'}};
>> student(1,2)={{'高数 1' '英语 1' '体育 1' '物理 1' '马哲' '线代' '制图'; ...
'高数 2' '英语 2' '体育 2' '物理 2' '邓论' '电路' '语文'}};
>> student(2,2)={{[90 85 63 70 84 92 65; 91 76 82 88 75 87 91]; ...
[80 95 70 90 64 82 75; 81 66 92 78 85 67 81]}};
>> student
student =
    [2x11 char]    {2x7 cell}
    {2x1 cell}     {2x1 cell}
```

注意：(1) 花括号和圆括号在使用上的细微区别，花括号表示细胞元素的内容；圆括号表示细胞元素。这里在建立细胞数组时，是通过给细胞元素赋值来确定细胞元素的。通过以下语句，大家可以体会二者的区别。

```
>> student{1,2}
ans =
    '高数 1'    '英语 1'    '体育 1'    '物理 1'    '马哲'    '线代'    '制图'
    '高数 2'    '英语 2'    '体育 2'    '物理 2'    '邓论'    '电路'    '语文'
>> student(1,2)
ans =
    {2x7 cell}
```

(2) 给 student{1,2}、student{2,1}、student{2,2}和 student(1,2)、student(2,1)、student(2,2) 赋值使用了细胞数组的嵌套，即这些细胞元素本身就是细胞数组。

(3) student{1,1}与 student{2,1}细胞元素值同样为字符串，但 student{1,1}每个字符串的长度相同，所以可以以字符型数组存储；而 student{2,1}各字符串的长度不同，所以改为字符型细胞数组存储。同理，student{1,2}也以字符型细胞数组存储。

(4) 细胞数组的结构图可以通过函数 cellplot 绘出，如图 4.3 所示。

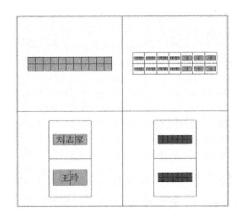

图 4.3 细胞数组 student 结构图

```
>> cellplot(student)
```

2. 利用函数 cell 创建细胞数组

(1) cell_name = cell(n)
(2) cell_name = cell(m,n) 或 cell_name = cell([m n])
(3) cell_name = cell(m,n,p,...) 或 cell_name = cell([m n p ...])
(4) cell_name = cell(size(A))

格式(1)创建一个 n×n 的空细胞数组；格式(2)创建一个 m×n 的空细胞数组；格式(3)创建一个 m×n×p×… 的空细胞数组；格式(4)创建一个与 A 维数相同的空细胞数组。可以看出，采用函数 cell 只是创建一个指定大小的细胞数组，仍然需要直接对细胞数组的细胞元素赋值，方法同 1，不再赘述。

4.2.2 细胞数组的操作

有关细胞数组的函数如表 4-2 所示。

表 4-2 细胞数组的相关函数

函数名	说明
celldisp	显示细胞数组所有元素的内容
iscell	判定是否为细胞数组，是为真，否为假
iscellstr	判定是否为字符型细胞数组，是为真，否为假
cellstr	将字符型数组转换成字符型细胞数组
char	将字符型细胞数组转换成字符型数组
cell2struct	将细胞数组转换成结构数组
struct2cell	将结构数组转换成细胞数组
mat2cell	将普通数组转换成细胞数组
cell2mat	将细胞数组转换成普通数组
num2cell	将数值数组转换成细胞数组

1. 细胞数组的扩充与重组

细胞数组的扩充与重组和数值数组的方法类似，下面举例说明。

【例 4.19】 对例 4.18 创建的细胞数组 student 增加一个细胞元素(3,1)，其值为'total'。

```
>> student{3,1}='total'
student =
    [2x11 char]    {2x7 cell}
    {2x1 cell}     {2x1 cell}
    'total'        []
```

【例 4.20】 将例 4.19 创建的细胞数组 student 变成 2×3 的细胞数组。

```
>> student=reshape(student,2,3)
student =
    [2x11 char]    'total'        {2x1 cell}
    {2x1 cell}     {2x7 cell}     []
```

【例 4.21】 对例 4.18 创建的细胞数组 student 进行下列操作，观察其结果。

```
>> student1={['age';'sex'];[]}
student1 =
    [2x3 char]
         []
>> student=[student student1]
student =
    [2x11 char]    {2x7 cell}    [2x3 char]
    {2x1 cell}     {2x1 cell}    []
```

2. 细胞元素的改写与删除

细胞元素内容的改写只需重新赋值，删除只需赋以空值即可(用花括号)，但不改变细胞元素的个数。要删除细胞元素，则须整行或整列删除(用圆括号)。

【例 4.22】 对例 4.21 得到的细胞数组 student，先删除细胞元素(1,3)的内容，然后删除第 3 列的细胞元素。

```
>> student{1,3}=[]
student =
    [2x11 char]    {2x7 cell}    []
    {2x1 cell}     {2x1 cell}    []
>> student(:,3)=[]
student =
    [2x11 char]    {2x7 cell}
    {2x1 cell}     {2x1 cell}
```

【例 4.23】 对例 4.18 创建的细胞数组 student，将细胞元素(2,1)的值改写为{'刘志家';'王燕玲'}。

```
>> student{2,1}={'刘志家';'王燕玲'}
student =
    [2x11 char]    {2x7 cell}
    {2x1 cell}     {2x1 cell}
>> student{2,1}{1}
```

```
ans =
刘志家
```

3. 细胞数组的数据显示

可利用函数 celldisp 进行细胞数组的数据显示，格式为

$$celldisp(cell\_name)$$

【例 4.24】 显示例 4.18 创建细胞数组 student 的细胞元素数据。

```
>> celldisp(student)
student{1,1}{1} =
20050731025
20050731026
student{2,1}{1} =
刘志佳
王玲
student{1,2}{1}{1,1} =
高数 1
student{1,2}{1}{2,1} =
高数 2
student{1,2}{1}{1,2} =
英语 1
student{1,2}{1}{2,2} =
英语 2
student{1,2}{1}{1,3} =
体育 1
student{1,2}{1}{2,3} =
体育 2
student{1,2}{1}{1,4} =
物理 1
student{1,2}{1}{2,4} =
物理 2
student{1,2}{1}{1,5} =
马哲
student{1,2}{1}{2,5} =
邓论
student{1,2}{1}{1,6} =
线代
student{1,2}{1}{2,6} =
电路
student{1,2}{1}{1,7} =
制图
student{1,2}{1}{2,7} =
语文
student{2,2}{1} =
    90    85    63    70    84    92    65
    91    76    82    88    75    87    91
student{2,2}{2} =
    80    95    70    90    64    82    75
    81    66    92    78    85    67    81
```

4. 细胞数组的访问

(1) 细胞元素的访问，格式为

cell_name{i,j}

(2) 细胞元素内容的访问，格式为

cell_name{i,j}(m,n)

注意花括号和圆括号的使用。

【例 4.25】 观察以下对例 4.18 所建细胞数组 student 的操作结果，体会对细胞数组进行访问的方法。

```
>> cell_11=student(1,1)              %获取细胞元素 student(1,1)
cell_11 =
    [2x11 char]
>> cell_11a=student{1,1}             %获取细胞元素 student(1,1)存储的字符型数组值
cell_11a =
20050731025
20050731026
>> cell_111=student{1,1}(1,:)        %获取细胞元素 student(1,1)存储的字符型数组
                                     %的第 1 行字符串
cell_111 =
20050731025
>> cell_1114=student{1,1}(1,4)       %获取细胞元素 student(1,1)存储的字符型数组
                                     %的第 1 行字符串的第 4 个字符
cell_1114 =
5
>> cell_12=student(1,2)              %获取细胞元素 student(1,2)
cell_12 =
    {2x7 cell}
>> cell_12a=student{1,2}             %获取细胞元素 student(1,2)的所有子细胞元素
cell_12a =
    '高数1'    '英语1'    '体育1'    '物理1'    '马哲'    '线代'    '制图'
    '高数2'    '英语2'    '体育2'    '物理2'    '邓论'    '电路'    '语文'
>> cell_1222=student{1,2}(2,2)       %获取细胞元素 student(1,2)的子细胞元素
                                     %(2,2)表示的字符型细胞数组
cell_1222=
    '英语2'
>> cell_1222c=student{1,2}{2,2}      %获取细胞元素 student(1,2)的子细胞元素
                                     %(2,2)表示的字符型细胞数组存储的字符串
cell_1222c =
英语2
>> cell_1222c1=student{1,2}{2,2}(1)  %获取细胞元素 student(1,2)的子细胞元素
                                     %(2,2)表示的字符型细胞数组存储的字符串
                                     %中的第 1 个字符
cell_1222c1 =
英
>> cell_22=student(2,2)              %获取细胞元素 student(2,2)
cell_22 =
    {2x1 cell}
```

```
>> cell_22=student{2,2}              %获取细胞元素 student(2,2) 的子细胞元素
cell_22 =
    [2x7 double]
    [2x7 double]
>> cell_221=student{2,2}(1)          %获取细胞元素 student(2,2) 的子细胞元素(1)
cell_221 =
    [2x7 double]
>> cell_221a=student{2,2}{1}         %获取细胞元素 student(2,2) 的子细胞元素(1)
                                     %存储的数值数组值
cell_221a =
    90    85    63    70    84    92    65
    91    76    82    88    75    87    91
>> cell_2211=student{2,2}{1}(1,:)    %获取细胞元素 student(2,2) 的子细胞元素(1)
                                     %存储的数值数组中第 1 行元素值
cell_2211 =
    90    85    63    70    84    92    65
>> cell_22112=student{2,2}{1}(1,2)   %获取细胞元素 student(2,2) 的子细胞元素(1)
                                     %存储的数值数组中第 1 行第 2 列的元素值
cell_22112 =
    85
```

5. 细胞数组和字符型细胞数组的判定

(1) tf = iscell(A)   (判断 A 是否为细胞数组)

(2) tf = iscellstr(A)   (判断 A 是否为字符型细胞数组)

【例 4.26】 观察细胞数组和字符型细胞数组判定的操作结果。

```
>> data1=[1 2 3;4 5 6];
>> data2={'123';'456'};
>> data={data1 data2};
>> tf1=iscell(data1)
tf1 =
     0
>> tfs1=iscellstr(data1)
tfs1 =
     0
>> tf2=iscell(data2)
tf2 =
     1
>> tfs2=iscellstr(data2)
tfs2 =
     1
>> tf=iscell(data)
tf =
     1
>> tfs=iscellstr(data)
tfs =
     0
```

6. 细胞数组与其他数组之间的转换

1) 字符型细胞数组与字符型数组之间的转换

(1) cell_name = cellstr(char_name)　　　(将字符型数组转换成字符型细胞数组)
(2) char_name = char(cell_name)　　　(将字符型细胞数组转换成字符型数组)

由于字符型数组要求所有字符串长度相同，所以，当字符型细胞数组转换成字符型数组时，将按照字符型细胞元素的最大长度自动以空格补齐不足的字符长度。

【例 4.27】 观察字符型细胞数组与字符型数组之间的转换。

```
>> char_1=['姓名';'编号';'性别';'年龄']
char_1 =
姓名
编号
性别
年龄
>> cell_1=cellstr(char_1)
cell_1 =
    '姓名'
    '编号'
    '性别'
    '年龄'
>> cell_2={'姓名'  '借书日期'  '借书数'}
cell_2 =
    '姓名'    '借书日期'    '借书数'
>> char_2=char(cell_2)
char_2 =
姓名
借书日期
借书数
>> len_21=length(char_2(1,:))
len_21 =
    4
>> len_22=length(char_2(2,:))
len_22 =
    4
>> len_23=length(char_2(3,:))
len_33 =
    4
```

2) 细胞数组与结构数组之间的转换

(1) struct_name = cell2struct (cell_name, fields,dim)　　(将细胞数组转换成结构数组)
(2) cell_name = struct2cell (struct_name)　　　　　　　(将结构数组转换成细胞数组)

由于结构数组有域及记录数，所以，当细胞数组转换成结构数组时，需指定所转换结构数组的域名(Fields)及记录数(Dim)。

【例 4.28】 观察细胞数组与结构数组之间的转换。

```
>> cell_1 = {'刘志佳','男',20; '王玲','女',19}
cell_1 =
    '刘志佳'    '男'     [20]
    '王玲'      '女'     [19]
>> struct_1=cell2struct(cell_1,{'name','sex','age'},2)
struct_1 =
```

```
    2x1 struct array with fields:
        name
        sex
        age
>> struct_1(1)
ans =
    name: '刘志佳'
     sex: '男'
     age: 20
>> struct_1(2)
ans =
    name: '王玲'
     sex: '女'
     age: 19
>> cell_2=struct2cell(struct_1)
cell_2 =
    '刘志佳'      '王玲'
    '男'          '女'
    [20]         [19]
```

3) 细胞数组与普通数组之间的转换

(1) cell_name = mat2cell(x,m,n)   (将普通数组转换成细胞数组)

(2) x = cell2mat(cell_name)   (将细胞数组转换成普通数组)

格式(1)是将普通数组转换成细胞数组，由于每个细胞元素可以存储普通数组的多个元素，所以普通数组转换成细胞数组时，需指定所转换细胞数组的各细胞元素的维数，并且各细胞元素存储的普通元素个数之和，应与普通数组元素个数之和相等，即 m、n 的元素个数分别为转换成的细胞数组的行数和列数；m 的元素值之和为普通数组的行数，n 的元素值之和为普通数组的列数，省略 n 表示转换成单列细胞数组。

【例 4.29】 观察细胞数组与普通数组之间的转换。

```
>> a=[1 2 3 4; 5 6 7 8; 9 10 11 12]
a =
     1     2     3     4
     5     6     7     8
     9    10    11    12
>> c=mat2cell(a,[1,2],[3,1])
c =
    [1x3 double]    [4]
    [2x3 double]    [2x1 double]
>> celldisp(c)
c{1,1} =
     1     2     3
c{2,1} =
     5     6     7
     9    10    11
c{1,2} =
     4
c{2,2} =
     8
```

```
            12
>> c=mat2cell(a,[1,2],[4])
c =
    [1x4 double]
    [2x4 double]
>> c=mat2cell(a,[1,1,1])
c =
    [1x4 double]
    [1x4 double]
    [1x4 double]
>> a1=cell2mat(c)
a1 =
     1     2     3     4
     5     6     7     8
     9    10    11    12
```

4) 数值型数组转换为细胞数组

```
cell_name = num2cell(x,dims)
```

对于 m×n 的数值型数组，省略 dims 将数值型数组的每个元素转换成一个独立的细胞元素；dims=1，将数值型数组的每一列转换成一个细胞元素，转换成的细胞数组为 1 行；dims=2，将数值型数组的每一行转换成一个细胞元素，转换成的细胞数组为 1 列；dims=[1,2]，将整个数值型数组转换成一个细胞元素。

【例 4.30】 观察数值型数组转换成细胞数组的方法。

```
>> a=[1 2 3 4; 5 6 7 8; 9 10 11 12]
a =
     1     2     3     4
     5     6     7     8
     9    10    11    12
>> c1=num2cell(a)
c1 =
    [1]    [2]    [3]    [4]
    [5]    [6]    [7]    [8]
    [9]    [10]   [11]   [12]
>> c2=num2cell(a,1)
c2 =
    [3x1 double]    [3x1 double]    [3x1 double]    [3x1 double]
>> celldisp(c2)
c2{1} =
     1
     5
     9
c2{2} =
     2
     6
    10
c2{3} =
     3
     7
```

```
           11
c2{4} =
            4
            8
           12
>> c3=num2cell(a,2)
c3 =
    [1x4 double]
    [1x4 double]
    [1x4 double]
>> celldisp(c3)
c3{1} =
     1     2     3     4
c3{2} =
     5     6     7     8
c3{3} =
     9    10    11    12
>> c4=num2cell(a,[1,2])
c4 =
    [3x4 double]
>> celldisp(c4)
c4{1} =
     1     2     3     4
     5     6     7     8
     9    10    11    12
```

4.2.3 结构细胞数组

如果细胞数组的细胞元素作为结构数组名,则该细胞数组构成结构细胞数组,可以将具有不同域结构的结构数组存储在一起,为用户进行复杂设计提供了便利。

【例4.31】 结构细胞数组举例。

```
>> clear all
>> c_strct{1}.number='20050731025';
>> c_strct{1}.student={'刘志佳'};
>> c_strct{1}.course={'英语' '高数'};
>> c_strct{1}.score=[86 90];
>> c_strct{2}.ID=[1 2];
>> c_strct{2}.teacher={'王芳' '李小明'};
>> c_strct{2}.course={'英语' '高数'};
>> c_strct
c_strct =
    [1x1 struct]    [1x1 struct]
>> c_strct{1}
ans =
    number: '20050731025'
    student: {'刘志佳'}
     course: {'英语'  '高数'}
      score: [86 90]
>> c_strct{2}
ans =
```

```
        ID: [1 2]
   teacher: {'王芳'    '李小明'}
    course: {'英语'    '高数'}
```

可以看出,得到的细胞数组 c_strct 是包含两个结构数组的细胞数组,每个结构数组具有不同的域。

4.3 小　　结

结构数组和细胞数组是 MATLAB 的两种数据类型和重要的数据组织与管理形式。结构数组常用于各种不一致的数据,以不同的域进行区分;细胞数组则可用于任意数据混合使用的情况,包括结构数组也可纳入其中。结构数组和细胞数组本身还可嵌套使用,从而构成复杂的数据结构,为用户进行复杂设计提供了便利。

使用结构数组和细胞数组,应掌握其创建方法和基本操作方法,特别是对其存储数据的访问方法,对于细胞数组尤其要注意花括号和圆括号的差别。结构数组和细胞数组一定情况下可以直接进行运算或处理,有关内容可查阅其他参考书。

4.4 习　　题

1. 填空题

(1) 结构数组元素是_____类型数据,细胞数组元素是_____类型数据。
(2) 结构数组名与域名之间以_____间隔,同一域的数据类型_____。
(3) 创建结构数组可以对_____直接赋值和采用函数_____,当采用函数创建时,可以一次给多个元素赋值,此时,各元素值应以_____括号括起来,如果某个_____的值都相同,则可以只输入一次。
(4) 创建细胞数组可以对_____直接赋值或采用函数_____,采用函数创建的细胞数组所有元素的值为_____。
(5) 删除域名的函数是_____,删除结构数组元素的方法是_____。
(6) 利用函数_____可以得到结构数组的域名,利用函数_____可以得到结构数组的域值,利用_____可以访问结构数组的元素。
(7) 将细胞元素赋以空值可以_____,如果要从细胞数组中删除某个细胞元素,则需要_____赋以空值。
(8) 利用花括号和下标可以得到细胞数组的_____,利用圆括号和下标可以得到细胞数组的_____。
(9) 结构细胞数组的元素是_____类型数据,元素值是_____。

2. 选择题

(1) 在 MATLAB 命令窗口输入语句:

```
>> teacher =struct('name',{'John','Smith'},'age',{25,30});
```

现需将结构数组 teacher 的第一个 age 域值修改为 35，则应使用_____。

    A．setfield(teacher,'age(1)',35)   B．teacher(1) = setfield(teacher(1),'age',35)

    C．teacher(1).age = 35   D．teacher = (teacher. age(1) = 35)

(2) 对于题(1)创建的结构数组 teacher，若进行下列操作，其结果为_____。

```
>> fieldnames(teacher)
```

    A．ans =   B．ans =

       'name'   name

       'age'   age

    C．ans =   D．ans =

       name: 'John'   name: 'Smith'

       age: 25   age: 30

(3) 对于题(1)创建的结构数组 teacher，若需要引用 Smith 的年龄，可以使用_____。

    A．getfield(teacher,'age(2)')   B．getfield(teacher(2),'age')

    C．teacher.age(2)   D．teacher(2).age

(4) 在 MATLAB 命令窗口输入语句：

```
>> teacher =struct('name',{'John','Smith'},'age',{25,30});
```

则，再输入 a1= teacher (1)的结果为_____，输入 a2= teacher (1).name 的结果为_____。

    A．a1 =   B．a1 =

       name: 'John'   name: John

       age: 25   age: 25

    C．a2 =   D．a2 =

       John   'John'

(5) 在 MATLAB 命令窗口输入语句：

```
>> teacher1 =struct('name',{'John','Smith'},'age',{25,30});
>> teacher2=struct('name',{'John','Smith'},'age',{'25','30'});
```

则，再输入 a1= teacher1 (1).age(2)的结果为_____，输入 a1= teacher2 (1).age(2)的结果为_____，输入 a1= teacher1 (1).age 的结果为_____，输入 a1= teacher2 (1).age 的结果为_____。

    A．a1 =   B．a1 =

       25   30

    C．出错信息   D．a1 =

                             5

3．综合题

(1) 以表 4-3、表 4-4 中 2005 电子班的任课教师和学生信息，建立如图 4.4 所示的结构数组 teacher05 和 student05，并显示各结构数组的所有域值。

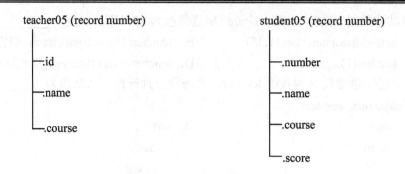

图 4.4 结构数组 teacher05 和 student05 结构

表 4-3　2005 电子班学生信息

学号(number)	姓名(name)	学习课程(course)	成绩(score)
20050731021	张小霞	高数、电路、模电	70、87、78
20050731031	郭凯	高数、电路、模电	82、90、88
20050731036	周明辉	高数、电路、模电	88、92、91

表 4-4　2005 电子班任课教师信息

编号(id)	姓名(name)	讲授课程(course)
xx010	黎明	高数
xx016	王佳薇	电路、模电

(2) 以题(1)建立的结构数组 teacher05 和 student05 创建如图 4.5 所示的结构细胞数组 class05_strct，并显示所有教师和学生的信息。

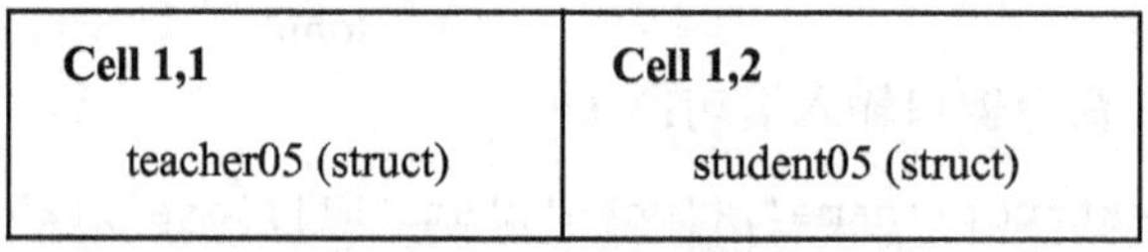

Cell 1,1	Cell 1,2
teacher05 (struct)	student05 (struct)

图 4.5　1×2 结构细胞数组

(3) 以表 4-5、表 4-6 中 2004 电子班的任课教师和学生信息，按照题(1)的方法建立结构数组 teacher04 和 student04，按照题(2)的方法建立结构细胞数组 class04_strct，然后创建细胞数组 class，其元素为 class05_strct 和 class04_strct。

表 4-5　2004 电子班学生信息

学号(number)	姓名(name)	学习课程(course)	成绩(score)
20040734005	王雪梅	数电、高频	75、80
20040734036	高志刚	数电、高频	56、65

表 4-6 2004 电子班任课教师信息

编号(id)	姓名(name)	讲授课程(course)
xx012	姚大志	数电
xx016	王佳薇	高频

(4) 写出对题(3)创建的细胞数组 class 进行下列操作的运行结果。

```
>> celldisp(class)
>> class{2}
>> class(2)
>> class{2}(2)
>> class{2}{2}
>> class{2}{2}
>> class{2}{2}(2)
>> class{2}{2}(2).name,class{2}{2}(2).course,class{2}{2}(2).score
>> class{2}{2}(2).score(1)=85;class{2}{2}(2).course(1),class{2}{2}(2).score(1)
```

第 5 章 MATLAB 符号运算

教学提示：MATLAB 的符号数学工具箱与一般专业工具箱不同，本质上讲，它仍是一个负责一般数学运算的工具箱，但它又与一般高级语言旨在求得数学运算的数值解的方法和思想不同。因为它引入了符号对象，使用符号对象或字符串来进行符号分析和运算。符号数学工具箱分析对象是符号，它的结果形式也是符号或者说解析形式的。它能以解析形式求得函数的极限、微分、积分以及方程的解，这恰恰与我们在学习数学课程时的演算结果从形式上达成一致。这种符号运算能力是 MATLAB 特别考虑到了，而一般高级语言未涉及的。

教学要求：了解 MATLAB 符号对象及其各种形式，掌握符号表达式的化简运算，掌握用 MATLAB 实现符号微积分运算和解方程。

5.1 符号对象及其表达方式

本章之前的 3 章，主要以数值为运算对象讨论了 MATLAB 的数值计算。本章准备在引入符号对象的概念之后，以符号对象为运算对象来介绍 MATLAB 的符号运算。MATLAB 符号运算将以符号数学工具箱提供的一系列符号运算函数为依据展开讨论。

符号对象是对参与符号运算的各种形式量的一个统称。包括符号常量、符号变量、符号表达式和符号矩阵或数组。

5.1.1 符号常量和变量

符号常量和变量是最基本的两种符号对象。与数值常量和变量相比，仅从概念上去理解并无明显区别，符号常量依然是常量，而符号变量依然是变量。但值得注意的是符号常量和符号变量在被当做符号对象引用时必须有符号对象的说明，这种说明需借助函数 sym( ) 或命令 syms 来完成。

1. 定义符号常量

符号数学工具箱中的函数 sym( ) 可以将一个数值常量 A 定义成一个符号常量。其一般的使用形式为

$$\text{sym(A)} 或 \text{sym(A,flag)}$$

其中 flag 为可选参数，有 4 种形式，分别是 'r'、'd'、'e' 或 'f'。它们将数值量转换成符号量并以各自不同的格式表达其结果，其具体含义如下。

r：用有理数格式表达符号量(其具体形式又有多种，如分式 p/q，指数式 10^n 或 2^n，开方式 sqrt(p)等。当函数 sym( ) 中的参数省略时，r 还是默认的表达格式)。

d：用十进制数格式表达符号量(默认时其显示精度可达 32 位)。

e：用带有机器浮点误差的有理数格式表达符号量。

f：用浮点数格式表达符号量。

下面举例说明函数 sym( )在定义符号常量中的具体应用。

【例 5.1】 将一组数值常量定义成符号常量。

```
>>log(2)                          %数值常量
ans =
    0.6931
>>(3*4-2)/5+1                     %表达式形式的数值常量
ans =
    3
>>f1=sym('log(2)')                %符号常量，注意 f1 在工作空间中的类型
f1 =
log(2)
>>f2=sym ('(3*4-2)/5+1')          %表达式形式的符号常量
f2 =
(3*4-2)/5+1                       %注意符号结果与数值结果在显示形式上不同
```

【例 5.2】 体会在使用 sym( )定义符号常量时不同参数所表达的含义。

```
>> num=log(2)
num =
    0.6931                        %数值常量 log(2)的执行结果
>> a=sym(log(2),'d')
a =
.69314718055994528622676398299518 %十进制数格式，长达 32 位
>> b=sym(log(2),'f')
b =
'1.62e42fefa39ef'*2^(-1)          %浮点数格式
>> c=sym(log(2),'r')
c =
6243314768165359*2^(-53)          %指数形式的有理数格式
>> d=sym(log(2))
d =
6243314768165359*2^(-53)          %作为默认参数时采用有理数格式
>> e=sym(log(2),'e')
e =
6243314768165359*2^(-53)          %带有机器浮点误差的有理数格式
```

观察本例的执行结果，如果单纯从形式上去分辨，数值常量和符号常量的界限并不清晰，但如果从工作空间中查看，会清楚地发现，num 是双精度的数值类型，而 a、b、c、d、e 则全为符号对象类型。

2. 定义符号变量

定义符号变量可以有两种方法：

(1) 使用函数 sym( )

```
sym('x')
sym('x','real')
sym('x','unreal')
```

(2) 使用命令 syms

```
syms arg1 arg2 ...
syms arg1 arg2 ... real
syms arg1 arg2 ... unreal
```

参数'real'定义为实型符号量，'unreal'定义为非实型符号量。

【例 5.3】 用函数 sym( )定义符号变量。

```
>> sym('x')                    %定义符号变量 x
ans =
x
>> sym('y','real')             %定义符号变量 y，且同时为实型符号量
ans =
y
>> sym('z','unreal')           %定义符号变量 z，且同时为非实型符号量
ans =
z
```

【例 5.4】 用命令 syms 定义符号变量。

```
>>syms a b c
>>syms m n real
>>syms x y z unreal
```

命令 syms 可以同时定义多个符号变量，与使用函数 sym( )相比，这种方法更简洁高效。但在使用时，只能用空格分隔各个变量，不能在各变量之间加逗号。

5.1.2 符号表达式

由符号对象参与运算的表达式即是符号表达式。与数值表达式不同，符号表达式中的变量不要求有预先确定的值。符号方程式是含有等号的符号表达式。

【例 5.5】 构造符号表达式。

```
>> syms x y z r s t;
>> x^2+2*x+1
ans =
x^2+2*x+1
>> exp(y)+exp(z)^2
ans =
exp(y)+exp(z)^2
>> r^2+sin(x)+cos(y)+log(s)+exp(t)
ans =
r^2+sin(x)+cos(y)+log(s)+exp(t)
>> f1= r^2+sin(x)+cos(y)+log(s)+exp(t)
f1 =
r^2+sin(x)+cos(y)+log(s)+exp(t)
>> f2=sym(r^2+sin(x)+cos(y)+log(s)+exp(t))
f2 =
r^2+sin(x)+cos(y)+log(s)+exp(t)
>> f3=sym('r^2+sin(x)+cos(y)+log(s)+exp(t)')
f3 =
r^2+sin(x)+cos(y)+log(s)+exp(t)
```

可以从工作空间中查证，f1、f2、f3 均为符号表达式。但是下面的写法却不能构成符号表达式。

```
>> f4='r^2+sin(x)+cos(y)+log(s)+exp(t)';
>> g='sin(a)+cos(b)' ;                    % f4 和 g 均为字符串变量
```

5.1.3 符号矩阵

在 MATLAB 中，符号矩阵的元素可以是符号常量、符号变量和符号表达式，可用函数 sym 直接创建符号矩阵；用类似创建普通数值矩阵的方法创建符号矩阵；由数值矩阵转换为符号矩阵和以矩阵元素的通式来创建符号矩阵。

【例 5.6】 构造符号矩阵。

```
>> S=sym('[l,x,y,z;n,u,v,w;a,b,c,d;g,h,j,p]')
S =
[ l,    x,    y,    z
  n,    u,    v,    w
  a,    b,    c,    d
  g,    h,    j,    p ]
>> H=sym('[cos(t), -sin(t); sin(t), cos(t)]')
H=
[cos(t),   -sin(t)]
[sin(t),    cos(t)]
```

【例 5.7】 用函数 sym()将数值矩阵转换成符号矩阵。

先建立一个数值矩阵

```
>>M=[1.1, 1.2, 1.3; 2.1, 2.2, 2.3; 3.1, 3.2, 3.3]
M=
1.1000    1.2000    1.3000
2.1000    2.2000    2.3000
3.1000    3.2000    3.3000
```

再通过命令 sym 可直接将数值矩阵转换为符号矩阵。

```
>>S=sym(M)
S=
[11/10,    6/5,    13/10
 21/10,   11/5,    23/10
 31/10,   16/5,    33/10]
```

如果数值矩阵的元素可以指定为小的整数之比，则函数 sym( )将采用有理分式表示。如果元素是无理数，则符号形式中命令 sym 将用符号浮点数表示元素。

```
>>A=[sin(1)  cos(2)]
A=
0.84147098480790  -0.41614683654714
>>sym(A)
ans=
[7579296827247854*2^(-53), -7496634952020485*2^(-54)]
```

用函数 size( )可以得到符号矩阵的大小(即行、列数)。函数返回数值或向量，而不是符号表达式。

【例 5.8】 用函数 size()求符号矩阵的大小。

```
>>s=size(A)
s=
1       2
>>[s_r,s_c]=size(A)
s_r=
1
s_c=
2
>>s_r=size(A,1)
s_r=
1
>> s_c=size(A,2)
s_c=
2
```

和数值矩阵或数组一样，可以用下标方式抽取或访问符号矩阵中的元素。

【例 5.9】 抽取符号矩阵中的元素。

```
>> B=sym('[a,b,c;d,e,f;g,h,k]')
B=
[a,   b,   c
 d,   e,   f
 g,   h,   k]
>>B(2,3)
ans=
f
```

5.2 符号算术运算

MATLAB 的符号算术运算主要是针对符号对象的加减、乘除运算，其运算法则和运算符号同第 2 章介绍的数值运算相同，其不同点在于参与运算的对象和运算所得结果是符号的而非数值的。

5.2.1 符号对象的加减

$A+B$、$A-B$ 可分别用来求 A 和 B 两个符号数组的加法与减法。若 A 与 B 为同型数组时，$A+B$、$A-B$ 分别对对应元素进行加减；若 A 与 B 中至少有一个为标量，则把标量扩大为数组，其大小与相加的另一数组同型，再按对应的元素进行加减。

【例 5.10】 求两个符号表达式的和与差。

$$f = 2x^2 + 3x - 5 \qquad g = x^2 - x + 7$$

```
>> syms x fx gx        % 定义符号变量于符号表达式
>> fx = 2*x^2+3*x-5
fx =
2*x^2+3*x-5
>> gx= x^2-x+7
```

```
gx=
x^2-x+7
>> fx+gx
ans=
3*x^2+2*x+2
>> fx-gx
ans=
x^2+4*x-12
```

【例 5.11】 求两个符号矩阵的加减运算。

```
>> syms a b c d e f g h;
>> A=[a b;c d];B=[e f;g h];
>> A+B
ans =
[ a+e, b+f]
[ c+g, d+h]
>> A-B
ans =
[ a-e, b-f]
[ c-g, d-h]
```

5.2.2 符号对象的乘除

$A*B$、A/B 可分别用来求 A 和 B 两个符号矩阵的乘法与除法。$A.*B$ 则用来实现两个符号数组的乘法。其中矩阵除法也可用来求解符号线性方程组的解。

【例 5.12】 符号矩阵与数组的乘除示例。

```
>> syms a b c d e f g h;
>> A = [a b; c d];
>> B = [e f; g h];
>> C1 = A.*B
C1 =
[ a*e, b*f]
[ c*g, d*h]
>> C2 = A*B/A
C2 =
[ (d*a*e+d*b*g-c*a*f-c*b*h)/(d*a-c*b), -(b*a*e+b^2*g-a^2*f-b*h*a)/(d*a-c*b)
 (d^2*g+d*c*e-c^2*f-c*d*h)/(d*a-c*b), -(d*b*g+b*c*e-c*a*f-d*h*a)/(d*a-c*b)]
>> C3 = A.*A-A^2
C3 =
[      -c*b,  b^2-b*a-d*b
  c^2-c*a-d*c,       -c*b]
>> syms a11 a12 a21 a22 b1 b2;
>> A = [a11 a12; a21 a22];
>> B = [b1 b2];
>> X = B/A;                  % 求解符号线性方程组 X*A=B 的解
>> x1 = X(1)
x1 =
-(-a22*b1+b2*a21)/(-a12*a21+a11*a22)
>> x2 = X(2)
```

```
x2 =
(-a12*b1+a11*b2)/(-a12*a21+a11*a22)
```

【例5.13】 已知多项式 $f(x)=3x^5-x^4+2x^3+x^2+3$，$g(x)=\frac{1}{3}x^3+x^2-3x-1$，求两个多项式的积和商。

```
>> syms x fx gx
>> fx = 3*x^5-x^4+2*x^3+x^2+3
fx =
3*x^5-x^4+2*x^3+x^2+3
>>gx= 1/3*x^3+x^2-3*x-1
gx =
1/3*x^3+x^2-3*x-1
>> fx*gx
ans =
(3*x^5-x^4+2*x^3+x^2+3)*(1/3*x^3+x^2-3*x-1)
>> expand(fx*gx)              %展开积的符号表达式
ans =
x^8+8/3*x^7-28/3*x^6+7/3*x^5-4*x^4-4*x^3+2*x^2-9*x-3
>> fx/gx
ans =
(3*x^5-x^4+2*x^3+x^2+3)/(1/3*x^3+x^2-3*x-1)
>> expand(fx/gx)              %展开商的符号表达式
ans =
3/(1/3*x^3+x^2-3*x-1)*x^5-1/(1/3*x^3+x^2-3*x-1)*x^4+2/(1/3*x^3+x^2-3*x-1
)*x^3+1/(1/3*x^3+x^2-3*x-1)*x^2+3/(1/3*x^3+x^2-3*x-1)
```

5.3 独立变量与表达式化简

5.3.1 表达式中的独立变量

当符号表达式中含有多个变量时，只有一个变量是独立变量。MATLAB 基于以下规则选择独立变量：

(1) 因为 i 和 j 是虚单位，它们不能作为独立变量。

(2) 表达式中有 x 作为符号变量时，x 就是独立变量。

(3) 表达式中没有 x 作为符号变量时，就从表达式中挑选打头字母最靠近 x 的符号变量作为独立变量。如果表达式中有与 x 前后等距的两个字母符号变量时，选择排序在 x 后面的那一个。例如表达式中没有 x，但同时有 w 和 y 两个符号变量，则首选 y。

利用函数 findsym( )可查找 MATLAB 的符号表达式或矩阵中哪一个变量是独立变量。其应用格式如下：

(1) r = findsym(S)：以字母表的顺序返回表达式 S 中的所有符号变量(注：符号变量由除了 i 与 j 的字母与数字构成的、字母打头的字符串)。若表达式 S 中没有任何的符号变量，则函数 findsym()返回一空字符串。

(2) r = findsym(S,n)：返回表达式 S 中依接近 x 的顺序而排列的 n 个符号变量。

【例5.14】 查找表达式或矩阵中独立变量的操作示例。

```
>> syms a x y z t alpha beta
>> S1 = findsym(sin(pi*t*alpha+beta),1)
S1 =
t
>> S2 = findsym(x+i*y-j*z+eps-nan)
S2 =
NaN, x, y, z
>> S3 = findsym(a+y,2)
S3 =
y,a
```

5.3.2 表达式化简

MATLAB 提供了化简和美化符号表达式的各种函数，具体有：合并同类项(collect)、多项式展开(expand)、因式分解(factor)、一般化简(simplify)、不定化简(simple)、通分(numden)和书写格式美化(pretty)。下面举例加以说明。

1. 合并同类项(collect)

函数 collect( )调用的格式有两种。
(1) R = collect(S)：对于多项式 S 按默认独立变量的幂次降幂排列。
(2) R = collect(S,v)：对指定的对象 v 计算，操作同上。

【例 5.15】 已知表达式 $f = x^2y + xy - x^2 - 2x$，$g = -\frac{1}{4}xe^{-2x} + \frac{3}{16}e^{-2x}$，试将 f 按变量 x 进行降幂排列，将 g 按 e^{-2x} 进行降幂排列。

```
>> syms x y a b c
>> f=x^2*y+y*x-x^2-2*x;
>> g=-1/4*x*exp(-2*x)+3/16*exp(-2*x);
>> fx=collect(f)         %按 x 对 f 进行降幂排列
fx =
(y-1)*x^2+(y-2)*x
>> gepx=collect(g,exp(-2*x))
gepx =
(-1/4*x+3/16)*exp(-2*x)
```

2. 多项式展开(expand)

利用函数 expand( )来展开符号表达式。其命令格式如下：
$$R = expand(S)$$
对符号表达式 S 中每个因式的乘积进行展开计算。该命令通常用于计算多项式函数、三角函数、指数函数与对数函数等表达式的展开式。

【例 5.16】 多项式展开示例。

```
>> syms x y a b c t
>> E1 = expand((x-2)*(x-4)*(y-t))
E1 =
x^2*y-x^2*t-6*y*x+6*x*t+8*y-8*t
>> E2 = expand(cos(x+y))
E2 =
```

```
cos(x)*cos(y)-sin(x)*sin(y)
>> E3 = expand(exp((a+b)^3))
E3 =
exp(a^3)*exp(b*a^2)^3*exp(a*b^2)^3*exp(b^3)
>> E4 = expand(log(a*b/sqrt(c)))
E4 =
log(a*b/c^(1/2))
>> E5 = expand([sin(2*t), cos(2*t)])
E5 =
[2*sin(t)*cos(t),    2*cos(t)^2-1]
>> E6 = expand((x+1)^3)
E6 =
x^3+3*x^2+3*x+1
```

3. 因式分解(factor)

利用函数 factor( )来进行符号表达式的因式分解。其使用格式为

$$factor(X)$$

参量 X 可以是正整数、符号表达式数组或符号整数数组。若 X 为一正整数，则 factor(X) 返回 X 的质数分解式。若 X 为多项式或整数矩阵，则 factor(X)分解矩阵的每一元素。若整数数组中有一元素位数超过 16 位，用户必须用命令 sym 生成该元素。

【例 5.17】 因式分解示例。

```
>> syms a b x y
>> F1 = factor(x^4-y^4)
F1 =
(x-y)*(x+y)*(x^2+y^2)
>> F2 = factor([a^2-b^2, x^3+y^3])
F2 =
[(a-b)*(a+b),   (x+y)*(x^2-x*y+y^2)]
>> F3 = factor(sym('123456789012345678890'))
F3 =
(2)*(3)^2*(5)*(101)*(3803)*(3607)*(27961)*(3541)
```

4. 一般化简(simplify)

MATLAB 提供的一般化简函数 simplify( )充分考虑了符号表达式的各种运算法则，并充分考虑了各种特殊函数(如三角函数、指数函数、对数函数、Bessel 函数、gamma 函数等)的运算性质，经计算机比较后给出认为表达式相对简单的一种化简方法。一般化简法在符号表达式的化简中有着广泛的应用。其调用的格式为

$$R = simplify(S)$$

使用 Maple 软件中的化简规则，将化简符号矩阵 S 中的每一个元素。

【例 5.18】 用函数 simplify( )化简示例。

```
>> syms x a b c
>> R1 = simplify(sin(x)^4 + cos(x)^4)
R1 =
2*cos(x)^4+1-2*cos(x)^2
>> R2 = simplify(exp(c*log(sqrt(a+b))))
R2 =
```

```
(a+b)^(1/2*c)
>> S = [(x^2+5*x+6)/(x+2),sqrt(16)];
>> R3 = simplify(S)
R3 =
[ x+3,    4]
>> simplify( log(2*x/y) )
ans=
log(2)+log(x)-log(y)
>> simplify( sin(x)^2+3*x+cos(x)^2-5 )
ans=
3*x-4
>> simplify( (-a^2+1)/(1-a) )
ans=
a+1
```

5. 不定化简(simple)

用不定化简法对表达式进行化简时，命令 simple 自动将各种化简方法都尝试一遍，并且在化简过程中还考虑了多种转换方法，最后列出化简过程的所有结果。其命令格式如下：

(1) r = simple(S)

(2) [r,how] = simple(S)。

格式(1)试图找出符号表达式 S 的代数上的简单形式，显示任意的能使表达式 S 长度变短的表达式，且返回其中最短的一个。若 S 为一矩阵，则结果为整个矩阵的最短形式，而非是每一个元素的最简形式。若没有输出参量 r，则该命令将显示所有可能使用的算法与表达式，同时返回最短的一个。

格式(2)没有显示中间的化简结果，但返回能找到的最短的一个。输出参量 r 为一符号，how 为一字符串，用于表示算法。

【例 5.19】 用 simple 命令化简函数

$$f = \sqrt[3]{\frac{1}{x^3} + \frac{6}{x^2} + \frac{12}{x} + 8}$$

```
>> f=sym('(1/x^3+6/x^2+12/x+8)^(1/3)')        %创建符号表达式
f=
(1/x^3+6/x^2+12/x+8)^(1/3)
>> simple(f)                                   %化简符号表达式
simplify:
((2*x+1)^3/x^3)^(1/3)
radsimp:
(2*x+1)/x
combine(trig):
((1+6*x+12*x^2+8*x^3)/x^3)^(1/3)
factor:
((2*x+1)^3/x^3)^(1/3)
expand:
(1/x^3+6/x^2+12/x+8)^(1/3)
combine:
(1/x^3+6/x^2+12/x+8)^(1/3)
convert(exp):
(1/x^3+6/x^2+12/x+8)^(1/3)
```

```
convert(sincos):
(1/x^3+6/x^2+12/x+8)^(1/3)
convert(tan):
(1/x^3+6/x^2+12/x+8)^(1/3)
collect(x):
(1/x^3+6/x^2+12/x+8)^(1/3)
mwcos2sin:
(1/x^3+6/x^2+12/x+8)^(1/3)
ans =
(2*x+1)/x
```

正如所见，命令 simple 试用了几种可简化表达式的简化方式，并可以看到每一个尝试的结果。

命令 simple 对于含有三角函数的表达式尤为有用。下面尝试一下对 $\cos(x)+\sqrt{-\sin(x)^2}$ 的化简。

```
>> simple(sym(cos(x)+sqrt(-sin(x)^2)))
simplify:
cos(x)+(-1+cos(x)^2)^(1/2)
radsimp:
cos(x)+i*sin(x)
combine(trig):
cos(x)+1/2*(-2+2*cos(2*x))^(1/2)
factor:
cos(x)+(-sin(x)^2)^(1/2)
expand:
cos(x)+(-sin(x)^2)^(1/2)
combine:
cos(x)+1/2*(-2+2*cos(2*x))^(1/2)
convert(exp):
1/2*exp(i*x)+1/2/exp(i*x)+1/4*4^(1/2)*((exp(i*x)-1/exp(i*x))^2)^(1/2)
convert(sincos):
cos(x)+(-sin(x)^2)^(1/2)
convert(tan):
(1-tan(1/2*x)^2)/(1+tan(1/2*x)^2)+(-4*tan(1/2*x)^2/(1+tan(1/2*x)^2)^2)^(1/2)
collect(x):
cos(x)+(-sin(x)^2)^(1/2)
mwcos2sin:
cos(x)+(-sin(x)^2)^(1/2)
ans =
cos(x)+i*sin(x)
```

6. 通分(numden)

利用函数 numden( ) 来求得符号表达式的分子与分母，并把符号变量表达式化简为有理形式，其中分子和分母是系数为整数、分子分母不含公约项的多项式，其调用的格式为

$$[N,D] = numden(A)$$

将符号或数值矩阵 A 中的每一元素转换成整系数多项式的有理式形式，其中分子与分母是相对互素的。输出的参量 N 为分子的符号矩阵，输出的参量 D 为分母的符号矩阵。

【例 5.20】 对两个分式通分。

```
>> syms x y a b c d;
>> [n1,d1] = numden(sym(sin(4/5)))
n1 =
6461369247334093
d1 =
9007199254740992
>> [n2,d2] = numden(x/y + y/x)
n2 =
x^2+y^2
d2 =
y*x
>> A = [a, 1/b;1/c d];
>> [n3,d3] = numden(A)
n3 =
[ a, 1
  1, d]
d3 =
[ 1, b
  c, 1]
```

由例题不难看出,当想把符号变量表达式表示为分子分母形式时,用函数 numden( ) 是最简单的。

7. 书写格式美化(pretty)

如果一个符号表达式很复杂,可以用命令 pretty 显示成我们习惯的数学书写形式,其应用格式为

(1) pretty(S):用默认的线型宽度 79 显示符号矩阵 S 中每一元素;

(2) pretty(S,n):用指定的线型宽度 n 显示。

【例 5.21】 对符号运算结果按书写格式美化。

```
>> syms x t; f=(x^2+x*exp(-t)+1)*(x+exp(-t));
>> f1=collect(f)
f1 =
x^3+2*exp(-t)*x^2+(1+exp(-t)^2)*x+exp(-t)
>> pretty(f1)
              3              2                 2
             x  + 2 exp(-t) x  + (1 + exp(-t) ) x + exp(-t)
>> f2=collect(f,'exp(-t)')
f2 =
x*exp(-t)^2+(2*x^2+1)*exp(-t)+(x^2+1)*x

>> pretty(f2)
                  2                2                  2
                 x exp(-t)  + (2 x  + 1) exp(-t) + (x  + 1) x
```

5.4 符号微积分运算

极限、微分和积分是微积分学研究的核心,并广泛地用在许多工程学科中。求符号极限、微分和积分是 MATLAB 符号运算能力的重要和突出的表现。

5.4.1 符号极限

函数的极限在高等数学中占有基础性地位,MATLAB 提供了求解极限的函数 limit( ),其调用格式为

(1) limit(F,v,a):计算符号对象 F 当指定变量 v→a 时的极限。
(2) limit(F,a):求符号对象 F 当默认的独立变量趋近于 a 时的极限。
(3) limit(F):求符号对象 F 当默认的独立变量趋近于 0 时的极限。
(4) limit(F,v,a,'right')或 limit(F,v,a,'left'):计算符号函数 F 的单侧极限:左极限 v→a$^-$ 或右极限 v→a$^+$。

【例 5.22】 求极限示例。

```
>> syms x a t h n;
>> L1 = limit((cos(x)-1)/x)
L1 =
0
>> L2 = limit(1/x^2,x,0,'right')
L2 =
inf
>> L3 = limit(1/x,x,0,'left')
L3 =
-inf
>> L4 = limit((log(x+h)-log(x))/h,h,0)
L4 =
1/x
>> v = [(1+a/x)^x, exp(-x)];
>> L5 = limit(v,x,inf,'left')
L5 =
[exp(a),       0]
>> L6 = limit((1+2/n)^(3*n),n,inf)
L6 =
exp(6)
```

【例 5.23】 求 $f(x)=\lim\limits_{x\to 0}\dfrac{\sin x}{x}$、$g(x)=\lim\limits_{y\to 0}\sin(x+2y)$。

```
>> syms x y
>> f=sin(x)/x;              %表达式赋值
>> g=sin(x+2*y);            %表达式赋值
>> fx=limit(f)              %求 f(x)的极限
fx=
1
>> gx=limit(g,y,0)          %求 f(x)的极限
```

```
gx=
sin(x)
```

5.4.2 符号微分

MATLAB 提供的函数 diff( )可用来求解符号对象的微分，其调用的格式为
(1) diff(S,'v')：对符号对象 S 中指定的符号变量 v 求其 1 阶导数。
(2) diff(S)：对符号对象 S 中的默认的独立变量求其 1 阶导数。
(3) diff(S,n)：对符号对象 S 中的默认的独立变量求其 n 阶导数。
(4) diff(S,'v',n)：对符号对象 S 中指定的符号变量 v 求其 n 阶导数。
下面举例说明用法：

【例 5.24】 求一次符号微分示例。

```
>> syms x n
>> y=sin(x)^n*cos(n*x);
>> Xd=diff(y)
Xd =
sin(x)^n*n*cos(x)/sin(x)*cos(n*x)-sin(x)^n*sin(n*x)*n
>> Nd=diff(y, n)
Nd =
sin(x)^n*log(sin(x))*cos(n*x)-sin(x)^n*sin(n*x)*x
```

【例 5.25】 求二次符号微分示例。

```
>> syms t
>> f=exp(-t)*sin(t);
>> diff(f,t,2)
ans =
-2*exp(-t)*cos(t)
```

【例 5.26】 对符号数组求其各元素的符号微分。

```
>> syms x
>> f1=2*x^2+log(x);
>> f2=1/(x^3+1);
>> f3=exp(x)/x;
>> F=[f1 f2 f3];
>> diff(F,2)
ans =
[4-1/x^2, 18/(x^3+1)^3*x^4-6/(x^3+1)^2*x, exp(x)/x-2*exp(x)/x^2+2*exp(x)/x^3]
>> Fdd=simple(diff(F,2))
Fdd =
[ (4*x^2-1)/x^2, 6*x*(2*x^3-1)/(x^3+1)^3, exp(x)*(x^2-2*x+2)/x^3]
```

5.4.3 符号积分

MATLAB 提供的符号积分函数 int( )，既可以计算不定积分又可以计算定积分、广义积分。其运算格式为
(1) R = int(S,v)：对符号对象 S 中指定的符号变量 v 计算不定积分。注意的是，表达式 R 只是函数 S 的一个原函数，后面没有带任意常数 C。

(2) R = int(S)：对符号对象 S 中的默认的独立变量计算不定积分。
(3) R = int(S,v,a,b)：对符号对象 S 中指定的符号变量 v 计算从 a 到 b 的定积分。
(4) R = int(S,a,b)：对符号对象 S 中的默认的独立变量计算从 a 到 b 的定积分。
下面举例说明用法：

【例 5.27】 求积分示例。

```
>> syms x z t alpha
>> INT1 = int(-2*x/(1+x^3)^2)
INT1 =
2/9*log(x+1)-1/9*log(x^2-x+1)-2/9*3^(1/2)*atan(1/3*(2*x-1)*3^(1/2))-2/9
*(2*x-1)/
    (x^2-x+1)-2/9/(x+1)
>> INT2 = int(x/(1+z^2),z)
INT2 =
x*atan(z)
>> INT3 = int(INT2,x)
INT3 =
1/2*x^2*atan(z)
>> INT4 = int(x*log(1+x),0,1)
INT4 =
1/4
>> INT5 = int(2*x, sin(t), 1)
INT5 =
1-sin(t)^2
>> INT6 = int([exp(t),exp(alpha*t)])
INT6 =
[exp(t), 1/alpha*exp(alpha*t)]
```

正如微积分课程中介绍的那样，积分比微分复杂得多。积分不一定是以封闭形式存在，或许存在但软件也许找不到，或者软件可明显地求解，但超过内存或时间限制。当 MATLAB 不能找到积分表达时，它将返回未经计算的函数形式。

```
>> int( ' log(x)/exp(x^2) ' )        %试图对 log(x)/exp(x^2)求积分运算
Warning: Explicit integral could not be found.
 > In E:\MATLAB6p5p1\toolbox\symbolic\@sym\int.m at line 58
   In E:\MATLAB6p5p1\toolbox\symbolic\@char\int.m at line 9
ans =
int(log(x)/exp(x^2),x)
```

5.4.4 符号 Taylor 级数展开

MATLAB 提供的符号函数 Taylor( )可以实现一元函数的 Taylor 级数展开，其调用的格式为

(1) r=taylor(f,n,v)：返回符号表达式 f 中指定的符号自变量 v(若表达式 f 中有多个变量时)的 n-1 阶的 Maclaurin 多项式(即在零点附近 v=0)近似式，其中 v 可以是字符串或符号变量。

(2) r=taylor(f)：返回符号表达式 f 中默认的独立变量的 6 阶的 Maclaurin 多项式的近似式。

(3) r=taylor(f,n,v,a)：返回符号表达式 f 中指定的符号自变量 v 的 n-1 阶的 Taylor 级数(在指定的 a 点附近 v=a)的展开式。其中 a 可以是一数值、符号、代表一数字值的字符串或未知变量。需要指出的是，用户可以以任意的次序输入参量 n、v 与 a，taylor 函数能从它们的位置与类型确定它们的目的。

解析函数 $f(x)$ 在点 $x=a$ 的 Taylor 级数定义为

$$f(x) = \sum_{n=0}^{\infty} \frac{f^{(n)}(a)}{n!}(x-a)^n$$

【例 5.28】 Taylor 级数展开示例。

```
>> syms x y a pi m m1 m2
>> f = sin(x+pi/3);
>> T1 = taylor(f)
T1 =
1/2*3^(1/2)+1/2*x-1/4*3^(1/2)*x^2-1/12*x^3+1/48*3^(1/2)*x^4+1/240*x^5
>> T2 = taylor(f,9)
T2 =
1/2*3^(1/2)+1/2*x-1/4*3^(1/2)*x^2-1/12*x^3+1/48*3^(1/2)*x^4+1/240*x^5
-1/1440*3^(1/2)* x^6-1/10080*x^7+1/80640*3^(1/2)*x^8
>> T3 = taylor(f,a)
T3 =
sin(a+1/3*pi)+cos(a+1/3*pi)*(x-a)-1/2*sin(a+1/3*pi)*(x-a)^2-1/6*cos(a+1/3*pi)*
    (x-a)^3+1/24*sin(a+1/3*pi)*(x-a)^4+1/120*cos(a+1/3*pi)*(x-a)^5
>> T4 = taylor(f,m1,m2)
T4 =
sin(m2+1/3*pi)+cos(m2+1/3*pi)*(x-m2)-1/2*sin(m2+1/3*pi)*(x-m2)^2-1/6*cos(m2+1/3*pi)*(x-m2)^3+1/24*sin(m2+1/3*pi)*(x-m2)^4+1/120*cos(m2+1/3*pi)*(x-m2)^5
>> T5 = taylor(f,m,a)
T5 =
sin(a+1/3*pi)+cos(a+1/3*pi)*(x-a)-1/2*sin(a+1/3*pi)*(x-a)^2-1/6*cos(a+1/3*pi)
    *(x-a)^3+1/24*sin(a+1/3*pi)*(x-a)^4+1/120*cos(a+1/3*pi)*(x-a)^5
>> T6 = taylor(f,y)
T6 =
sin(y+1/3*pi)+cos(y+1/3*pi)*(x-y)-1/2*sin(y+1/3*pi)*(x-y)^2-1/6*cos(y+1/3*pi)
     *(x-y)^3+1/24*sin(y+1/3*pi)*(x-y)^4+1/120*cos(y+1/3*pi)*(x-y)^5
>> T7 = taylor(f,y,m)     % 或 taylor(f,m,y)
T7 =
sin(m+1/3*pi)+cos(m+1/3*pi)*(x-m)-1/2*sin(m+1/3*pi)*(x-m)^2-1/6*cos(m+1/3*pi)
    *(x-m)^3+1/24*sin(m+1/3*pi)*(x-m)^4+1/120*cos(m+1/3*pi)*(x-m)^5
>> T8 = taylor(f,m,y,a)
T8 =
sin(a+1/3*pi)+cos(a+1/3*pi)*(x-a)-1/2*sin(a+1/3*pi)*(x-a)^2-1/6*cos(a+1/3*pi)
    *(x-a)^3+1/24*sin(a+1/3*pi)*(x-a)^4+1/120*cos(a+1/3*pi)*(x-a)^5
>> T9 = taylor(f,y,a)
```

```
T9 =
sin(a+1/3*pi)+cos(a+1/3*pi)*(x-a)-1/2*sin(a+1/3*pi)*(x-a)^2-1/6*cos(a+1
/3*pi)
*(x-a)^3+1/24*sin(a+1/3*pi)*(x-a)^4+1/120*cos(a+1/3*pi)*(x-a)^5
```

5.5 符号积分变换

傅里叶变换、拉普拉斯变换和 Z 变换在许多研究领域都有着十分重要的应用，例如信号处理和系统动态特性研究等。为适应积分变换的需要，MATLAB 提供了上述这些积分变换的函数，当读者掌握了这些变换函数以后，就会发现使用 MATLAB 实现复杂的积分变换是很容易的一件事情。本节的任务就是讨论这些积分变换函数的具体使用方法。

5.5.1 傅里叶变换及其反变换

1. 傅里叶变换

对函数 $f(x)$ 进行傅里叶(Fourier)变换：$f = f(x) \Rightarrow F = F(w)$ 计算公式为

$$F(w) = \int_{-\infty}^{\infty} f(x) e^{-jwx} dx$$

MATLAB 提供了对函数进行傅里叶变换的函数 fourier( )，其调用格式为

(1) F = fourier(f)：返回符号函数 f 的傅里叶变换。f 的参量为默认变量 x，返回值 F 的参量为默认变量 w，即 $f = f(x) \Rightarrow F = F(w)$，若 $f = f(w)$，则 fourier(f)返回变量为 t 的函数：$F = F(t)$。

(2) F = fourier(f,v)：返回符号函数 f 的傅里叶变换。f 的参量为默认变量 x，返回值 F 的参量为指定变量 v，即

$$f = f(x) \Rightarrow F = F(v) = \int_{-\infty}^{\infty} f(x) e^{-ivx} dx$$

(3) F = fourier(f,u,v)：返回符号函数 f 的傅里叶变换。f 的参量为指定变量 u，返回值 F 的参量为指定变量 v，即

$$f = f(u) \Rightarrow F = F(v) = \int_{-\infty}^{\infty} f(u) e^{-ivu} du$$

【例 5.29】 傅里叶正变换示例。

```
>> syms x w u v
>> f = sin(x)*exp(-x^2); F1 = fourier(f)
F1 =
-i*pi^(1/2)*sinh(1/2*w)*exp(-1/4*w^2-1/4)
>> g = log(abs(w)); F2 = fourier(g)
F2 =
fourier(log(abs(w)),w,t)
>> h = x*exp(-abs(x)); F3 = fourier(h,u)
F3 =
-4*i/(1+u^2)^2*u
>> syms x real
>> k= cosh(-x^2*abs(v))*sinh(u)/v; F4 = fourier(k,v,u)
```

```
F4 =
sinh(u)*fourier(cosh(x^2*abs(v))/v,v,u)
```

2. 傅里叶反变换

傅里叶的反变换定义为：$f(x) = \dfrac{1}{2\pi}\int_{-\infty}^{+\infty} F(w)e^{iwx}dw$，在 MATLAB 中使用函数 ifourier( ) 来完成傅里叶的反变换，格式如下：

(1) f = ifourier(F)：返回符号函数 F 的傅里叶反变换。F 的参量为默认变量 w，返回值 f 的参量为默认变量 x，即 $F = F(w) \rightarrow f = f(x)$。若 $F = F(x)$，ifourier(F)返回变量为 t 的函数：$F = F(x) \rightarrow f = f(t)$。

(2) f = ifourier(F,u)：返回符号函数 F 的傅里叶反变换。F 的参量为默认变量 w，返回值 f 的参量为指定变量 u，即

$$f(u) = \dfrac{1}{2\pi}\int_{-\infty}^{+\infty} F(w)e^{iwu}dw$$

(3) f = ifourier(F,v,u)：返回符号函数 F 的傅里叶反变换。F 的参量为指定变量 v，返回值 f 的参量为指定变量 u，即

$$f(u) = \dfrac{1}{2\pi}\int_{-\infty}^{+\infty} F(v)e^{iwu}dv$$

【例 5.30】 傅里叶反变换示例。

```
>> syms w v x t
>> syms a real
>> f = sqrt(exp(-w^2/(4*a^2)));
>> IF1 = ifourier(f)
IF1 =
ifourier(exp(-1/4*w^2/a^2)^(1/2),w,x)
>> g = exp(-abs(x));
>> IF2 = ifourier(g)
IF2 =
1/(1+t^2)/pi
>> h = sinh(-abs(w)) -1;
>> IF3 = simple(ifourier(h,t))
IF3 =
-ifourier(sinh(abs(w)),w,t)-Dirac(t)
>> syms w real
>> k = exp(-w^2*abs(v))*sin(v)/v;
>> IF4 = ifourier(k,v,t)
IF4 =
1/2*(atan((t+1)/w^2)-atan((t-1)/w^2))/pi
```

5.5.2 拉普拉斯变换及其反变换

1. 拉普拉斯变换

拉普拉斯(Laplace)变换定义为

$$L(s) = \int_0^{+\infty} f(t)e^{-st}dt$$

在 MATLAB 中使用函数 laplace() 实现拉普拉斯变换，格式如下：

(1) L=laplace(f)：返回符号函数 f 的拉普拉斯变换。f 的参量为默认变量 t，返回值 L 的参量为默认变量 s，即 $f = f(t) \rightarrow L = L(s)$。若 $f = f(s)$，则 fourier(F) 返回变量为 t 的函数 L = L(t)。

(2) L=laplace(f,t)：返回符号函数 f 的拉普拉斯变换。返回值 L 的参量为指定变量 t，即

$$L(t) = \int_0^{+\infty} f(x) e^{-tx} dx$$

(3) fourier(F,w,z)：返回符号函数 f 的拉普拉斯变换。f 的参量为指定变量 w，返回值 L 的参量为指定变量 z，即

$$L(z) = \int_0^{+\infty} f(w) e^{-zw} dw$$

【例 5.31】 拉普拉斯变换示例。

```
>> syms x s t v
>> f1= sqrt(t);
>> L1 = laplace(f)
L1 =
laplace(exp(-1/8*w^2/a^2),w,s)
>> f2 = 1/sqrt(s);
>> L2 = laplace(f2)
L2 =
(pi/t)^(1/2)
>> f3 = exp(-a*t);
>> L3 = laplace(f3,x)
L3 =
1/(x+a)
>> f4 = 1 - sin(t*v);
>> L4 = laplace(f4,v,x)
L4 =
1/x-t/(x^2+t^2)
```

2. 拉普拉斯反变换

拉普拉斯反变换定义为：$f(t) = \int_{c-i\infty}^{c+i\infty} L(s) e^{st} dt$，其中 c 为使函数 L(s) 的所有的奇点位于直线 s = c 左边的实数。

拉普拉斯反变换以函数 ilaplace() 实现，格式如下：

(1) f = ilaplace(L)：返回符号函数 L 的拉普拉斯反变换。L 的参量为默认变量 s，返回值 f 的参量为默认变量 t，即 $L = L(s) \rightarrow f = f(t)$。若 $L = L(t)$，则 ifourier(L) 返回变量为 x 的函数 f，即

$$L = L(t) \rightarrow f = f(x)$$

(2) f = ilaplace(L,y)：返回符号函数 L 的拉普拉斯反变换。L 的参量为默认变量 s，返回值 f 的参量为指定变量 y，即

$$f(y) = \int_{c-i\infty}^{c+i\infty} L(s) e^{sy} ds$$

(3) F = ilaplace(L,y,x)：返回符号函数 L 的拉普拉斯反变换。L 的参量为指定变量 y，返回值 f 的参量为指定变量 x，即

$$f(x) = \int_{c-i\infty}^{c+i\infty} L(y) e^{xy} dy$$

【例 5.32】 拉普拉斯反变换示例。

```
>> syms a s t u v x
>> f = exp(x/s^2);
>> IL1 = ilaplace(f)
IL1 =
ilaplace(exp(x/s^2),s,t)
>> g = 1/(t-a)^2;
>> IL2 = ilaplace(g)
IL2 =
x*exp(a*x)
>> k = 1/(u^2-a^2);
>> IL3 = ilaplace(k,x)
IL3 =
1/a*sinh(a*x)
>> y = s^3*v/(s^2+v^2);
>> IL4 = ilaplace(y,v,x)
IL4 =
s^3*cos(s*x)
```

5.5.3 Z 变换及其反变换

1. Z 变换

函数 f 的 Z 变换定义为 $F(z) = \sum_{n=0}^{\infty} \frac{f(n)}{z^n}$，MATLAB 中使用的函数为 ztrans( )，其格式主要有以下 3 种形式。

(1) F = ztrans(f)：返回符号函数 f 的 Z 变换。f 的参量为默认变量 n，返回值 F 的参量为默认变量 z，即 $f = f(n) \rightarrow F = F(z)$。若函数 $f = f(z)$，则返回值 F 的参量为 w，即 $f = f(z) \rightarrow F = F(w)$。

(2) F = ztrans(f,w)：返回符号函数 f 的 Z 变换。f 的参量为默认变量 n，返回值 F 的参量为指定变量 w，即

$$F(w) = \sum_{n=0}^{\infty} \frac{f(n)}{w^n}$$

(3) F = ztrans(f,k,w)：返回符号函数 f 的 Z 变换。f 的参量为指定变量 k，返回值 F 的参量为指定变量 w，即

$$F(w) = \sum_{n=0}^{\infty} \frac{f(k)}{w^n}$$

【例 5.33】 Z 变换示例。

```
>> syms a k w x n z
>> f1 = n^4;
>> ZF1 = ztrans(f1)
```

```
ZF1 =
z*(z^3+11*z^2+11*z+1)/(z-1)^5
>> f2 = a^z;
>> ZF2 = ztrans(f2)
ZF2 =
w/a/(w/a-1)
>> f3 = sin(a*n);
>> ZF3 = ztrans(f3,w)
ZF3 =
w*sin(a)/(w^2-2*w*cos(a)+1)
>> f4 = exp(k*n^2)*cos(k*n);
>> ZF4 = ztrans(f4,k,x)
ZF4 =
(x/exp(n^2)-cos(n))*x/exp(n^2)/(x^2/exp(n^2)^2-2*x/exp(n^2)*cos(n)+1)
```

2. Z 反变换

Z 反变换定义为：$f(n) = \dfrac{1}{2\pi i} \oint_{|z|=R} F(z) z^{n-1} \mathrm{d}z$，$n = 1, 2, 3, \cdots$，其中 R 为一正实数，它使函数 $F(z)$ 在圆域之外 $|z| \geq R$ 是解析的。

最常见的 Z 反变换具体计算方法有：幂级数展开法、部分分式展开法和围线积分法。MATLAB 中采用围线积分法设计了求取 Z 反变换的函数为 iztrans( )。调用格式如下：

(1) f=iztrans(F)：返回符号函数 F 的 Z 反变换。F 的参量为默认变量 z，返回值 f 的参量为默认变量 n，即 $F = F(z) \to f = f(n)$。若 $F = F(n)$，则返回值 f 的参量为 k，即
$$F = F(n) \to f = f(k)$$

(2) f=iztrans(F,k)：返回符号函数 F 的 Z 反变换。F 的参量为默认变量 z，返回值 f 的参量为指定变量 k，即
$$f(k) = \dfrac{1}{2\pi i} \oint_{|z|=R} F(z) z^{k-1} \mathrm{d}z, \quad k = 1, 2, 3, \cdots$$

(3) f=iztrans(F,w,k)：返回符号函数 F 的 Z 反变换。F 的参量为指定变量 w，返回值 f 的参量为指定变量 k，即
$$f(k) = \dfrac{1}{2\pi i} \oint_{|w|=R} F(w) w^{k-1} \mathrm{d}w, \quad k = 1, 2, 3, \cdots$$

【例 5.34】 Z 反变换示例

```
>> syms a n k x z
>> f1= 2*z/(z^2+2)^2;
>> IZ1 = iztrans(f1)
IZ1 =
-1/8*sum(1/_alpha*(1/_alpha)^n,_alpha =
RootOf(1+2*_Z^2))+1/8*sum(1/_alpha*(1/_alpha)^n,_alpha = RootOf(1+2*_Z^2))*n
>> f2 = n/(n+1);
>> IZ2 = iztrans(f2)
IZ2 =
 (-1)^k
>> f3 = z/sqrt(z-a);
>> IZ3 = iztrans(f3,k)
```

```
IZ3 =
iztrans(z/(z-a)^(1/2),z,k)
>> f4 = exp(z)/(x^2-2*x*exp(z));
>> IZ4 = iztrans(f4,x,k)
IZ4 =
1/4*(-charfcn[0](k)-2*charfcn[1](k)*exp(z)+2^k*exp(z)^k)/exp(z)
```

5.6 方程的解析解

方程的求解不仅在初等数学而且也在高等数学考虑的范围之内。为配合求得方程的解析解，在 MATLAB 符号工具箱中也提供了相关的命令。这些命令中有求解线性方程组和非线性方程(组)的函数 solve( )，也有求解常微分方程(组)的函数 dsolve( )。

5.6.1 线性方程组的解析解

如前所述，求解线性代数方程组的符号解析解，用的是 MATLAB 提供的函数 solve( )，其调用格式为

(1) g=solve(eq1,eq2,…,eqn)：输入参量 eq1,eq2,…,eqn 可以是符号表达式或字符串，它们分别代表 n 个线性方程。该函数将给出方程组 eq1,eq2,…,eqn 中以默认的独立变量为求解对象(如 x1,x2,…,xn)的解。若 g 为单一符号形式，MATLAB 则将 g 视为一结构数组，结构数组的元素值就是方程组的解；若 g 表示成有 n 个元素的向量形式，则该向量的元素值恰好表示方程组中相应变量的解。

(2) g=solve(eq1,eq2,…,eqn,var1,var2,…,varn)：对方程组 eq1,eq2,…,eqn 中指定的 n 个变量如 var1,var2,…,varn 求解。

【例 5.35】 求下列线性代数方程组的解。

$$\begin{cases} x+y+z=10 \\ 3x+2y+z=14 \\ 2x+3y-z=1 \end{cases}$$

```
>> L1='x+y+z=10';
>> L2='3*x+2*y+z=14';
>> L3='2*x+3*y-z=1';              %L1、L2、L3 分别是 3 个字符串
>> g=solve(L1,L2,L3)
g=
    x: [1x1 sym]
    y: [1x1 sym]
    z: [1x1 sym]
```

表明 g 是一个结构数组，其中每个元素为一符号类型的量。可以用如下方法查看方程解的具体值：

```
>> g.x
ans =
1
>> g.y
ans =
```

```
2
>> g.z
ans =
7
```

【例5.36】 求下列线性代数方程组的解。

$$\begin{cases} x_1\cos(sita)-x_2\sin(sita)=a \\ x_1\sin(sita)+x_2\cos(sita)=b \end{cases}$$

```
>> syms x1 x2 a b sita;
>> L1=x1 * cos(sita)-x2 * sin(sita)-a;
>> L2=x1 * sin(sita)+x2 * cos(sita)-b;      %L1、L2 分别是两个符号表达式
>> [x1,x2]=solve(L1,L2,x1,x2)               %用一向量将方程组各变量的值输出
```

运行结果:

```
x1 =
cos(sita)*a+b*sin(sita)
x2 =
-a*sin(sita)+cos(sita)*b
```

5.6.2 非线性方程(组)的解析解

函数 solve( )不仅可求解线性方程组,也可以求解非线性方程组或是单个非线性方程的解析解。其中,非线性方程组的求解格式与 5.6.1 节相同,而单个方程求解形式如下。

(1) g=solve(eq):输入参量 eq 可以是符号表达式或字符串。在没有给定求解所针对的变量时,solve(eq)针对方程中的默认独立变量求解。若输出参量 g 为单一符号形式,则对于有多重解的非线性方程,g 被视为一列向量。

(2) g=solve(eq,var):对符号表达式或没有等号的字符串 eq 中指定的变量 var 求方程 eq(var)=0 的解。

【例5.37】 求解一元二次方程 $ax^2+bx+c=0$ 的解。

```
>> f=sym('a*x^2+b*x+c=0');
>> xf=solve(f)
xf =
[1/2/a*(-b+(b^2-4*a*c)^(1/2))]
[1/2/a*(-b-(b^2-4*a*c)^(1/2))]
```

【例5.38】 求下列非线性代数方程组以 y、z 作变量的解。

$$\begin{cases} uy^2+vz+w=0 \\ y+z+w=0 \end{cases}$$

```
>> syms y z u v w;
>> eq1=u*y^2+v*z+w;
>> eq2=y+z+w;
>> [y z]=solve(eq1,eq2, y, z)
y =
[-1/2/u*(-2*u*w-v+(4*u*w*v+v^2-4*u*w)^(1/2))-w]
[-1/2/u*(-2*u*w-v-(4*u*w*v+v^2-4*u*w)^(1/2))-w]
z =
```

```
[1/2/u*(-2*u*w-v+(4*u*w*v+v^2-4*u*w)^(1/2))]
[1/2/u*(-2*u*w-v-(4*u*w*v+v^2-4*u*w)^(1/2))]
```

【例 5.39】 求下列非线性方程组的解。

$$\begin{cases} a+b+x=y \\ 2ax-by=-1 \\ (a+b)^2=x+y \\ ay+bx=4 \end{cases}$$

```
>> e1=sym('a+b+x=y');
>> e2=sym('2*a*x-b*y=-1');
>> e3=sym('(a+b)^2=x+y');
>> e4=sym('a*y+b*x=4');
>> [a,b,x,y]=solve(e1,e2,e3,e4);              %得到非线性方程组的解析解
>> a=double(a), b=double(b), x=double(x), y=double(y) %将解析解的符号常数形
                                              %式转换为双精度形式
a =
    1.0000
   23.6037
    0.2537 - 0.4247i
    0.2537 + 0.4247i
b =
    1.0000
  -23.4337
   -1.0054 - 1.4075i
   -1.0054 + 1.4075i
x =
    1.0000
   -0.0705
   -1.0203 + 2.2934i
   -1.0203 - 2.2934i
y =
    3.0000
    0.0994
   -1.7719 + 0.4611i
   -1.7719 - 0.4611i
```

可见所给的方程组共有 4 组解，其中两组为实数解，两组为虚数解。一般来说，用函数 solve( )得到的解是精确的符号表达式，显得很不直观，通常要把所得的解化为数值型以使结果显得直观、简洁，读者不妨自己查看一下未化为数值型解之前的结果。

【例 5.40】 解下列超越方程组：

$$\begin{cases} x^x=4 \\ xy+y=1 \end{cases}$$

```
>> [x,y]=solve('x^x=2','x*y+y=1')
x=
log(2)/lambertw(log(2))
y=
lambertw(log(2))/(log(2)+lambertw(log(2)))
```

所给出的解中 lambertw 是个函数(称为 lambert W 函数), lambertw(A)是指满足 $we^w = A$ 这样的表达式所对应的值。

5.6.3 常微分方程(组)的解析解

MATLAB 求解常微分方程的函数是 dsolve()。应用此函数可以求得常微分方程(组)的通解,以及给定边界条件(或初始条件)后的特解。

在介绍命令 dsolve 的使用方法之前,要注意的是:平时以 $y''+2y'=x$ 形式出现的常微分方程,在 MATLAB 中需要重新改写。命令 dsolve 应用的格式如下:

(1) r = dsolve('equ')

(2) r = dsolve('equ', 'v')

(3) r = dsolve('equ','cond1,cond2,…','v')

(4) r = dsolve('equ1,equ2,…','v')

(5) r = dsolve('equ1,equ2,…','cond1,cond2,…','v')

说明:

① equ1,equ2,…为给定的常微分方程(组)。

② v 为给定的常微分方程(组)的指定符号自变量,默认变量为 t。

③ cond1,cond2,…为给定的常微分方程(组)给定的边界条件(或初始条件)。初始和边界条件由字符串表示: y(a)=b, Dy(c)=d, D2y(e)=f 等等,分别表示 $y(x)|_{x=a}=b$, $y'(x)|_{x=c}=d$, $y''(x)|_{x=e}=f$。

④ r 为求符号解(即解析解),若边界条件少于方程(组)的阶数,则返回的结果 r 中会出现任意常数 C1,C2,…

⑤ 在微分方程(组)的表达式 equ 中,大写字母 D 表示对自变量(设为 x)的微分算子: D=d/dx, D2=d2/d2x,…微分算子 D 后面的字母则表示为因变量,即待求解的未知函数。

⑥ dsolve 命令最多可以接受 12 个输入参量(包括方程组与定解条件个数,当然也可以做到输入的方程个数多于 12 个,只要将多个方程置于一字符串内即可)。

⑦ 若没有给定输出参量,则在命令窗口显示解列表。

⑧ 若该命令找不到解析解,则返回一警告信息,同时返回一空的 sym 对象。这时,用户可以用命令 ode23 或 ode45 求解方程组的数值解。

【例 5.41】 求解常微分方程

$$\frac{dy}{dx} = -ax$$

```
>> y = dsolve('Dy+a*x=0', 'x')
y =
-1/2*a*x^2+C1
```

其中 C1 表示所求出的解为通解。如果一时粗心,把执行命令写为

```
>> y = dsolve('Dy+a*x=0')    % 未指定变量,则取默认变量 t
y =
-a*x*t+C1
```

由于选用不同的变量，显然结果相差甚远。

【例 5.42】 求解常微分方程

$$\frac{d^2y}{dx^2}+2x=2y$$

```
>> y = dsolve('D2y+2*x=2*y', 'x')
y =
exp(2^(1/2)*x)*C2+exp(-2^(1/2)*x)*C1+x
```

【例 5.43】 求解常微分方程

$$\frac{d^2y}{dx^2}+2x=2y$$

且满足 $y(2)=5$，$y'(1)=2$。

```
>> y = dsolve('D2y+2*x=2*y', 'y(2)=5', 'Dy(1)=2', 'x')
y =
1/2*exp(2^(1/2)*x)*(3*2^(1/2)*exp(2^(1/2))+1)*2^(1/2)/exp(2^(1/2))/(1+e
xp(2^(1/2))^2)-1/2*exp(-2^(1/2)*x)*exp(2^(1/2))^2*(2^(1/2)*exp(2^(1/2))-6)/(
1+exp(2^(1/2))^2)+x
```

【例 5.44】 求微分方程组

$$\begin{cases} f''=f+3g+\sin x \\ g'=f'+4+\cos x \end{cases}$$

的通解以及在初始条件：$f'(2)=0$，$f'(3)=3$，$g(5)=1$ 下的特解。

(1) 求通解：

```
>> [g_f,g_g]=dsolve('D2f=f+3*g+sin(x)','Dg=Df+4+cos(x)','x')
g_f =
1/2*exp(2*x)*C2-1/2*exp(-2*x)*C1-4/5*sin(x)-3*x+C3
g_g =
1/2*exp(2*x)*C2-1/2*exp(-2*x)*C1+1/5*sin(x)+x-1/3*C3
```

(2) 求特解：

```
>> [f,g]=dsolve('D2f=f+3*g+sin(x),Dg=Df+4+cos(x)','Df(2)=0,Df(3)=3,g(5)
=1','x')
f =
1/10*exp(2*x)*(8*cos(1)^2*exp(4)+11*exp(4)-16*cos(1)^3*exp(6)+12*cos(1)
*exp(6)-30*exp(6))/(-exp(12)+exp(8))+1/10*exp(-2*x)*(-16*exp(8)*cos(1)^3*exp
(6)+12*exp(8)*cos(1)*exp(6)-30*exp(8)*exp(6)+8*cos(1)^2*exp(4)*exp(12)+11*ex
p(4)*exp(12))/(-exp(12)+exp(8))-4/5*sin(x)-3*x+3/10*(8*cosh(10)*cos(1)^2*exp
(4)+11*cosh(10)*exp(4)-16*cosh(10)*cos(1)^3*exp(6)+12*cosh(10)*cos(1)*exp(6)
-30*cosh(10)*exp(6)+8*sinh(10)*cos(1)^2*exp(4)+11*sinh(10)*exp(4)-16*sinh(10
)*cos(1)^3*exp(6)+12*sinh(10)*cos(1)*exp(6)-30*sinh(10)*exp(6)-16*cosh(10)*e
xp(8)*cos(1)^3*exp(6)+12*cosh(10)*exp(8)*cos(1)*exp(6)-30*cosh(10)*exp(8)*ex
p(6)+8*cosh(10)*cos(1)^2*exp(4)*exp(12)+11*cosh(10)*exp(4)*exp(12)+16*sinh(1
0)*exp(8)*cos(1)^3*exp(6)-12*sinh(10)*exp(8)*cos(1)*exp(6)+30*sinh(10)*exp(8
)*exp(6)-8*sinh(10)*cos(1)^2*exp(4)*exp(12)-11*sinh(10)*exp(4)*exp(12)-2*sin
(5)*exp(12)+2*sin(5)*exp(8)-40*exp(12)+40*exp(8))/(-exp(12)+exp(8))
g =
1/10*exp(2*x)*(8*cos(1)^2*exp(4)+11*exp(4)-16*cos(1)^3*exp(6)+12*cos(1)
*exp(6)-30*exp(6))/(-exp(12)+exp(8))+1/10*exp(-2*x)*(-16*exp(8)*cos(1)^3*exp
```

(6)+12*exp(8)*cos(1)*exp(6)-30*exp(8)*exp(6)+8*cos(1)^2*exp(4)*exp(12)+11*exp(4)*exp(12))/(-exp(12)+exp(8))+1/5*sin(x)+x-1/10*(8*cosh(10)*cos(1)^2*exp(4)+11*cosh(10)*exp(4)-16*cosh(10)*cos(1)^3*exp(6)+12*cosh(10)*cos(1)*exp(6)-30*cosh(10)*exp(6)+8*sinh(10)*cos(1)^2*exp(4)+11*sinh(10)*exp(4)-16*sinh(10)*cos(1)^3*exp(6)+12*sinh(10)*cos(1)*exp(6)-30*sinh(10)*exp(6)-16*cosh(10)*exp(8)*cos(1)^3*exp(6)+12*cosh(10)*exp(8)*cos(1)*exp(6)-30*cosh(10)*exp(8)*exp(6)+8*cosh(10)*cos(1)^2*exp(4)*exp(12)+11*cosh(10)*exp(4)*exp(12)+16*sinh(10)*exp(8)*cos(1)^3*exp(6)-12*sinh(10)*exp(8)*cos(1)*exp(6)+30*sinh(10)*exp(8)*exp(6)-8*sinh(10)*cos(1)^2*exp(4)*exp(12)-11*sinh(10)*exp(4)*exp(12)-2*sin(5)*exp(12)+2*sin(5)*exp(8)-40*exp(12)+40*exp(8))/(-exp(12)+exp(8))

5.7 小　　结

本章主要介绍了 MATLAB 符号运算的具体实现途径。讲述了 MATLAB 在极限、级数、微积分、符号方程(组)中的实际应用情况，并且讲述了如何用 MATLAB 求解积分变换等内容。可以说，用 MATLAB 几乎可以解决一切常见的数学问题。MATLAB 之所以有如此强大的符号运算功能，完全要归功于 MAPLE。Maths 公司拥有 MAPLE 的内核后，MATLAB 的功能得到了巨大的增强。

5.8 习　　题

1. 给定如下 3 个符号表达式：
(1) f=x^3-6*x^2+11*x-6
(2) g=(x-1)*(x-2)*(x-3)
(3) h=-6+(11+(-6+x)*x)*x
对 f 和 h 表达式进行因式分解，将 g 表达式展开后表示为更为简洁的形式。

2. 试创建以下 2 个矩阵：

$$A=\begin{bmatrix} \sin 1 & \sin 2 & \sin 3 \\ \sin 4 & \sin 5 & \sin 6 \\ \sin 7 & \sin 8 & \sin 9 \end{bmatrix} \quad B=\begin{bmatrix} e & e^5 & e^9 \\ e^2 & e^6 & e^{10} \\ e^3 & e^7 & e^{11} \\ e^4 & e^8 & e^{12} \end{bmatrix}$$

3. 试用 pretty 命令将 $f=\dfrac{(x+y)(a+b^c)^z}{(x+a)^2}$ 和 $g=\dfrac{x(a+b^c)^z}{(x+a)^2}+\dfrac{y(a+b^c)^z}{(x+a)^2}$ 的 MATLAB 机器书写格式转化为手写格式。

4. 已知 $f=(ax^2+bx+c-3)^3-a(cx^5+4bx-1)-18b\left[(2+5x)^7-a+c\right]$，按照自变量 x 和自变量 a，对表达式 f 分别进行降幂排列。

5. 已知表达式 $f=x^2y+xy-x^2-2x$，$g=-\dfrac{1}{4}xe^{-2x}+\dfrac{3}{16}e^{-2x}$，试将 f 按自变量 x 进行

降幂排列，将 g 按 e^{-2x} 进行降幂排列。

6．将下列式子进行因式分解：

(1) $f = x^3 - 3x^2 - 3x + 1$

(2) $g = x^3 - 7x + 6$

7．用一般化简方法化简下列各式：

(1) $f_1 = x(x(x-2)+5)-1$

(2) $f_2 = \ln(xy) + \ln z$

(3) $f_3 = 3x e^x e^{y+z}$

(4) $f_4 = \sin^2 x + \cos^2 x - 1$

8．用不定式化简方法化简下列各式：

(1) $f_1 = \cos x + \sqrt{-\sin^2 x}$

(2) $f_2 = x^3 + 3x^2 + 3x + 1$

9．对习题 1 中的 3 个表达式进行符号微分运算。

10．分别计算 $f(x) = ax^2 + bx + c$ 和 $g(x) = \sqrt{e^x + x\sin x}$ 的导数。

11．计算下列表达式的积分：

(1) $f(x) = \dfrac{\log(x)}{e^{x^2}}$ (2) $f(x) = \cos(2x) - \sin(2x)$ $(-\pi, \pi)$

(3) $F(x) = \begin{bmatrix} ax & bx^2 \\ cx^3 & ds \end{bmatrix}$ 其中：a、b、c、d、s 为常数。

12．计算定积分：$\int_0^{\frac{\pi}{6}} (\sin x + 2) dx$、$\int_0^{\frac{\pi}{3}} x^y dy$ 和 $\int_2^{\sin t} 4tx dx$。

13．计算广义积分：$\int_1^{+\infty} \dfrac{1}{x^2} dx$、$\int_1^{+\infty} \dfrac{1}{x^2+1} dx$。

14．求 $f(x) = \lim\limits_{x \to 0} \dfrac{\sin x}{x}$、$g(x) = \lim\limits_{y \to 0} \sin(x + 2y)$。

15．试求函数 $\sin\left(x^2 + \dfrac{y^2}{z}\right)$ 在点(1，0，0)处的 3 阶泰勒展开式。

16．试求函数 $f(x) = x^2 + x$ 的傅里叶级数展开式。

17．对函数 $f(x) = e^{-x^2}$ 进行傅里叶变换。

18．试对函数 $F(t) = \sin(xt + 2t)$ 进行拉普拉斯变换，并将所得结果表示为变量 v 的函数。

19．试求函数 $L(s) = \dfrac{1}{s^2+1}$ 的拉普拉斯反变换。

20．试求函数：$f(n) = 2^n$、$g(n) = \sin(kn)$、$h(n) = \cos(kn)$ 的 Z 变换。

21．试求函数：$F(z) = \dfrac{z}{z-2}$、$G(n) = \dfrac{n(n+1)}{n^2+2n+1}$ 的 Z 反变换。

22．求解下列方程组：

(1) $\begin{cases} -x_1 + 2x_2 = 2 \\ 2x_1 + x_2 + x_3 = 3 \\ 4x_1 + 5x_2 + 7x_3 = 0 \\ x_1 + x_2 + 5x_3 = -5 \end{cases}$ (2) $\begin{cases} x_1 + x_2 + 3x_3 - x_4 = -2 \\ x_2 - x_3 + x_4 = 1 \\ x_1 + x_2 + 2x_3 + 2x_4 = 4 \\ x_1 - x_2 + x_3 - x_4 = 0 \end{cases}$

(3) $\begin{cases} x_1 - 2x_2 + 3x_3 - 4x_4 = 4 \\ x_2 - x_3 + x_4 = -3 \\ -x_1 - x_2 + 2x_4 = -4 \end{cases}$ (4) $\begin{cases} x_1 - 4x_2 + 2x_3 = 0 \\ 2x_2 - x_3 = 0 \\ -x_1 + 2x_2 - x_3 = 0 \end{cases}$

23. 解方程：$f(x) = \sin x + \tan x + 1 = 0$。

24. 求解线性齐次常微分方程组 $X' = \begin{bmatrix} 1 & 3 \\ -3 & 4 \end{bmatrix} X$ 的解。

25. 求解下列微分方程：

(1) $y' = (x+y)(x-y)$

(2) $xy' = y\ln(y/x) \quad y(10) = 1$

(3) $y' = -x\sin x / \cos y \quad y(2) = 1$

26. 设常微分方程及其两个初始条件为

$$\frac{d^2 y}{dx^2} = \cos(2x) - y \qquad \frac{dy}{dx}(0) = 0 \qquad y(0) = 1$$

求解该微分方程的解。

27. 求解下列微分方程组：

(1) $f' = f + 3g, \quad g' = f + 4$

(2) $X' = AX$ 其中，A=[2 44 8 3;3 4 2 9;9 23 8 43;92 4 1 4]

第 6 章 MATLAB 程序设计

教学提示：MATLAB 与其他高级计算机语言一样，可以编制 MATLAB 程序进行程序设计，而且与其他几种高级计算机语言比较起来，有许多无法比拟的优点。本章将较为详细地讨论在 M 文件的编程工作方式下，MATLAB 程序设计的概念和基本方法。

教学要求：掌握 MATLAB 程序设计的概念和基本方法。

MATLAB 作为一种高级计算机语言，有两种常用的工作方式，一种是交互式命令行操作方式，另一种是 M 文件的编程工作方式。在交互式命令行操作方式下，MATLAB 被当作一种高级"数学演算纸和图形显示器"来使用，前面 5 章都是采用这种方式。在 M 文件的编程工作方式下，MATLAB 可以像其他高级计算机语言一样进行程序设计，即编制一种以 .m 为扩展名的 MATLAB 程序(简称 M 文件)。而且，由于 MATLAB 本身的一些特点，M 文件的编制同其他几种高级计算机语言比较起来，有许多无法比拟的优点。本章将较为详细地讨论在 M 文件的编程工作方式下，MATLAB 程序设计的主要概念和基本方法。

6.1 M 文 件

M 文件有两种形式：脚本文件(Script File)和函数文件(Function File)。脚本文件通常用于执行一系列简单的 MATLAB 命令，运行时只需输入文件名字，MATLAB 就会自动按顺序执行文件中的命令；函数文件和脚本文件不同，它可以接受参数，也可以返回参数，在一般情况下，用户不能靠单独输入其文件名来运行函数文件，而必须由其他语句来调用，MATLAB 的大多数应用程序都以函数文件的形式给出。

6.1.1 局部变量与全局变量

无论在脚本文件还是在函数文件中，都会定义一些变量。函数文件所定义的变量是局部变量，这些变量独立于其他函数的局部变量和工作空间的变量，即只能在该函数的工作空间引用，而不能在其他函数工作空间和命令工作空间引用。但是如果某些变量被定义成全局变量，就可以在整个 MATLAB 工作空间进行存取和修改，以实现共享。因此，定义全局变量是函数间传递信息的一种手段。

用命令 global 定义全局变量，其格式为

global A B C

将 A、B、C 这 3 个变量定义为全局变量。

在 M 文件中定义全局变量时，如果在当前工作空间已经存在相同的变量，系统将会给出警告，说明由于将该变量定义为全局变量，可能会使变量的值发生改变。为避免发生这种情况，应该在使用变量前先将其定义为全局变量。

在 MATLAB 中对变量名是区分大小写的，因此为了在程序中分清楚而不至于误声明，

习惯上可以将全局变量定义为大写字母。

6.1.2 M 文件的编辑与运行

MATLAB 语言是一种高效的编程语言,可以用普通的文本编辑器把一系列 MATLAB 语句写在一起构成 MATLAB 程序,然后存储在一个文件里,文件的扩展名为.m,因此称为 M 文件。这些文件都是由纯 ASCII 码字符构成的,在运行 M 文件时只需在 MATLAB 命令窗口下输入该文件名即可。

在 MATLAB 的编辑器中建立与编辑 M 文件的一般步骤如下。

(1) 新建文件。

① 最简单的方法是单击 MATLAB 的主界面的工具栏上的 图标;

② 在命令窗口输入 edit 语句建立新文件,或输入 edit filename 语句,打开名为 filename 的 M 文件,在弹出文件不存在的提示框中,单击"Yes"按钮,则建立名为 filename 新的 M 文件;

③ 利用 MATLAB 主界面的 File|New 子菜单,再从下拉菜单中选择"M-file"项;

④ 如果已经打开了文件编辑器后需要再建立新文件,可以用编辑器的菜单或工具栏上相应的图标进行操作。

(2) 打开文件。

① 单击 MATLAB 的主界面的工具栏上的 图标,弹出"打开文件"(Open)对话框,选择已有的 M 文件,单击"打开"按钮;

② 输入 edit filename 语句,打开名为 filename 的 M 文件;

③ 利用 MATLAB 主界面的 File|Open 子菜单,弹出"打开文件"(Open)对话框,选择已有的 M 文件,单击"打开"按钮;

④ 如果已经打开了文件编辑器后需要打开其他文件,可以用编辑器的菜单或工具栏上相应的图标进行操作。

(3) 编辑文件。

虽然 M 文件是普通的文本文件,在任何的文本编辑器中都可以编辑,但 MATLAB 系统提供了一个更方便的内部编辑/调试器,如图 6.1 所示。

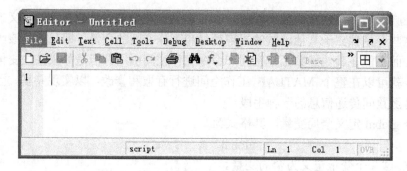

图 6.1 程序编辑与调试窗口(Editor/Debug)

对于新建的 M 文件,可以在 MATLAB 编辑/调试器的编辑窗口编写新的文件;对于打开的已有 M 文件,其内容显示在编辑窗口,用户可以对其进行修改。

在编辑的过程中可以使用类似于其他文本编辑器(如 Word)的"编辑"(Edit)菜单、工具栏的编辑图标和快捷键等,值得注意的是,除了注释内容外,所有 MATLAB 的语句都要使用西文字符。

(4) 保存文件。

M 文件在运行之前必须先保存。其方法有:

① 单击编辑器工具栏上的 ■ 图标:对于新建的 M 文件,则弹出"保存文件"(Save file as)对话框,选择存放的路径、文件名和文件保存类型(不选择时为 M 文件),单击"保存"按钮,即可完成保存;对于打开的已有 M 文件,则直接完成保存。

② 选择 File|Save。等同于单击编辑器工具栏上的 ■ 图标。

③ 选择 File|Save As…。对于新建的 M 文件,等同于选择 File|Save;对于打开的已有 M 文件,可以在弹出"保存文件"(Save file as)对话框中,重新选择存放的目录、文件名进行保存。

④ 选择 File|Save All。对于 M 文件而言,等同于选择 File|Save。

(5) 运行文件。脚本文件可直接运行,而函数文件还必须输入函数参数。

① 在命令窗口输入要运行的文件名即可开始运行,需要注意的是,在运行前,一定要先保存文件,否则运行的是保存前的程序。

② 如果在编辑器中完成编辑后需要直接运行,可以选择编辑器的 Debug|Save and Run 选项(如果文件已经保存过,该选项则变为 Run)。

③ 按 F5 键则保存程序并直接运行;如果是新建 M 文件,则弹出"保存文件"对话框,用户保存文件后直接运行。

6.1.3 脚本文件

脚本文件是 M 文件中最简单的一种,不需要输入顿号输出参数,用命令语句可以控制 MATLAB 命令工作空间的所有数据。在运行过程中,产生的所有变量均是命令工作空间变量,这些变量一旦生成,就一直保存在内存空间中,除非用户执行 clear 命令将它们清除。

运行一个脚本文件等价于从命令窗口中顺序运行文件里的语句。由于脚本文件只是一串命令的集合,因此只需像在命令窗口中输入语句那样,依次将语句编辑在脚本文件中即可。

【例 6.1】 编程计算向量元素的平均值。

```
                                          %average_1.m 计算向量元素的平均值
x=input('输入向量: x=');
[m,n] =size(x);                           %判断输入量的大小
if~((m==1)|(n==1))| ((m==1)& (n==1))      %判断输入是否为向量
      error('必须输入向量。')
end
average=sum(x)/length(x)                  %计算向量 x 所有元素的平均值
```

将其保存为 average_1.m,运行之,如果输入行向量[1 2 3],则运行结果为

```
输入向量: x=[1 2 3]
average =
     2
```

也可以输入列向量[1;2;3]。

```
输入向量: x=[1;2;3]
average =
    2
```

如果输入的不是向量,如[1 2 3; 4 5 6],则运行结果为

```
输入向量: x=[1 2 3; 4 5 6]
??? Error using ==> average_1
```

必须输入向量。

注意: 运行前,应该将文件存放的路径设置成可搜索路径,具体设置方法见 1.7 节。另外一种简单的方法是: 选择编辑器的 Debug|Save and Run 或按 F5 键直接运行,若文件不在搜索路径列表中,则弹出如图 6.2 所示对话框,可以将文件所在的目录设置成当前目录、添加到 MATLAB 搜索路径的开头或最后,然后直接运行。

图 6.2　在编辑器设置运行文件的搜索路径

6.1.4 函数文件

如果 M 文件的第一个可执行语句以 function 开始,该文件就是函数文件,每一个函数文件都定义一个函数。事实上,MATLAB 提供的函数命令大部分都是由函数文件定义的,这足以说明函数文件的重要。

从使用的角度看,函数是一个"黑箱",把一些数据送进去,经加工处理,把结果送出来。从形式上看,函数文件区别于脚本文件之处在于脚本文件的变量为命令工作空间变量,在文件执行完成后保留在命令工作空间中;而函数文件内定义的变量为局部变量,只在函数文件内部起作用,当函数文件执行完后,这些内部变量将被清除。

【例 6.2】 编写函数 average_2( )用于计算向量元素的平均值。

```
function y=average_2(x)
                                    % 函数 average_2(x)用以计算向量元
                                    % 素的平均值。
                                    % 输入参数 x 为输入向量,输出参数 y
                                    % 为计算的平均值。
                                    % 非向量输入将导致错误。
[m,n]=size(x);                       % 判断输入量的大小
if~((m==1)|(n==1))| ((m==1)& (n==1)) % 判断输入是否为向量
    error('必须输入向量。')
end
y=sum(x)/length(x);                  %计算向量 x 所有元素的平均值
```

将文件存盘，默认状态下函数名为 average_2.m(文件名与函数名相同)，函数 average_2 接受一个输入参数并返回一个输出参数，该函数的用法与其他 MATLAB 函数一样；在 MATLAB 命令窗口中运行以下语句，便可求得 1~99 的平均值。

```
>> z=1:99;
>> average_2(z)
ans =
    50
```

请读者自行比较例 6.1 和例 6.2 的区别。

通常函数文件由以下几个基本部分组成。

(1) 函数定义行：函数定义行由关键字 function 引导，指明这是一个函数文件，并定义函数名、输入参数和输出参数，函数定义行必须为文件的第一个可执行语句，函数名与文件名相同，可以是 MATLAB 中任何合法的字符。

函数文件可以带有多个输入和输出参数，如

```
function [x,y,z]=sphere(theta,phi,rho)
```

也可以没有输出参数，如

```
function printresults(x)
```

(2) H1 行：H1 行就是帮助文本的第一行，是函数定义行下的第一个注释行，是供 lookfor 查询时使用的。一般来说为了充分利用 MATLAB 的搜索功能，在编制 M 文件时，应在 H1 行中尽可能多地包含该函数的特征信息。由于在搜索路径上包含 average 的函数很多，因此用 lookfor average 语句可能会查询到多个有关的命令。如

```
>> lookfor average_2
```

average_2.m: % 函数 average_2(x)用以计算向量元素的平均值。

(3) 帮助文本：在函数定义行后面，连续的注释行不仅可以起到解释与提示作用，更重要的是为用户自己的函数文件建立在线查询信息，以供 help 命令在线查询时使用。如

```
>> help average_2
```
　　函数 average_2(x)用以计算向量元素的平均值。
　　输入参数 x 为输入向量，输出参数 y 为计算的平均值。
非向量输入将导致错误。

(4) 函数体：函数体包含了全部的用于完成计算及给输出参数赋值等工作的语句，这些语句可以是调用函数、流程控制、交互式输入/输出、计算、赋值、注释和空行。

(5) 注释：以%起始到行尾结束的部分为注释部分，MATLAB 的注释可以放置在程序的任何位置，可以单独占一行，也可以在一个语句之后，如

```
%非向量输入将导致错误
[m,n]=size(x);            %判断输入量的大小
```

6.1.5 函数调用

调用函数文件的一般格式为

[输出参数表]=函数名(输入参数表)

调用函数时应注意：

(1) 当调用一个函数时，输入和输出参数的顺序应与函数定义时的一致，其数目可以按少于函数文件中所规定的输入和输出参数调用函数，但不能使用多于函数文件所规定的输入和输出参数数目。如果输入和输出参数数目多于或少于函数文件所允许的数目，则调用时自动返回错误信息。例如

```
>> [x,y]=sin(pi)
??? Error using ==> sin
Too many output arguments.
```

又如：

```
>> y=linspace(2)
??? Input argument "n" is undefined.
Error in ==> linspace at 21
```

(2) 在编写函数文件调用时常通过 nargin、nargout 函数来设置默认输入参数，并决定用户所希望的输出参数。函数 nargin 可以检测函数被调用时用户指定的输入参数个数；函数 nargout 可以检测函数被调用时用户指定的输出参数个数。在函数文件中通过 nargin、nargout 函数，可以适应函数被调用时，用户输入和输出参数数目少于函数文件中 function 语句所规定数目的情况，以决定采用何种默认输入参数和用户所希望的输出参数。例如

```
function y = linspace(d1, d2, n)
%LINSPACE Linearly spaced vector.
%   LINSPACE(X1, X2) generates a row vector of 100 linearly
%   equally spaced points between X1 and X2.
%
%   LINSPACE(X1, X2, N) generates N points between X1 and X2.
%   For N < 2, LINSPACE returns X2.
%
%   Class support for inputs X1,X2:
%      float: double, single
%
%   See also LOGSPACE, :.

%   Copyright 1984-2004 The MathWorks, Inc.
%   $Revision: 5.12.4.1 $  $Date: 2004/07/05 17:01:20 $
if nargin == 2
    n = 100;
end
n = double(n);
y = [d1+(0:n-2)*(d2-d1)/(floor(n)-1) d2];
```

如果用户只指定 2 个输入参数调用 linspace，例如 linspace(0,10)，linspace 在 0~10 之间等间隔产生 100 个数据点；相反，如果输入参数的个数是 3，例如，linspace(0,10,50)，第 3 个参数决定数据点的个数，linspace 在 0~10 之间等间隔产生 50 个数据点。

同样，函数也可按少于函数文件中所规定的输出参数进行调用。例如对函数 size( )的调用：

```
>> x=[1 2 3 ; 4 5 6];
>> m=size(x)
m =
     2     3
>> [m,n]=size(x)
m =
     2
n =
     3
```

(3) 当函数有一个以上输出参数时，输出参数包含在方括号内。例如，[m,n]=size(x)。

注意：[m,n]在左边表示函数的两个输出参数 m 和 n；不要把它和[m,n]在等号右边的情况混淆，如 y=[m,n]表示数组 y 由变量 m 和 n 所组成。

(4) 当函数有一个或多个输出参数，但调用时未指定输出参数，则不给输出变量赋任何值。例如

```
function t=toc
% TOC Read the stopwatch timer.
% TOC, by itself, prints the elapsed time (in seconds) since TIC was used.
% t = TOC; saves the elapsed time in t, instead of printing it out.
% See also TIC, ETIME, CLOCK, CPUTIME.
%        Copyright(c)1984-94byTheMathWorks,Inc.
% TOC uses ETIME and the value of CLOCK saved by TIC.
Global TICTOC
If nargout<1
            elapsed_time=etime(clock,TICTOC)
else
            t=etime(clock,TICTOC);
end
```

如果用户调用 toc 时不指定输出参数 t，例如：

```
>> tic
>> toc
elapsed_time =
    4.0160
```

函数在命令窗口显示函数工作空间变量 elapsed_time 的值，但在 MATLAB 命令工作空间里不给输出参数 t 赋任何值，也不创建变量 t。

如果用户调用 toc 时指定输出参数 t，例如

```
>> tic
>> out=toc
out =
    2.8140
```

则以变量 out 的形式返回到命令窗口，并在 MATLAB 命令工作空间里创建变量 out。

(5) 函数有自己的独立工作空间，它与 MATLAB 的工作空间分开。除非使用全局变量，函数内变量与 MATLAB 其他工作空间之间唯一的联系是函数的输入和输出参数。如果函

数任一输入参数值发生变化,其变化仅在函数内出现,不影响 MATLAB 其他工作空间的变量。函数内所创建的变量只驻留在该函数工作空间,而且只在函数执行期间临时存在,以后就消失。因此,从一个调用到另一个调用,在函数工作空间以变量存储信息是不可能的。

(6) 在 MATLAB 其他工作空间重新定义预定义的变量(例如 pi),它不会延伸到函数的工作空间;反之亦然,即在函数内重新定义预定义的变量不会延伸到 MATLAB 的其他工作空间中。

(7) 如果变量说明是全局的,函数可以与其他函数、MATLAB 命令工作空间和递归调用本身共享变量。为了在函数内或 MATLAB 命令工作空间中访问全局变量,全局变量在每一个所希望的工作空间都必须说明。

(8) 全局变量可以为编程带来某些方便,但却破坏了函数对变量的封装,所以在实际编程中,无论什么时候都应尽量避免使用全局变量。如果一定要用全局变量,建议全局变量名要长、采用大写字母,并有选择地以首次出现的 M 文件的名字开头,使全局变量之间不必要的互作用减至最小。

(9) MATLAB 以搜寻脚本文件的同样方式搜寻函数文件。例如,输入 cow 语句,MATLAB 首先认为 cow 是一个变量;如果它不是,那么 MATLAB 认为它是一个内置函数;如果还不是,MATLAB 检查当前 cow.m 的目录或文件夹;如果仍然不是,MATLAB 就检查 cow.m 在 MATLAB 搜寻路径上的所有目录或文件夹。

(10) 从函数文件内可以调用脚本文件。在这种情况下,脚本文件查看函数工作空间,不查看 MATLAB 命令工作空间。从函数文件内调用的脚本文件不必调到内存进行编译,函数每调用一次,它们就被打开和解释。因此,从函数文件内调用脚本文件减慢了函数的执行。

(11) 当函数文件到达文件终点,或者碰到返回命令 return,就结束执行和返回。返回命令 return 提供了一种结束函数的简单方法,而不必到达文件的终点。

6.2 MATLAB 的程序控制结构

作为一种程序设计语言,MATLAB 语言和其他程序设计语言一样,除了按正常顺序执行的程序结构外,还提供了各种控制程序流程的语句,如循环语句、条件语句、开关语句等。控制流程极其重要,通过对流程控制语句的组合使用,可以实现多种复杂功能的程序设计,经常出现在 M 文件中。

6.2.1 循环结构

在 MATLAB 中实现循环结构的语句有两种:for 循环语句和 while 循环语句,这两种语句不完全相同,各有特色。

1. for 循环

for 循环允许一组命令以固定的和预定的次数重复。for 循环的一般形式是

```
for 循环控制变量=表达式1:表达式2:表达式3
        语句
    end
```

表达式 1 的值为循环控制变量的初值；表达式 2 的值为步长，每执行循环体一次，循环控制变量的值将增加步长大小。步长可以为负值，当步长为 1 时，表达式 2 可省略；表达式 3 为循环控制变量的终值，当循环控制变量的值大于终值时循环结束。在 for 循环中，循环体内不能出现对循环控制变量的重新设置，否则将会出错；for 循环允许嵌套使用。

【例 6.3】 求 $s=\sum_{n=1}^{10} n$ 的值。

```
s=0;
for n=1:10
    s=s+n;
end
s
```

运行结果为：

```
s =
   55
```

第一次通过 for 循环 n=1，执行 s=s+n；第二次，n=2，执行 s=s+n；…；第十次，n=10，执行 s=s+n；在 n=11 时，for 循环结束，然后执行 end 语句后面的命令。上面的例子显示所计算的 s 值，即 1～10 的累加和。

【例 6.4】 在区间 $[-2,-0.75]$ 内，以步长 0.25，对函数 $y=f(x)=1+1/x$ 求值，并列表显示。

```
r=[ ];
s=[ ];
for x= -2.0:0.25:-0.75
    y=1+1/x;
    r=[r x];
    s=[s y];
end
[r; s]'
```

运行结果为

```
ans =
   -2.0000    0.5000
   -1.7500    0.4286
   -1.5000    0.3333
   -1.2500    0.2000
   -1.0000         0
   -0.7500   -0.3333
```

使用 for 循环语句值得注意的是
(1) for 循环不能用循环内重新给循环变量赋值来终止。

```
x=0;
for n=1:4
    x =x+1
    n=5;
end
```

运行结果为

```
x =
    1
x =
    2
x =
    3
x =
    4
```

可以看出，循环内给循环变量 n 赋值，并不能控制程序流程。

(2) for 循环的循环变量= [表达式 1:表达式 2:表达式 3]，其实为一行向量，例如：[1:2:10]=[0　2　4　6　8　10]，它还可以是数组，其更一般的形式为

  for 循环控制变量 = 数组表达式
    语句
  end

【例 6.5】 用 for 循环求行向量[-2,5,3,6,-2]各元素之和。

```
a=[-2,5,3,6,-2];
s=0;
k=0;
for n=a
    n              %显示每一次循环变量的值
    k=k+1;         %记录循环次数
    s=s+n;         %计算行向量a各元素之和
end
k,s                %显示总的循环次数和计算结果
```

运行结果为

```
n =
   -2
n =
    5
n =
    3
n =
    6
n =
   -2
k =
    5
s =
   10
```

可以看出，总循环次数为 5，第 i 次循环时循环变量的值为 $a(i)$，计算结果为行向量 a 各元素之和。

【例 6.6】 观察下列程序的运行结果。

```
data=[3  9  45  6;  7  16  -1  5]
k=0;
for n=data
```

```
        n              %显示每一次循环变量的值
        k=k+1;         %记录循环次数
        x=n(1)-n(2)
    end
    k                  %显示总的循环次数
```

运行结果为

```
    data =
         3     9    45     6
         7    16    -1     5
    n =
         3
         7
    x =
        -4
    n =
         9
        16
    x =
        -7
    n =
        45
        -1
    x =
        46
    n =
         6
         5
    x =
         1
    k =
         4
```

可以看出，总循环次数为 4，第 i 次循环时循环变量的值为 n(i,:)，程序的功能是求矩阵第一行与第二行对应元素之差。

【例 6.7】 请读者运行下列程序，并观察运行结果。

```
    data(:,:,1)=[3 9 45 6; 7 16 -1 5];
    data(:,:,2)=[1 2 3 4; 8 7 6 5];
    data               %显示三维数组 data
    k=0;
    for n=data
        n              %显示每一次循环变量的值
        k=k+1;         %记录循环次数
        x=n(1)-n(2)
    end
    k                  %显示总的循环次数
```

从例 6.4～例 6.6 的结果，大家可以看出，当循环变量为 $m_1 \times m_2 \times ... \times m_n$ 维数组 x 时，for 循环的总循环次数为 $m_2 \times ... \times m_n$，第 i 次循环时循环变量 n 的值为列向量 x($i,j,...,k$)，j、

k 分别为第 $2\sim n$ 维的下标，从 $1\sim m_2,\ldots,1\sim m_n$ 依次变化。

(3) for 循环可嵌套使用。

【例 6.8】 以 for 循环求 1！+2！+…+10！的值。

```
s=0;
for i=1:10
    p=1;
    for j=1:i
        p=p*j;
    end
    s=s+p;
end
s
```

运行结果为

```
s =
     4037913
```

(4) 当有一个等效的数组方法来解给定的问题时，应避免用 for 循环。

【例 6.9】 比较下面两段程序的执行情况。

(a) ```
for n=1:10
    x(n)=sin(n*pi/10);
end
x
```

(b) ```
n=1:10;
x=sin(n*pi/10)
```

两段程序的运行结果相同，均为

```
x =
  0.3090  0.5878  0.8090  0.9511  1.0000  0.9511  0.8090  0.5878  0.3090  0.0000
```

但后者执行更快，更直观、简便。

(5) 为了得到更快的速度，在 for 循环(while 循环)被执行之前，应预先分配数组。如例 6.9(a)，在 for 循环内每执行一次命令，变量 x 的大小增加 1，迫使 MATLAB 每进行一次循环都要花费时间对 x 分配更多的内存。为了省去这个步骤，可以在例 6.9(a)程序的首行加入：

```
x=zeros(1,10);    %为 x 分配内存单元
```

2. while 循环

for 循环的循环次数往往是固定的，而 while 循环可不定循环次数，其一般形式为

```
while 关系表达式
    语句
end
```

只要在表达式里的所有元素为真，就执行 while 和 end 语句之间的"语句"。通常，表达式的求值给出一个标量值，但数组值也同样有效。在数组情况下，所得到数组的所有元素必须都为真。

【例 6.10】 分析下列程序的功能。

```
num=0; EPS=1;
while (1+EPS)>1
    EPS=EPS/2;
    num=num+1;
end
num=num-1
EPS=2*EPS
```

运行结果为：

```
num =
    52
EPS =
   2.2204e-016
```

第 2 章介绍了 MATLAB 的特殊常量——容差变量 eps，当某量的绝对值小于 eps 时，可认为此量为零，PC 上此值为 2^{-52}。本例的功能就是计算 eps 的一种方法。这里我们用大写 EPS，以使 MATLAB 已经定义的 eps 值不会被覆盖掉。本例中，EPS 以 1 开始，只要 (1+EPS)>1 为真，就一直执行 while 循环体内的语句。由于 EPS 不断地被 2 除，EPS 逐渐变小，当它小于 2.2204e-016 被看成 0，从而使 EPS+1 不大于 1，于是 while 循环结束。因为循环条件是(1+EPS)>1 为假时才跳出循环，所以 EPS 应取使(1+EPS)>1 为假的前一次结果，因此最后的结果 num 要减 1，EPS 要与 2 相乘。

注意： for 循环的循环变量为 $m_1 \times m_2 \times ... \times m_n$ 维数组，循环次数在一开始就由数组确定为 $m_2 \times ... \times m_n$，所以在循环体内并不能通过改变循环控制变量的值终止循环；而 while 循环是先执行循环体内的语句，再判断循环的条件是否成立，在循环体内可以通过改变循环控制变量的值终止循环。for 循环和 while 循环的执行过程如图 6.3 所示。

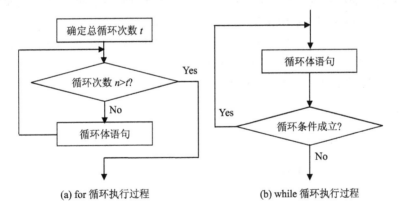

(a) for 循环执行过程　　　　(b) while 循环执行过程

图 6.3　for 循环和 while 循环的执行过程

6.2.2　选择结构

很多情况下，需要根据不同的条件执行不同的语句，在编程语言里，是通过选择结构实现的。MATLAB 的选择结构语句有 if 语句、switch 语句和 try 语句。

1. if 语句

if 语句的一般结构是

```
if  表达式
    语句 1
else
    语句 2
end
```

在这里，如果表达式为真，则执行语句 1；如果表达式为假，则执行语句 2。如果表达式为假时，不需要执行任何语句，则可以去掉 else 和语句 2。

以 if 语句可以实现 for 循环和 while 循环的合理跳出或中断。

【例 6.11】 以 for 循环求容差变量 EPS。

```
EPS=1;
for n=1:100
    EPS=EPS/2;
    if (1+EPS)<=1
        EPS=EPS*2
        break
    end
end
num = n-1
```

运行结果为

```
EPS =
   2.2204e-016
num =
    52
```

本例 for 循环的循环次数要足够大(大于 53)；if 语句检验 EPS 是否变得足够小，以至于可以看成是 0，如果是则使 EPS 乘 2，break 命令强迫跳出 for 循环，转到循环外的下一个语句。如果一个 break 语句出现在一个嵌套的 for 循环或 while 循环结构里，那么只跳出 break 所在的那个循环，不跳出整个嵌套循环。

if 语句可以嵌套使用，其结构形式为

```
if 表达式 1
        语句 1
    else
if 表达式 2
            语句 2
        else
            ⋮
if 表达式 n
                语句 n
            else
                语句 n+1
end
            end
        end
```

或采用下列结构形式：
```
if 表达式1
    语句1
elseif 表达式2
    语句2
    ⋮
elseif 表达式n
    语句n
else
    语句n+1
end
```

【例6.12】 试用 for 语句和 if 语句创建下列矩阵：

$$A = \begin{bmatrix} 5 & 1 & 0 & 0 & 0 \\ 1 & 5 & 1 & 0 & 0 \\ 0 & 1 & 5 & 1 & 0 \\ 0 & 0 & 1 & 5 & 1 \\ 0 & 0 & 0 & 1 & 5 \end{bmatrix}$$

```
    A=[ ];
for k=1:5
        for j=1:5
            if k==j
            A(k,k)=5;
        elseif abs(k-j)==1
            A(k,j)=1;
        else
            A(k,j)=0;
        end
    end
end
A
```

运行结果为

```
A =
    5    1    0    0    0
    1    5    1    0    0
    0    1    5    1    0
    0    0    1    5    1
    0    0    0    1    5
```

2. switch 语句

switch 语句的一般结构是

```
switch 表达式
    case 表达式1
        语句1
    case 表达式2
        语句2
```

```
      ......
          case 表达式 n
              语句 n
          otherwise
              语句 n+1
      end
```

当表达式的值等于表达式 1 的值时，执行语句 1；当表达式的值等于表达式 2 的值时，执行语句 2；…；当表达式的值等于表达式 n 的值时，执行语句 n；当表达式的值不等于任何 case 后面所列的表达式时，执行语句 n+1。当任何一个分支语句执行完后，都直接转到 end 语句的下一条语句。

【例 6.13】 试用 switch 语句完成卷面成绩 score 的转换：

(1) score ≥90 分，优；(2) 90＞score ≥80 分，良；(3) 80＞score ≥70 分，中；(4) 70＞score ≥60 分，及格；(5) 60＜score，不及格。

```
score=input('请输入卷面成绩：score=');
switch fix(score/10)
    case 9
        grade='优'
    case 8
        grade='良'
    case 7
        grade='中'
    case 6
        grade='及格'
    otherwise
        grade='不及格'
end
```

运行结果为

```
        请输入卷面成绩：score=87
 grade =
 良
```

3. try 语句

try 语句是 MATLAB 特有的语句，其一般结构是

```
try
    语句 1
catch
    语句 2
end
```

它先试探性地执行语句 1，如果出错，则将错误信息存入系统保留变量 lasterr 中，然后再执行语句 2；如果不出错，则转向执行 end 后面的语句。此语句可以提高程序的容错能力，增加编程的灵活性。

【例 6.14】 已知某图像文件名为 pic，但不知其存储格式为.bmp 还是.jpg，试编程正确读取该图像文件。

```
    try
      picture=imread('pic.bmp','bmp');
      filename='pic.bmp';
    catch
      picture=imread('pic.jpg','jpg');
      filename='pic.jpg';
    end
    filename
```

运行结果为

```
    filename =
    pic.jpg
```

如果显示系统保留变量 lasterr，其结果为

```
        ans =
    Error using ==> imread
    File "pic.bmp" does not exist.
```

6.2.3 程序流的控制

在上面讨论的程序结构控制中，曾经用到 break、return 等之类的语句，这类语句同样可以影响程序的流程，称为程序流控制语句。

1. break 语句

终止本层 for 或 while 循环，跳转到本层循环结束语句 end 的下一条语句。

2. return 语句

终止被调用函数的运行，返回到调用函数。

3. pause 语句

其调用格式有

(1) pause：暂停程序运行，按任意键继续。
(2) pause(n)：程序暂停运行 n 秒后继续。
(3) pause on/off：允许/禁止其后的程序暂停。

4. continue 语句

在 for 循环或 while 循环中遇到该语句，将跳过其后的循环体语句，进行下一次循环。

6.3 数据的输入与输出

在程序设计中，免不了进行数据的输入与输出，以及与其他外部程序进行数据交换。下面对 MATLAB 常用的数据输入与输出方法进行介绍。

6.3.1 键盘输入语句(input)

其调用格式有

(1) x = input('prompt')：显示提示字符串'prompt'，要求用户键盘输入 x 的值。

(2) x = input('prompt','s')：显示提示字符串'prompt'，要求用户键盘输入字符型变量 x 的值，不至于将输入的数字看成是数值型数据。

6.3.2 屏幕输出语句(disp)

屏幕输出最简单的方法是直接写出欲输出的变量或数组名，后面不加分号。此外，可以采用 disp 语句，其调用格式为 disp(x)。

6.3.3 M 数据文件的存储/加载(save / load)

1. save 语句

其调用格式有
(1) save：将所有工作空间变量存储在名为 MATLAB.mat 的文件中。
(2) save filename：将所有工作空间变量存储在名为 filename 的文件中。
(3) save filename X Y Z：将工作空间的指定变量 X、Y、Z 存于名为 filename 的文件中。

2. load 语句

其调用格式有
(1) load：如果 MATLAB.mat 文件存在，则加载 MATLAB.mat 文件中存储的所有变量到工作空间；否则返回一错误信息。
(2) load filename：如果 filename 文件存在，则加载 filename 文件中存储的所有变量到工作空间；否则返回一错误信息。
(3) load filename X Y Z：如果 filename 文件及存储的变量 X、Y、Z 存在，则加载 filename 文件中存储的变量 X、Y、Z 到工作空间；否则返回一错误信息。

6.3.4 格式化文本文件的存储/读取(fprintf / fscanf)

1. fprintf 语句

其调用格式为 count = fprintf(fid,format,A,...)，它将用 format 定义的格式化文本文件写入以 fopen 打开的文件(打开文件标识符为文件句柄 fid)，返回值 count 为写入文件的字节数。

2. fscanf 语句

其调用格式有
(1) A = fscanf(fid,format)：读取以 fid 指定的文件数据，并将它转换为 format 定义的格式化文本，然后赋给变量 A。
(2) [A,count] = fscanf(fid,format,size)：读取以 fid 指定的文件数据，读取的数据限定为 size 字节，并将它转换为 format 定义的格式化文本，然后赋给变量 A；同时返回有效读取数据的字节数 count。

6.3.5 二进制数据文件的存储/读取(fwrite/ fread)

1. fwrite 语句

其调用格式为 count = fwrite(fid,A,precision)，它将用 precision 指定的精度，将数组 A 的元素写入以 fid 指定的文件，返回值 count 为成功写入文件的元素数。

2. fread 语句

其调用格式为[A,count] = fread(fid,size,precision)，读取以 fid 指定的文件中的数组元素，并转换为 precision 指定的精度，赋给数组 A。返回值 count 为成功读取数组的元素数。

6.3.6 数据文件行存储/读取(fgetl / fgets)

1. fgetl 语句

其调用格式为 tline = fgetl(fid)，读取以 fid 指定的文件中的下一行数据，不包括回车符。

2. fgets 语句

其调用格式有

(1) tline = fgets(fid)：读取以 fid 指定的文件中的下一行数据，包括回车符。

(2) tline = fgets(fid,nchar)：读取以 fid 指定的文件中的下一行数据，最多读取 nchar 个字符，如果遇到回车符则不再读取数据。

6.4 MATLAB 文件操作

在 6.3 节已经用到一些文件操作命令，常用的文件操作函数列于表 6-1 中。本节仅对文件打开和关闭命令进行介绍，其他命令请读者自行查阅 MATLAB 帮助或参阅其他书籍。

表 6-1 常用的文件操作函数

类　　别	函　　数	说　　明
文件打开和关闭	fopen	打开文件，成功则返回非负值
	fclose	关闭文件，可用参数'all'关闭所有文件
二进制文件	fread	读文件，可控制读入类型和读入长度
	fwrite	写文件
格式化文本文件	fscanf	读文件，与 C 语言中的 fscanf 相似
	fprintf	写文件，与 C 语言中的 fprintf 相似
	fgetl	读入下一行，忽略回车符
	fgets	读入下一行，保留回车符
文件定位	ferror	查询文件的错误状态
	feof	检验是否到文件结尾
	fseek	移动位置指针
	ftell	返回当前位置指针
	frewind	把位置指针指向文件头
临时文件	tempdir	返回系统存放临时文件的目录
	tempname	返回一个临时文件名

1. fopen 语句

其常用格式有

(1) fid = fopen(filename)：以只读方式打开名为 filename 的二进制文件，如果文件可以正常打开，则获得一个文件句柄号 fid；否则 fid =-1。

(2) fid = fopen(filename,permission)：以 permission 指定的方式打开名为 filename 的二进制文件或文本文件，如果文件可以正常打开，则获得一个文件句柄号 fid(非 0 整数)；否则 fid =-1。

参数 permission 的设置见表 6-2。

表 6-2 参数 permission 的设置

permission	功　能
'r'	以只读方式打开文件，默认值
'w'	以写入方式打开或新建文件，如果是存有数据的文件，则删除其中的数据，从文件的开头写入数据
'a'	以写入方式打开或新建文件，从文件的最后追加数据
'r+'	以读/写方式打开文件
'w+'	以读/写方式打开或新建文件，如果是存有数据的文件，写入时则删除其中的数据，从文件的开头写入数据
'a+'	以读/写方式打开或新建文件，写入时从文件的最后追加数据
'A'	以写入方式打开或新建文件，从文件的最后追加数据。在写入过程中不会自动刷新当前输出缓冲区，是为磁带驱动器的写入设计的参数
'W'	以写入方式打开或新建文件，如果是存有数据的文件，则删除其中的数据，从文件的开头写入数据。在写入过程中不会自动刷新当前输出缓冲区，是为磁带驱动器的写入设计的参数

2. fclose 语句

其调用格式有

(1) status = fclose(fid)：关闭句柄号 fid 指定的文件。如果 fid 是已经打开的文件句柄号，成功关闭，status =0；否则 status = -1。

(2) status = fclose('all')：关闭所有文件(标准的输入/输出和错误信息文件除外)。成功关闭，status =0；否则 status = -1。

【例 6.15】 编写函数，统计 M 文件中源代码的行数(注释行和空白行不计算在内)。

```
function y = lenm(sfile)
% lenm count the code lines of a M-file,
%   not include the comments and blank lines
s=deblank(sfile);        %删除文件名 sfile 中的尾部空格
if length(s)<2|| (length(s)>2&&any(lower(s(end-1:end))~='.m'))
    s=[s,'.m'];          %判断有无扩展名.m，若没有，则加上
end
if exist(s,'file')~=2;error([s,' not exist']);return;end
                         %判断指定的 m 文件是否存在；若不存在，则显示错误信息，并返回
```

```
fid=fopen(s,'r');count=0;              %打开指定的m文件
while ~feof(fid);
    line=fgetl(fid);                   %逐行读取文件的数据
    if isempty(line)||strncmp(deblanks(line),'%',1);
                                       %判断是否为空白行或注释行
        continue;                      %若是空白行或注释行则执行下一次循环
    end
    count=count+1;                     %记录源代码的行数
end
y=count;

function st=deblanks(s);               %删除字符串中的首尾空格的函数
st=fliplr(deblank(fliplr(deblank(s))));
```

以 lenm.m 为例，调用并验证该函数。

```
>> sfile='lenm';
>> y = lenm(sfile)
y =
    17
```

6.5 面向对象编程

面向对象的程序设计(Object-Oriented Programming，OOP)是一种运用对象(Object)、类(Class)、封装(Encapsulation)、继承(Inherit)、多态(Polymorphism)和消息(Message)等概念来构造、测试、重构软件的方法，它使得复杂的工作条理清晰、编写容易。限于篇幅，本书不打算过多阐述以上基本概念，读者可以在很多地方查阅到相关的资料，本书主要以 MATLAB 中面向对象进行程序设计的实例进行说明。

6.5.1 面向对象程序设计的基本方法

在 MATLAB 中，面向对象的程序设计，包括以下基本内容。

1. 创建类目录

创建一个新类，首先应该为其创建一个类目录。类目录名的命名规则是：
(1) 必须以@为前导；
(2) @后面紧接待创建类的名称；
(3) 类目录必须为 MATLAB 搜索路径某目录下的子目录，但其本身不能为 MATLAB 搜索路径目录。例如创建一个名为 curve 的新类，类目录设在 c:\my_classes 目录下，即 c:\my_classes\@curve，则可以通过 addpath 命令将类目录增加到 MATLAB 的搜索路径中：

addpath c:\my_classes;

2. 建立类的数据结构

在 MATLAB 中，常用结构数组建立新类的数据结构，以存储具体对象的各种数据。结构数组的域及其操作只在类的方法(Methods)中可见，数据结构是否合理直接影响到程序设计的性能。

3. 创建类的基本方法

为了使类的特性在 MATLAB 环境中稳定而符合逻辑，在创建一个新类时，应该尽量使用 MATLAB 类的标准方法。MATLAB 类的基本方法列于表 6-3 中，不是所有的方法在创建一个新类时都要采用，应视创建类的目的选用，但其中对象构造方法和显示方法通常是需采用的。

表 6-3 MATLAB 类的基本方法

类方法	功能
class constructor	类构造器，以创建类的对象
display	随时显示对象的内容
set / get	设置/获取对象的属性方法
subsref / subsasgn	使用户对象可以被编入索引目录，分配索引号
end	支持在使用对象的索引表达式中结束句法。例如：A(1:end)
subsindex	支持在索引表达式中使用对象
converters	将对象转换尾 MATLAB 数据类型的方法，例如：double、char

(1) 创建对象构造函数。在 MATLAB 中，没有所谓"类说明"语句，必须创建对象构造函数(class constructor)来创建一个新类。

在编写对象构造函数时应注意以下几点：
① 构造函数名必须与待创建的类同名；
② 构造函数必须位于相应的类目录下，即以@为前导的目录下；
③ 在无输入、相同类输入、不同类输入的情况下，都可以产生合理的新对象输出；
④ 所产生的类都挂上类标签(class tag)；
⑤ 确定类的优先级；
⑥ 定义类的继承性。

(2) 创建显示函数。在 MATLAB 中，不同类的显示函数名都为 display，被重载(overloaded)在不同的类目录下。不同类的显示函数虽然同名，但其内容却不尽相同。在创建一个新类时，往往不能够使用其他类的显示方法，所以必须创建相应的显示函数。

在编写显示函数时应遵循 MATLAB 的显示规则，即：若一个语句的结尾不加分号，则在屏幕上自动显示该语句产生的变量。

(3) 创建转换函数。类与类之间的对象，在一定条件下可以进行转换，如第 5 章介绍的符号对象，可以通过 char 转换为字符串。如果新建的类与其他类之间可以进行有意义的转换，则可以创建相应的转换函数来实现。

4. 重载运算

如果新建的类存在形式相同而实质不同的运算操作(如数值"加"和逻辑"加"，同使用加号"+"的情况)，由于相同的运算符对于不同的类具有不同的操作，需要重载运算符，即以相同的运算符名字创建两个函数文件，指明运算符的不同功能，分别存在不同的类目录下。

5. 面向对象的函数

在 MATLAB 面向对象的程序设计中，常用的有关面向对象的函数见表 6-4。

表 6-4 面向对象的函数

函　　数	功　　能
class(object)	返回对象 object 的类名
class(object,class, parent1, parent2,...)	返回 object 为 class 的变量。如果返回的对象要有继承属性，则应给定参数 parent1,parent2,...
isa(object,class)	如果 object 是 class 类型，则返回 1；否则返回 0
isobject(x)	如果 x 是一个对象，则返回 1；否则返回 0
superiorto(class1, class2,...)	当调用方法时，控制优先权的次序。如果要将一个类定义成 superiorto，首先就用这种方法
inferiorto(class1,class2,...)	当调用方法时，控制优先权的次序。如果要将一个类定义成 inferiorto，最好用这种方法
methods class	返回类 class 定义的方法名字

6.5.2 面向对象的程序设计实例

【例 6.16】 创建一个名为 curve 的对象。

(1) 首先创建一个类目录@curve，放在 c:\my_classes 目录下，即 c:\my_classes\@curve，通过 addpath 命令将类目录增加到 MATLAB 的搜索路径中：

```
addpath c:\my_classes;
```

(2) 创建对象构造函数。具体如下：

```
function c=curve(a)
                        %curve 类的对象构造函数
                        %c = curve 创建并初始化一个 curve 对象
                        %参数 a 为 1×2 的细胞数组，a{1}为函数名，a{2}为函数描述
                        %函数必须和 fplot 要求的形式相同，即 y = f(x)，参见 fplot
                        % 如果没有传递参数，则返回包含 x 轴的一个对象
  if nargin==0          %在此情况下为默认的构造函数
    c.fcn='';
    c.descr='';
    c=class(c,'curve'); %返回一个不能对类方法访问的空结构 curve 对象
  elseif isa(a, 'curve')
    c=a;                %如果传递的参数是一个 curve 对象，则返回该对象的副本
  elseif (ischar(a{1}) & ischar(a{2}))
    c.fcn=a{1};
    c.descr=a{2};
    c=class(c, 'curve'); %返回一个 curve 对象
  else
    disp('Curve class error #1: Invalid argument.')
                        %如果传递的参数是错误类型，则将给出错误信息
  end
```

(3) 创建对象的 plot1 方法。

为了画出 curve 对象的曲线，创建 plot 方法如下：

```
function p=plot1(c, limits)
            % curve.plot1 在 limits 指定的区域中画出对象 curve 的图形
            % limits 为 x 轴的坐标范围([xmin xmax]),
            % 或 x、y 轴的坐标范围([xmin xmax ymin ymax]).
step=(limits(2)-limits(1))/40;
x=limits(1):step:limits(2);
            % 画出函数图形
fplot(c.fcn,limits);
title(c.descr);
```

执行下列命令：

```
>> parabola=curve({'x*x'  '抛物线'})
parabola =
   curve object: 1-by-1
>> plot1(parabola,[-2 2]);
```

画出如图 6.4 所示曲线。

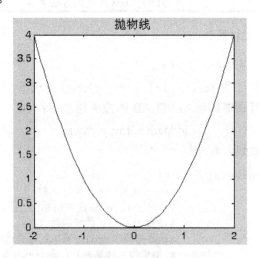

图 6.4 方法 plot 1 绘出的曲线图形

(4) 重载运算符。

为了实现两个 curve 类的对象相加后，可以在目录@curve 下创建一个 M 文件来重载加法运算符。

```
function ctot=plus(c1,c2)
% 将曲线 c1 和 c2 相加
fcn = strcat(c1.fcn,'+',c2.fcn);
description=strcat(c1.descr,'plus',c2.descr);
ctot=curve({fcn description});
```

执行下列命令：

```
>> parabola=curve({'x*x'  '抛物线'})
parabola =
```

```
      curve object: 1-by-1
>> sinwave=curve({'sin(x)'  '正弦波'})
sinwave =
      curve object: 1-by-1
>> ctot=plus(parabola,sinwave)   %或 ctot = parabola+sinwave
ctot =
      curve object: 1-by-1
>> plot1(ctot,[-2 2]);
```

画出如图 6.5 所示的抛物线与正弦波相加的曲线。

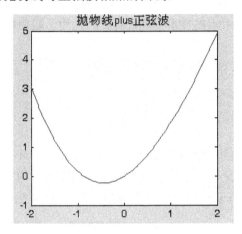

图 6.5 重载加法运算符 plus 的运算结果

(5) 创建显示函数。

为了像其他类一样显示 curve 类的对象，需要在@curve 目录下重载显示函数 display。如何创建显示函数，以及 MATLAB 中的类的继承属性等内容，限于篇幅，本书不再赘述，请读者自行参阅有关参考书。

6.6 MATLAB 程序优化

为了提高 MATLAB 程序的执行速度和性能，可以从以下几个方面考虑：

(1) 预先声明数组空间。这样 MATLAB 就不必在每次输出结果时都重新调整数组的大小。此外，预先声明大型数组的空间也有利于减少内存碎片。

预先声明非 double 型数组时应优先使用 repmat 函数。例如预先声明一个 8 位整型数组 A 时，语句 A＝repmat (int8(0),5000,5000)要比 A＝int8zeros(5000,5000))快 25 倍左右，且更节省内存。因为前者中的双精度 0 仅需一次转换，然后直接申请 8 位整型内存；而后者不但需要为 zeros(5000,5000))申请 double 型内存空间，而且还需要对每个元素都执行一次类型转换。

(2) 代码向量化。向量化主要是指用向量操作代替传统的循环语句，作为面向矩阵运算的语言，MATLAB 对向量和矩阵的操作都进行了大量的专门优化，因此利用向量化技术通常可加快程序的执行。

(3) 在 if、while 和 switch 等语句中使用产生标量结果的条件表达式，可以加快判断语

(4) 输入/输出数据时尽量使用函数 load 和 save，它们比低级 I/O 文件函数快。

(5) 把程序中耗时的部分单独用 C 语言或 Fortranc 语言写成 MEX 文件，通常能提高运行速度。但同时也要注意 MATLAB 调用这类函数时的开销，也许 MEX 文件本身执行很快，但是调用时附加的额外处理反而使整个程序的执行变慢。

(6) MATLAB 7.0 集成开发环境是用 JVM 实现的。可以启动不带集成环境的 MATLAB(执行 MATLAB-nojvm 命令启动)以增加程序执行时的可用内存。

(7) 在程序中随时清除不再使用的大数组以释放内存，例如 clear A 或 A=[]。

(8) 由于 MATLAB 采用堆栈技术管理内存，因此为了避免内存碎片，可在程序中多次调用函数 Pack。

(9) 利用代码剖析工具 profile 全面优化程序设计。

6.7 程序调试

MATLAB 提供了一系列程序调试命令，利用这些命令，可以在调试过程中设置、清除和列出断点，逐行运行 M 文件，在不同的工作区检查变量，用来跟踪和控制程序的运行，帮助寻找和发现错误。所有的程序调试命令都是以字母 db 开头的，如表 6-5 所示。

表 6-5 程序调试命令

命 令	功 能
dbstop in fname	在 M 文件 fname 的第一可执行程序上设置断点
dbstop at r in fname	在 M 文件 fname 的第 r 行程序上设置断点
dbstop if v	当遇到条件 v 时，停止运行程序。当发生错误时，条件 v 可以是 error，当发生 NaN 或 inf 时，也可以是 naninf/infnan
dstop if warning	如果有警告，则停止运行程序
dbclear at r in fname	清除文件 fname 的第 r 行处断点
dbclear all in fname	清除文件 fname 中的所有断点
dbclear all	清除所有 M 文件中的所有断点
dbclear in fname	清除文件 fname 第一可执行程序上的所有断点
dbclear if v	清除第 v 行由 dbstop if v 设置的断点
dbstatus fname	在文件 fname 中列出所有的断点
Mdbstatus	显示存放在 dbstatus 中用分号隔开的行数信息
dbstep	运行 M 文件的下一行程序
dbstep n	执行下 n 行程序，然后停止
dbstep in	在下一个调用函数的第一可执行程序处停止运行
dbcont	执行所有行程序直至遇到下一个断点或到达文件尾
dbquit	退出调试模式

进行程序调试，要调用带有一个断点的函数。当 MATLAB 进入调试模式时，提示符为 K>>。最重要的区别在于现在能访问函数的局部变量，但不能访问 MATLAB 工作区中的变量。具体的调试技术，请读者在调试程序的过程中逐渐体会。

6.8 小　　结

MATLAB 为用户提供了非常方便易懂的程序设计方法，类似于其他的高级语言编程。本章侧重于 MATLAB 中最基础的程序设计，分别介绍了 M 文件、程序控制结构、数据的输入与输出、面向对象编程、程序优化及程序调试等内容。

6.9 习　　题

1. 简述使用 M 文件与在 MATLAB 命令窗口中直接输入命令有何异同？有何优缺点？
2. 简述脚本形式的 M 文件与函数形式的 M 文件的异同。
3. 编写一个函数 project1.m，其功能是判断某一年是否为闰年。
4. 编制一个函数，使得该函数能对输入的两个数值进行比较并返回其中的最小值。
5. 试计算以下循环语句操作的步数。

(1) for i=-1000:1000

(2) for j=1:2:20

6. 观察以下循环语句，计算每个循环的循环次数和循环结束之后 var 的值。

(1) var=1;
```
while mod(var,10)~=0
    var=var+1
end
```

(2) var=2;
```
while var<=100
    var=var^2;
end
```

(3) var=3;
```
while var>100
    var=var^2;
end
```

7. 假设有一整数矩阵 A，请编制一个函数，将此整数矩阵以 ASCII 码的整数方式储存在文件之中。例如当矩阵 A 的内容如表 6-6 所示。

表 6-6 矩阵的内容

1	2	3
4	5	6

则储存于文件的内容为

```
1  2  3
4  5  6
```

8. 先将 A=magic(10)的数据以 uint8 的数据类型存入一个二进制文件 mytest.bin 中，执行命令 fwrite；再执行命令 fread 将此魔方阵读至工作空间的一个变量。

第 7 章 MATLAB 数据可视化

教学提示：完备的图形功能使计算结果可视化，是 MATLAB 的重要特点之一。用图表和图形来表示数据的技术称为数据可视化。本章重点讲述二维、三维图形的绘制和修饰，在此基础上介绍一元函数和二元函数的可视化，还介绍图像的类型和显示及图像的读写。

教学要求：本章要求学生重点掌握绘制和修饰二维和三维图形的命令，了解图像的基本类型和图像的显示与读写命令，掌握一元函数和二元函数的绘图方法。

7.1 二 维 图 形

MATLAB 不但擅长与矩阵相关的数值运算，而且还提供了许多在二维和三维空间内显示可视信息的函数，利用这些函数可以绘制出所需的图形；MATLAB 提供了丰富的修饰方法，合理地使用这些方法，使我们绘制的图形更为美观、精确。

MATLAB 将构成图形的各个基本要素称为图形对象。这些对象包括计算机屏幕、图形窗口、用户菜单、坐标轴、用户控件、曲线、曲面、文字、图像、光源、区域块和方框。系统将每一个对象按树形结构组织起来，如图 7.1 所示。

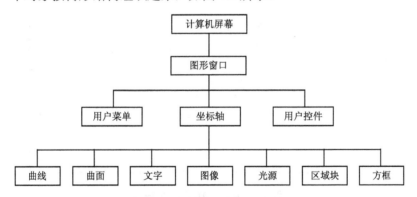

图 7.1 MATLAB 图形对象的树形结构

在 MATLAB 中，每个具体的图形都是由若干个不同的图形对象组成，计算机屏幕是产生其他对象的基础，称为根对象，它包括一个或多个图形窗口对象。每个具体的图形必须有计算机屏幕和图形窗口对象。一个图形窗口对象有 3 种不同类型的子对象，其中的坐标轴又有 7 种不同类型的子对象。MATLAB 在创建每一个图形对象时，都为该对象分配了唯一值，称为图形对象句柄。句柄是图形对象的唯一标识符，不同图形对象的句柄是不可能重复和混淆的。改变句柄就可以改变图形对象的属性，从而对具体图形进行编辑，以满足实际需要。

本节介绍 MATLAB 基本绘图命令，包括二维曲线的绘制、曲线的修饰和标注、坐标轴的限制和标注等。

7.1.1 MATLAB 的图形窗口

1. 创建图形窗口

在 MATLAB 中，绘制的图形被直接输出到一个新的窗口中，这个窗口和命令行窗口是相互独立的，被称为图形窗口。如果当前不存在图形窗口，MATLAB 的绘图函数会自动建立一个新的图形窗口；如果已存在一个图形窗口，MATLAB 的绘图函数就会在这个窗口中进行绘图操作；如果已存在多个图形窗口，MATLAB 的绘图函数就会在当前窗口中进行绘图操作(当前窗口通常是指最后一个使用的图形窗口)。

在 MATLAB 中使用函数 figure 来建立图形窗口，该函数最简单的调用方式为

figure

这样就建立了一个如图 7.2 所示的图形窗口。

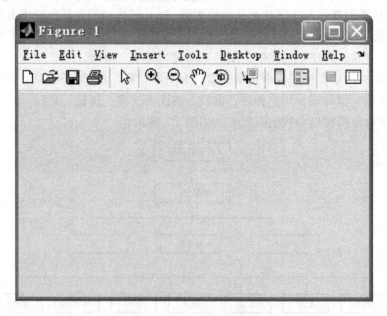

图 7.2　MATLAB 的图形窗口

使用"图形编辑工具条"可以对图形进行编辑和修改，也可以用鼠标选中图形中的对象，右击，可弹出快捷菜单，通过选择菜单项实现对图形的操作。

函数 figure 其他调用方式有

(1) figure('PropertyName',PropertyValue,...)：以指定的属性值，创建一个新的图形窗口，其中 PropertyName 为属性名，PropertyValue 为属性值。未指定的属性，取默认值。

(2) figure(h)：如果 h 已经是图形句柄，则将它代表的图形窗口置为当前窗口；如果 h 不是图形句柄，但为一正整数，则创建一个图形句柄为 h 的新的图形窗口。

(3) h = figure(...) ：调用函数 figure 时，同时返回图形对象的句柄。

2. 关闭与清除图形窗口

执行 close 命令可关闭图形窗口,其调用方式有
(1) close:关闭当前图形窗口,等效于 close(gcf)。
(2) close(h):关闭图形句柄 h 指定的图形窗口。
(3) close name:关闭图形窗口名 name 指定的图形窗口。
(4) close all:关闭除隐含图形句柄的所有图形窗口。
(5) close all hidden:关闭包括隐含图形句柄在内的所有图形窗口。
(6) status = close(...):调用 close 函数正常关闭图形窗口时,返回 1;否则返回 0。

清除当前图形窗口中使用如下命令:
(1) clf:清除当前图形窗口所有可见的图形对象;
(2) clf reset:清除当前图形窗口所有可见的图形对象,并将窗口的属性设置为默认值(Units、PaperPosition 和 PaperUnits 属性除外)。

7.1.2 基本二维图形绘制

在 MATLAB 中,主要的二维绘图函数如下:
(1) plot:x 轴和 y 轴均为线性刻度。
(2) loglog:x 轴和 y 轴均为对数刻度。
(3) semilogx:x 轴为对数刻度,y 轴为线性刻度。
(4) semilogy:x 轴为线性刻度,y 轴为对数刻度。
(5) plotyy: 绘制双纵坐标图形。

其中 plot 是最基本的二维绘图函数,其调用格式有

① plot(Y):若 Y 为实向量,则以该向量元素的下标为横坐标,以 Y 的各元素值为纵坐标,绘制二维曲线;若 Y 为复数向量,则等效于 plot(real(Y),imag(Y));若 Y 为实矩阵,则按列绘制每列元素值相对其下标的二维曲线,曲线的条数等于 Y 的列数;若 Y 为复数矩阵,则按列分别以元素实部和虚部为横、纵坐标绘制多条二维曲线。

② plot(X,Y):若 X、Y 为长度相等的向量,则绘制以 X 和 Y 为横、纵坐标的二维曲线;若 X 为向量,Y 是有一维与 Y 同维的矩阵,则以 X 为横坐标绘制出多条不同色彩的曲线,曲线的条数与 Y 的另一维相同;若 X、Y 为同维矩阵,则绘制以 X 和 Y 对应的列元素为横、纵坐标的多条二维曲线,曲线的条数与矩阵的列数相同。

③ plot(X1,Y1,X2,Y2,…Xn,Yn):其中的每一对参数 Xi 和 Yi(i=1,2,...,n)的取值和所绘图形与②中相同。

④ plot(X1,Y1,LineSpec,...):以 LineSpec 指定的属性,绘制所有 Xn、Yn 对应的曲线。

⑤ plot(...,'PropertyName',PropertyValue,...):对于由 plot 绘制的所有曲线,按照设置的属性值进行绘制,PropertyName 为属性名,PropertyValue 为对应的属性值。

⑥ h = plot(...):调用函数 plot 时,同时返回每条曲线的图形句柄 h(列向量)。

【例 7.1】 用函数 plot 画出 $\sin(x^2)$ 在 $x \in [0, 5]$ 之间的图形。

```
x=0:0.05:5;          % x 坐标从 0 到 5
y=sin(x.^2);         % 对应的 y 坐标
plot(x,y);           % 绘制图形
```

输出图形如图 7.3 所示。

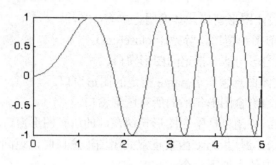

图 7.3　二维曲线

【例 7.2】　用 plot 函数绘制多条曲线。

```
x=0:0.05:5;           % x 坐标从 0 到 5
y1=0.2*x-0.8;         % y1 坐标
y2=sin(x.^2);         % y2 坐标
figure                % 建立图形窗口
plot(x,y1,x,y2);      % 绘制图形
```

输出图形如图 7.4 所示。

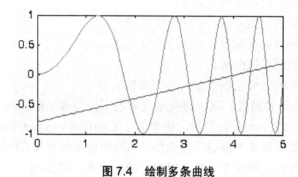

图 7.4　绘制多条曲线

【例 7.3】　输入参数为矩阵时，用函数 plot 绘图。

```
x=0:pi/180:2*pi;      % 产生向量 x
y1=sin(x);            % 产生向量 y1
y2=sin(2*x);          % 产生向量 y2
y3=sin(3*x);          % 产生向量 y3
X=[x; x; x]';         % 矩阵 X
Y=[y1; y2; y3]';      % 矩阵 Y
plot(X,Y,x,cos(x))    % 画 4 条曲线 :x~sin(x),x~sin(2x),x~sin(3x) 以及
x~cos(x)
```

输出图形如图 7.5 所示。

函数 loglog、函数 semilogx 以及函数 semilogy 的调用方式与函数 plot 相同。

函数 plotyy 可以绘制两条具有不同纵坐标的曲线，调用格式为

$$plotyy(x1,y1,x2,y2)$$

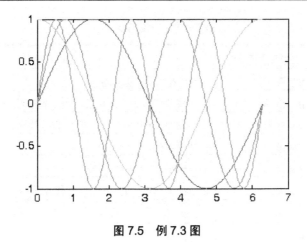

图 7.5　例 7.3 图

x1、y1 对应一条曲线，x2、y2 对应另一条曲线，两条曲线的横坐标相同，纵坐标有两个，图中左边纵坐标用于 x1、y1 数据对，右边纵坐标用于 x2、y2 数据对。

【例 7.4】　用不同标度在同一坐标内绘制曲线 $y1 = e^{-0.3x}\cos(2x)$ 及曲线 $y2 = 10e^{-1.5x}$。

```
x=0:pi/180:2*pi;
y1=exp(-0.3*x).*cos(2*x);y2=10*exp(-1.5*x);
plotyy(x,y1,x,y2)
```

输出图形如图 7.6 所示。

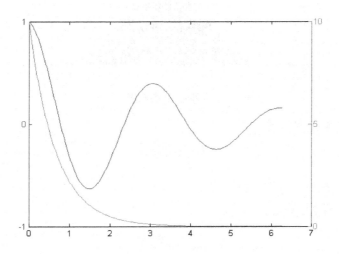

图 7.6　具有不同纵坐标的图形

7.1.3　其他类型的二维图

在 MATLAB 中，还有其他绘图函数，可以绘制不同类型的二维图形，以满足不同的要求，表 7-1 列出了这些绘图函数。

表 7-1 其他绘图函数

函　　数	二维图的形状	备　　注
bar(x,y)	条形图	x 是横坐标，y 是纵坐标
fplot(y,[a b])	精确绘图	y 代表某个函数，[a b]表示需要精确绘图的范围
polar(θ,r)	极坐标图	θ 是角度，r 代表以 θ 为变量的函数
stairs(x,y)	阶梯图	x 是横坐标，y 是纵坐标
stem(x,y)	针状图	x 是横坐标，y 是纵坐标
fill(x,y,'b')	实心图	x 是横坐标，y 是纵坐标,'b'代表颜色
scatter(x,y,s,c)	散点图	s 是圆圈标记点的面积，c 是标记点颜色
pie(x)	饼图	x 为向量

【例 7.5】 画条形图示例。

```
x = -2.9:0.2:2.9;
bar(x,exp(-x.*x));
```

输出图形如图 7.7 所示。

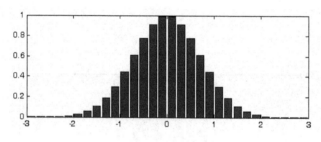

图 7.7 条形图

【例 7.6】 画极坐标图示例。

```
t=0:.01:2*pi;          %极坐标的角度.
figure
polar(t,abs(cos(2*t)));
```

输出图形如图 7.8 所示。

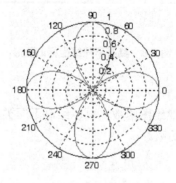

图 7.8 极坐标图

【例 7.7】 画针状图示例。

```
x = 0:0.1:4;
y = (x.^0.8).*exp(-x);
stem(x,y)
```

输出图形如图 7.9 所示。

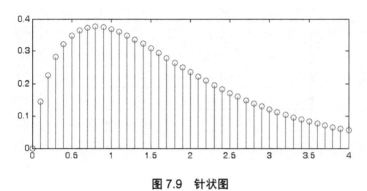

图 7.9 针状图

【例 7.8】 画阶梯图示例。

```
x=0:0.25:10;
figure
stairs(x,sin(2*x)+sin(x));
```

输出图形如图 7.10 所示。

【例 7.9】 画饼图示例。

```
x=[43,78,88,43,21];
pie(x)
```

输出图形如图 7.11 所示。

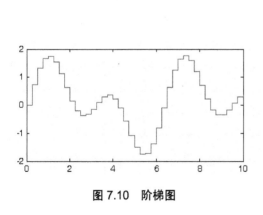

图 7.10 阶梯图

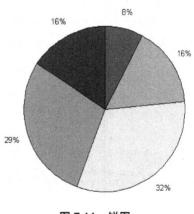

图 7.11 饼图

7.1.4 色彩和线型

在 MATLAB 中为区别画在同一窗口中的多条曲线，可以改变曲线的颜色和线型等图形属性，plot 函数可以接受字符串输入变量，这些字符串输入变量用来指定不同的颜色、线型和标记符号(各数据点上的显示符号)。表 7-2 列出了常用的颜色、线型和标记符号。

表 7-2 plot 绘图函数的常用参数

颜色参数	颜色	线型参数	线型	标记符号	标记
y	黄	-	实线	.	圆点
b	蓝	:	点线	o	圆圈
g	绿	-.	点划线	+	加号
m	洋红	--	虚线	*	星号
w	白			x	叉号
c	青			'square' 或 s	方块
k	黑			'diamond' 或 d	菱形
r	红			^	朝上三角符号
				v	朝下三角符号
				<	朝左三角符号
				>	朝右三角符号
				p	五角星
				h	六角星

【例 7.10】 绘制两条不同颜色，不同线型的曲线。

```
x=0:0.2:8;
y1=0.2+sin(-2*x);          % 曲线 y1
y2=sin(x.^0.5);            % 曲线 y2
figure
    plot(x,y1,'g-+',x,y2,'r--d');   % 曲线 y1 采用绿色、实线、加号标记；曲线 y2
                                    % 采用红色、虚线、菱形标记。
```

输出图形如图 7.12 所示(由于非彩色印刷，所以颜色只能通过灰度进行区分)。

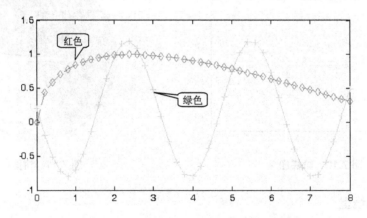

图 7.12 不同颜色、线型和标记的两条曲线

7.1.5 坐标轴及标注

MATLAB 在绘图时会根据数据的分布范围自动选择坐标轴的刻度范围，比如，在例 7.10 中的 x 在 0~8 之间取值，从图 7.12 可看到 x 轴的刻度自动限定在 0~8。

MATLAB 同时提供了函数 axis 指定坐标轴的刻度范围其调用格式为

$$axis([xmin,xmax,ymin,ymax])$$

函数中 xmin,xmax,ymin,ymax 分别表示 x 轴的起点、终点、y 轴的起点、终点。

例如，在例 7.10 中最后加上一句 axis([-0.5，5，-0.5，1.3])，画出的曲线如图 7.13 所示。

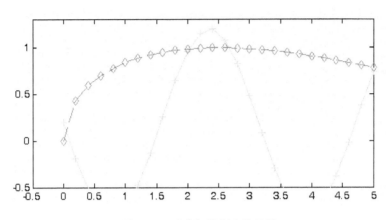

图 7.13 对坐标轴刻度的调整

MATLAB 还提供了一些图形的标注命令(见表 7-3)，通过这些标注命令可以对每个坐标轴单独进行标注，给图形放置文本注解，还可以加上网格线以确定曲线上某一点的坐标值，还可以用 hold on/off 实现保持原有图形或刷新原有图形。

表 7-3 常用图形标注命令

命　　令	功　　能
axis on/off	显示/取消坐标轴
xlabel('option')	x 轴加标注，option 表示任意选项
ylabel('option')	y 轴加标注
title('option')	图形加标题
legend('option')	图形加标注
grid on/off	显示/取消网格线
box on/off	给坐标加/不加边框线

【例 7.11】 图形标注示例。

```
x=0:0.05:5 ;
figure
y1=exp(0.4.^x)-1.5;y2=sin(x*4);
plot(x,y1,x,y2,'r-.')            %曲线 y2 用红色点画线表示
```

```
line([0,5],[0,0])                       %在(0,0)和(5,0)之间画直线,代替横坐标
xlabel('Input');ylabel('Output');       %x轴标注'Input', y轴标注'Output'
title('Two Function');                  %图形标题'Two Function'
legend('y1=exp(0.4.^x)-1.5','y2=sin(x*4)')   %注解图形
grid on                                 %显示网格线
```

输出图形如图 7.14 所示。

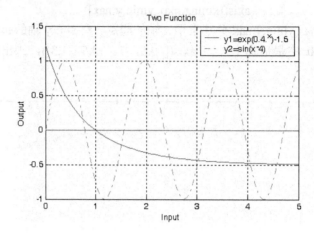

图 7.14　图形标注

7.1.6　子图

在一个图形窗口用函数 subplot 可以同时画出多个子图形,其调用格式主要有以下几种。

(1) subplot(m,n,p):将当前图形窗口分成 m×n 个子窗口,并在第 p 个子窗口建立当前坐标平面。子窗口按从左到右,从上到下的顺序编号,如图 7.15 所示。如果 p 为向量,则以向量表示的位置建立当前子窗口的坐标平面。

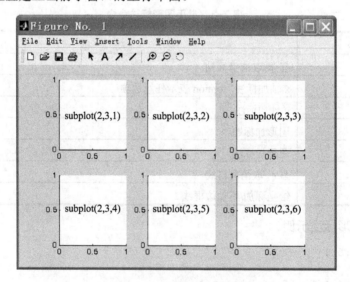

图 7.15　子图位置示意图

(2) subplot(m,n,p,'replace')：按(1)建立当前子窗口的坐标平面时，若指定位置已经建立了坐标平面，则以新建的坐标平面代替。

(3) subplot(h)：指定当前子图坐标平面的句柄 h，h 为按 mnp 排列的整数，如在图 7.15 所示的子图中 h=232，表示第 2 个子图坐标平面的句柄。

(4) subplot('Position',[left bottom width height])：在指定的位置建立当前子图坐标平面，它把当前图形窗口看成是 1.0×1.0 的平面，所以 left、bottom、width、height 分别在(0.0,1.0)的范围内取值，分别表示所创建当前子图坐标平面距离图形窗口左边、底边的长度，以及所建子图坐标平面的宽度和高度。

(5) h = subplot(...)：创建当前子图坐标平面时，同时返回其句柄。

值得注意的是：函数 subplot 只是创建子图坐标平面，在该坐标平面内绘制子图，仍然需要使用 plot 函数或其他绘图函数。

【例 7.12】 子图绘制示例。

```
x=linspace(0,2*pi,100);           %x 轴从 0~2π 取 100 点
subplot(2,2,1);plot(x,sin(x));    %视窗的第一行第一列画 sin(x)，
xlabel('x');ylabel('y'); title('sin(x)')  %x 轴加注解 x,y 轴加注解 y,加标题
                                  %sin(x)
subplot(2,2,2);plot(x,cos(x));
xlabel('x');ylabel('y'); title('cos(x)');
subplot(2,2,3);plot(x,exp(x));
xlabel('x');ylabel('y'); title('exp(x)');
subplot(2,2,4);plot(x,exp(-x));
xlabel('x');ylabel('y'); title('exp(-x)');
```

输出图形如图 7.16 所示。

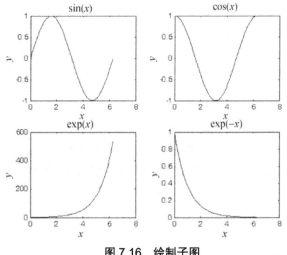

图 7.16　绘制子图

7.2　三　维　图　形

MATLAB 提供了多种函数来显示三维图形，这些函数可以在三维空间中画曲线，也可以画曲面，MATLAB 还提供了用颜色来代表第四维，即伪色彩。我们还可以通过改变视角

看三维图形的不同侧面。本节介绍三维图形的作图方法及其修饰。

7.2.1 三维曲线图

用函数 plot3 可以绘制三维图形，其调用格式主要有以下几种：

(1) plot3(X1,Y1,Z1,…)：X1、Y1、Z1 为向量或矩阵，表示图形的三维坐标。该函数可以在同一图形窗口一次画出多条三维曲线，以 X1,Y1,Z1,… Xn,Yn,Zn 指定各条曲线的三维坐标。

(2) plot3(X1,Y1,Z1,LineSpec,…)：以 LineSpec 指定的属性绘制三维图形。

(3) plot3(…,'PropertyName',PropertyValue,…)：对以函数 plot3 绘制的图形对象设置属性。

(4) h = plot3(…)：调用函数 plot3 绘制图形，同时返回图形句柄。

【例 7.13】 绘制三维曲线示例。

```
t=0:0.05:20;
figure
subplot(2,2,1);
plot3(sin(t),cos(t),t);                   %画三维曲线
grid,
text(0,0,0,'0');                          %在 x=0,y=0,z=0 处标记"0"
title('Three Dimension');
xlabel('sin(t)'),ylabel('cos(t)'),zlabel('t');
subplot(2,2,2);plot(sin(t),t);
grid
title('x-z plane');                       %三维曲线在 x-z 平面的投影
xlabel('sin(t)'),ylabel('t');
subplot(2,2,3);plot(cos(t),t);
grid
title('y-z plane');                       %三维曲线在 y-z 平面的投影
xlabel('cos(t)'),ylabel('t');
subplot(2,2,4);plot(sin(t),cos(t));
title('x-y plane');                       %三维曲线在 x-y 平面的投影
xlabel('sin(t)'),ylabel('cos(t)');
grid
```

输出图形如图 7.17 所示。

从例 7.13 我们看到二维图形的基本特性在三维图形中都存在；函数 subplot、函数 title、函数 xlabel、函数 grid 等都可以扩展到三维图形。例题中的命令 text(x,y,z,'string')意思是在三维坐标 x，y，z 所指定的位置上放一个字符串。

7.2.2 三维曲面图

1. 可用函数 surf、surfc 来绘制三维曲面图

调用格式如下：

(1) surf(Z)：以矩阵 Z 指定的参数创建一渐变的三维曲面，坐标 x = 1:n，y = 1:m，其中[m,n] = size(Z)，进一步在 x-y 平面上形成所谓"格点"矩阵[X,Y]=meshgrid(x,y)，Z 为函数 z=f(x,y)在自变量采样"格点"上的函数值，Z=f(X,Y)。Z 既指定了曲面的颜色，也指定了曲面的高度，所以渐变的颜色可以和高度适配。所谓"格点"如图 7.18 所示。

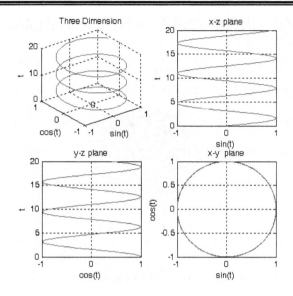

图 7.17 三维曲线及其在 3 个平面上的投影

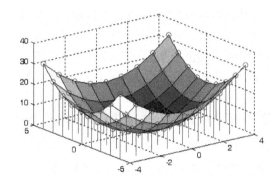

图 7.18 三维曲面与格点

(2) surf(X,Y,Z)：以 Z 确定的曲面高度和颜色，按照 X、Y 形成的"格点"矩阵，创建一渐变的三维曲面。X、Y 可以为向量或矩阵，若 X、Y 为向量，则必须满足 m= size(X)，n = size(Y)，[m,n] = size(Z)。

(3) surf(X,Y,Z,C)：以 Z 确定的曲面高度，C 确定的曲面颜色，按照 X、Y 形成的"格点"矩阵，创建一渐变的三维曲面。

(4) surf(...,'PropertyName',PropertyValue)：设置曲面的属性。

(5) surfc(...)：采用 surfc 函数的格式同 surf，同时在曲面下绘制曲面的等高线。

(6) h = surf(...)：采用 surf 创建曲面时，同时返回图形句柄 h。

(7) h = surfc(...) ：采用 surfc 创建曲面时，同时返回图形句柄 h。

【例 7.14】 绘制球体的三维图形。

```
figure
[X,Y,Z]=sphere(30);         %计算球体的三维坐标
surf (X,Y,Z);               %绘制球体的三维图形
xlabel('x'),ylabel('y'),zlabel('z');
title('SURF OF SPHERE');
```

输出图形如图 7.19 所示。注意：在图形窗口，需将图形的属性 Renderer 设置成 Painters，才能显示出坐标名称和图形标题。

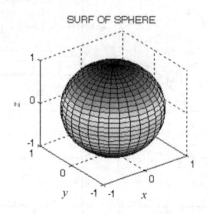

图 7.19　球体的三维曲面

图 7.19 中，我们看到球面被网格线分割成小块；每一小块可看作是一块补片，嵌在线条之间。这些线条和渐变颜色可以由命令 shading 来指定，其格式为

(1) shading faceted：在绘制曲面时采用分层网格线，为默认值。
(2) shading flat：表示平滑式颜色分布方式；去掉黑色线条，补片保持单一颜色。
(3) shading interp：表示插补式颜色分布方式；同样去掉线条，但补片以插值加色。这种方式需要比分块和平滑更多的计算量。

对于例 7.14 所绘制的曲面分别采用 shading flat 和 shading interp，显示的效果如图 7.20 所示。

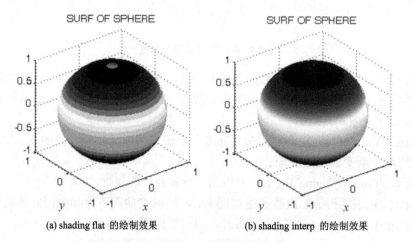

(a) shading flat 的绘制效果　　　　(b) shading interp 的绘制效果

图 7.20　不同方式下球体的三维曲面

【例 7.15】　绘制具有等值线的曲面图。

```
[x,y] = meshgrid(-3:1/4:3);        %以 0.25 的间隔形成格点矩阵
z = peaks(x,y);
surfc(x,y,z);
```

输出图形如图 7.21 所示。

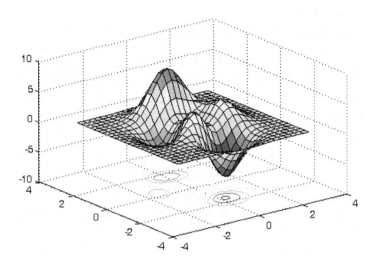

图 7.21 具有等值线的曲面图

【例 7.16】 以 surfl 函数绘制具有亮度的曲面图。

```
[x,y] = meshgrid(-3:1/8:3);        %以 0.125 的间隔形成格点矩阵
z = peaks(x,y);
surfl(x,y,z);
shading interp
colormap(gray);
axis([-3  3  -3  3  -8  8]);
```

输出图形如图 7.22 所示。

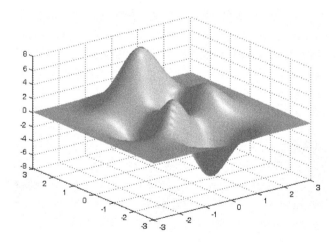

图 7.22 具有亮度的曲面图

2. 标准三维曲面

(1) 用 sphere 函数绘制三维球面,调用格式为

[x,y,z]=sphere(n)

产生(n+1)×(n+1)矩阵 x,y,z，采用这 3 个矩阵绘制圆心位于原点，半径为 1 的球体。n 决定球面的光滑程度，默认值为 20。

(2) 用 cylinder 函数绘制三维柱面，调用格式为

$$[x,y,z]=cylinder(R,n)$$

R 是一个向量，存放柱面各等间隔高度上的半径，n 表示圆柱圆周上有 n 个等间隔点，默认值为 20。

(3) 多峰函数 peaks，常用于三维函数的演示。函数形式为

$$f(x,y)=3(1-x^2)e^{-x^2-(y+1)^2}-10(\frac{x}{5}-x^3-y^5)e^{-x^2-y^2}-\frac{1}{3}e^{-(x+1)^2-y^2} \quad -3\leqslant x,y\leqslant 3$$

调用格式为

$$z=peaks(n)$$

生成一个 $n\times n$ 的矩阵 z，n 的默认值为 48；或 z=peaks(x,y)：根据网格坐标矩阵 x,y 计算函数值矩阵 z。

【例 7.17】 绘制三维标准曲面。

```
t=0:pi/20:2*pi;
[x,y,z]=sphere;
subplot(1,3,1);
surf(x,y,z);xlabel('x'),ylabel('y'),zlabel('z');
title('球面')
[x,y,z]=cylinder(2+sin(2*t),30);
subplot(1,3,2);
surf(x,y,z);xlabel('x'),ylabel('y'),zlabel('z');
title('柱面')
[x,y,z]=peaks(20);
subplot(1,3,3);
surf(x,y,z);xlabel('x'),ylabel('y'),zlabel('z');
title('多峰');
```

输出图形如图 7.23 所示。因柱面函数的 R 选项 2+sin(2*t)，所以绘制的柱面是一个正弦型的。

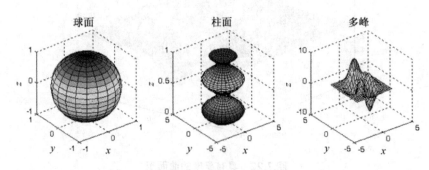

图 7.23 三维标准曲面

7.2.3 视角控制

观察前面绘制的三维图形，是以 30°视角向下看 z=0 平面，以-37.5°视角看 x=0 平面。

与 z=0 平面所成的方向角称为仰角,与 x=0 平面的夹角叫方位角,如图 7.24 所示。因此默认的三维视角为仰角 30°,方位角-37.5°。默认的二维视角为仰角 90°,方位角 0°。

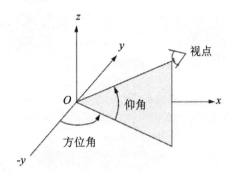

图 7.24　定义视角

在 MATLAB 中,用函数 view 改变所有类型的图形视角。命令格式为
(1) view(az,el)与 view([az,el]):设置视角的方位角和仰角分别为 az 与 el。
(2) view([x,y,z]):将视点设为坐标(x,y,z)。
(3) view(2):设置为默认的二维视角,az=0,el=90。
(4) view(3):设置为默认的三维视角,az=-37.5,el=30。
(5) view(T):以矩阵 T 设置视角,T 为由函数 viewmtx 生成的 4×4 矩阵。
(6) [az,el] = view:返回当前视角的方位角和仰角。
(7) T = view:由当前视角生成的 4×4 矩阵 T。

【例 7.18】　从不同的视角观察曲线。

```
x=-4:4;y=-4:4;
[X,Y]=meshgrid(x,y);
Z=X.^2+Y.^2;
subplot(2,2,1)
surf(X,Y,Z);                    %画三维曲面
ylabel('y'),xlabel('x'),zlabel('z');title('(a) 默认视角 ')
subplot(2,2,2)
surf(X,Y,Z);                    %画三维曲面
ylabel('y'),xlabel('x'),zlabel('z');title('(b) 仰角55°,方位角-37.5°')
view(-37.5,55)                  %将视角设为仰角55°,方位角-37.5°
subplot(2,2,3)
surf(X,Y,Z);                    %画三维曲面
ylabel('y'),xlabel('x'),zlabel('z');title('(c) 视点为(2,1,1)')
view([2,1,1])                   %将视点设为(2,1,1)指向原点
subplot(2,2,4)
surf(X,Y,Z);                    %画三维曲面
ylabel('y'),xlabel('x'),zlabel('z');title('(d) 仰角90°,方位角10°')
view(10,90)                     %将视角设为仰角90°,方位角10°
```

输出图形如图 7.25 所示。

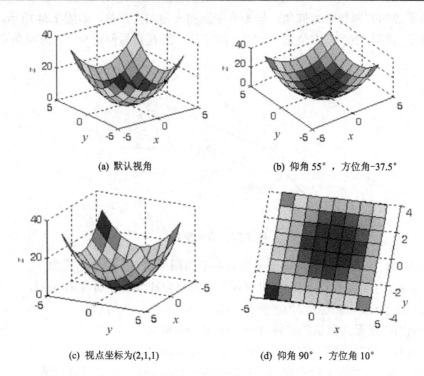

(a) 默认视角　　　　　　　(b) 仰角55°，方位角-37.5°

(c) 视点坐标为(2,1,1)　　　(d) 仰角90°，方位角10°

图 7.25　不同视角下的曲面图

7.2.4　其他图形函数

除了上面讨论的函数，MATLAB 还提供了 mesh 等其他图形函数，如表 7-4 所示。

表 7-4　其他图形函数

函　　数	功　　能
mesh (X,Y,Z)	画网格曲面图
meshc (X,Y,Z)	画网格曲面图和基本的等值线图
meshz (X,Y,Z)	画包含零平面的网格曲面图
waterfall (X,Y,Z)	沿 x 方向出现网线的曲面图
quiver (X,Y,DX,DY)	在等值线上画出方向或速度箭头
clabel (cs)	在等值线上标上高度值

【例 7.19】 网格曲面图示例。

```
[X,Y,Z]=peaks(20);
figure
subplot(2,2,1);mesh(X,Y,Z);title('(a) mesh of peaks');
subplot(2,2,2);surf(X,Y,Z);title('(b) surf of peaks');
subplot(2,2,3);meshc(X,Y,Z);title('(c) meshc of peaks');
subplot(2,2,4);meshz(X,Y,Z);title('(d) meshz of peaks');
```

输出图形如图 7.26 所示。

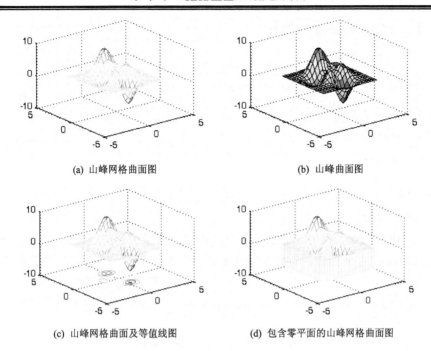

(a) 山峰网格曲面图   (b) 山峰曲面图

(c) 山峰网格曲面及等值线图   (d) 包含零平面的山峰网格曲面图

图 7.26   不同网格下的曲面图

【例 7.20】 函数 quiver 的应用示例。

```
[X,Y] = meshgrid(-2:.2:2);
Z = X.*exp(-X.^2 - Y.^2);
[DX,DY] = gradient(Z,.2,.2);
contour(X,Y,Z)
hold on
quiver(X,Y,DX,DY)
colormap hsv
grid off
hold off
```

输出图形如图 7.27 所示。

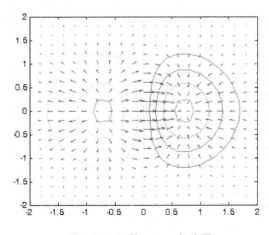

图 7.27   函数 quiver 的应用

【例7.21】 函数 waterfall 的应用示例。

```
[X,Y,Z]=peaks(30);
figure
waterfall (X,Y,Z);title('waterfall of peaks');
```

输出图形如图 7.28 所示。

【例7.22】 函数 clabe 的应用示例。

```
[X,Y,Z]=peaks(30);
[C,h] = contour(X,Y,Z);
clabel(C,h);
```

输出图形如图 7.29 所示。

另外，二维图形中的条形图、饼图等也可以以三维图形的形式出现；用格式分别为

(1) bar3(x,y)：在 x 指定的位置绘制 y 中元素的条形图；x 可省略，则 y 的每一个元素对应一个条形。

(2) stem3(x,y,z)：在 x、y 指定的位置绘制数据 z 的针状图，x,y,z 维数必须相同；x 和 y 若可省略，则自动生成。

(3) pie3(x)：x 为向量，用 x 中的数据绘制一个三维饼图。

(4) fill3(x,y,z,c)：x,y,z 作为多边形的顶点，c 指定填充颜色。

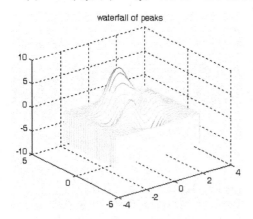

图 7.28 函数 waterfall 的应用

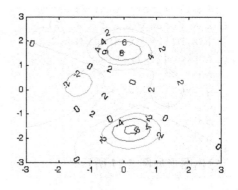

图 7.29 函数 clabe 的应用

【例7.23】 按要求绘制三维图形。

(1) 绘制魔方阵的条形图；
(2) 用针型图绘制函数 z=cos(x)；
(3) 已知 x={45,76,89,222,97}，绘制饼图；
(4) 用随机顶点绘制一个黑色的六边形。

```
subplot(2,2,1);bar3(magic(5));
x=0:pi/10:2*pi;y=x;z=cos(x);
subplot(2,2,2);stem3(x,y,z);
view([2,1,1]) ;                    %改变视角
subplot(2,2,3);pie3([45,76,89,222,97])
subplot(2,2,4);fill3(rand(6,1),rand(6,1),rand(6,1),'k')
```

输出图形如图 7.30 所示。

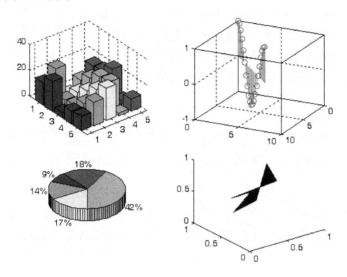

图 7.30　例题 7.23 的图形

7.3　图　　像

图像本身是一种二维函数,图像的亮度是其位置的函数。MATLAB 中的图像是由一个或多个矩阵表示的,因此 MATLAB 的许多矩阵运算功能均可以用于图像矩阵运算和操作。MATLAB 中图像数据的存储,在默认的情况下,为双精度(double),即 64 位浮点数。这种存储方式的优点是运算时不需要进行数据类型转换,但是会导致巨大的存储量。所以,MATLAB 还支持另一种类型无符号整型(unit8),即图像矩阵中的每个数据占用一个字节。但 MATLAB 的大多数操作都不支持 unit8 类型,在涉及运算时要将其转换成 double 型。

7.3.1　图像的类别和显示

1. 图像的类别

MATLAB 图像处理工具箱支持 4 种基本图像类型:索引图像、灰度图像、二进制图像和真色彩(RGB)图像。

1) 索引图像

索引图像包括图像矩阵和色图数组。其中色图是按图像中颜色值进行排序后的数组。对于每个像素图像矩阵包含一个值,这个值就是色图数组中的索引。色图为 m×3 的双精度值矩阵,各行分别指定红绿蓝(RGB)的单色值,RGB 为值域是[0,1]的实数值,0 代表最暗,1 代表最亮。

2) 灰度图像

灰度图像保存在一个矩阵中,矩阵的每个元素代表一个像素点。矩阵可以是双精度类型,值域为[0,1];也可以为 unit8 类型,值域为[0,255]。矩阵的每个元素值代表不同的亮度或灰度级,0 表示黑色,1(或 unit8 的 255)代表白色。

3) 二进制图像

表示二进制图像的二维矩阵仅由 0 和 1 构成。二进制图像可以看作一个仅包括黑与白的特殊灰度图像，也可以看作共有两种颜色的索引图像。

二进制图像可以保存为双精度或 unit8 类型的数组，显然，用 unit8 类型可以节省空间。在图像处理工具箱中，任何一个返回二进制图像的函数都是以 unit8 类型逻辑数组来返回的。

4) 真彩色(RGB)图像

真彩色图像用 RGB 这 3 个亮度值表示一个像素的颜色，真彩色(RGB)图像各像素的亮度值直接存在图像数组中，图像数组为 m×n×3，m、n 表示图像像素的行数和列数。

2. 图像的显示

MATLAB 的图像处理工具箱提供了函数 imshow 显示图像。调用格式如下：

(1) imshow (I,n)：用 n 个灰度级显示灰度图像，n 默认时使用 256 级灰度或 64 级灰度显示图像。

(2) imshow (I,[low, high])：将 I 显示为灰度图像，并指定灰度级为范围[low, high]。

(3) imshow(BW)：显示二进制图像。

(4) imshow (X,map)：使用色图 map 显示索引图像 X。

(5) imshow (RGB)：显示真彩色(RGB)图像。

(6) imshow(...,display_option)：在以函数 imshow 显示图像时，指定相应的显示参数：'ImshowBorder' 控制是否给显示的图形上加边框；'ImshowAxesVisible' 控制是否显示坐标轴和标注；'ImshowTruesize' 控制是否调用函数 truesize。

(7) imshow (filename)：显示 filename 所指定的图像文件。

另外，MATLAB 的图像处理工具箱还提供了函数 subimage，它可以在一个图形窗口内使用多个色图，函数 subimage 与 subplot 联合使用可以在一个图形窗口中显示多幅图像。以下是命令形式：

(1) subimage (X,map)：在当前坐标平面上使用色图 map 显示索引图像 X。

(2) subimage (RGB)：在当前坐标平面上显示真彩色(RGB)图像。

(3) subimage (I)：在当前坐标平面上显示灰度图像 I。

(4) subimage(BW)：在当前坐标平面上显示二进制图像(BW))图像。

【例 7.24】 设在当前目录下有一 RGB 图像文件 peppers.png，下面给出以不同方式显示该图像的情况。

```
I = imread('peppers.png');                              %读入图像文件
subplot(2,2,1);subimage(I);title('(a) RGB 图像')          %在子图形窗口 1
[X,map] = rgb2ind(I,1000);                              %将该图像转换为索引图像
subplot(2,2,2);subimage(X,map);title('(b) 索引图像')      %在子图形窗口 2
X = rgb2gray(I);                                        %将该图像转换为灰度图像
subplot(2,2,3);subimage(X);title('(c) 灰度图像')          %在子图形窗口 3
X= im2bw(I,0.6);                                        %将该图像转换为黑白图像
subplot(2,2,4);subimage(X);title('(d) 黑白图像')          %在子图形窗口 4
```

输出图形如图 7.31 所示。因为印刷的原因，所以看不出显示的效果，读者可以自行运行以上程序在屏幕上进行观察。

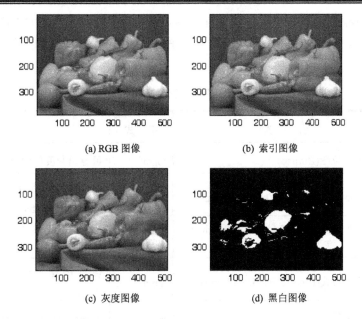

(a) RGB 图像　　　　　　　(b) 索引图像

(c) 灰度图像　　　　　　　(d) 黑白图像

图 7.31　图像的不同显示方式

【例 7.25】 加边框和坐标控制示例。

```
I = imread('peppers.png');              %读入图像文件
iptsetpref('ImshowBorder', 'tight');    %图像加边框(设置成'loose'不加边框)
iptsetpref('ImshowAxesVisible','off');  %显示坐标轴(设置成'on'显示坐标轴)
imshow(I);
```

输出图形如图 7.32 所示。

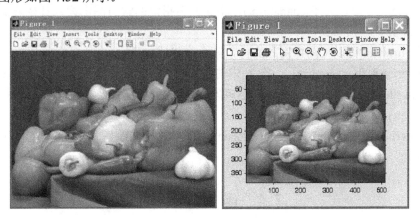

图 7.32　图像带边框、不带边框和有坐标轴、无坐标轴比较

7.3.2　图像的读写

计算机数字图像文件常用格式有：BMP(Windows 位图文件)、HDF(层次数据格式图像文件)、JPEG(联合图像专家组压缩图像文件)、PCX(Windows 画笔图像文件)、TIF(标签图像格式文件)、XWD(X Windows Dump 图像格式文件)等。

从图像文件中读入图像数据用函数 imread，常用格式如下：

(1) A = imread(filename,fmt)：将文件名指定的图像文件读入 A，如果读入的是灰度图像，则返回 M×N 的矩阵；如果读入的是彩色图像，则返回 M×N×3 的矩阵。fmt 为代表图像格式的字符串，如表 7-5 所示。

表 7-5 图像格式

格式	含义	格式	含义
'bmp'	Windows 位图(Bitmap)	'pgm'	可导出灰度位图(Portable Graymap)
'cur'	Windows 光标文件格式(Cursor Resources)	'png'	可导出网络图形位图(Portable Network Graphics))
'gif'	图形交换格式(Graphics Interchange Format)	'pnm'	可导出任意映射位图(Portable Anymap)
'hdf'	分层数据格式(Hierarchical Data Format)	'ppm'	可导出像素映射位图 (Portable Pixmap)
'ico'	Windows 图标 (Icon resources)	'ras'	光栅位图(Sun Raster)
'jpg' 'jpeg'	联合图像专家组格式(Joint Photographic Experts Group)	'tif' 'tiff'	标签图像文件格式(Tagged Image File Format)
'pbm'	可导出位图(Portable Bitmap)	'xwd'	Windows 转储格式(X Windows Dump)
'pcx'	PC 画笔位图(Paintbrush)		

(2) [X,map] = imread(filename,fmt)：将文件名指定的索引图像读入到矩阵 X，其返回色图到 map。

用函数 imwrite 可以将图像写入文件，其命令格式如下：

(1) imwrite(A,filename,fmt)：将 A 中的图像按 fmt 指定的格式写入文件 filename 中。

(2) imwrite(X,map,filename,fmt)：将矩阵 X 中的索引图像及其色图按 fmt 指定的格式写入文件 filename 中。

(3) imwrite(...,filename)：根据 filename 的扩展名推断图像文件格式，并写入文件 filename 中。

7.4 函 数 绘 图

利用 MATLAB 中的一些特殊函数可以绘制任意函数图形，即实现函数可视化。

7.4.1 一元函数绘图

利用符号函数，可以通过函数 ezplot 绘制任意一元函数，其调用格式为

(1) ezplot(f)：按照 x 的默认取值范围(-2*pi<x<2*pi)绘制 f=f(x)的图形。对于 f=f(x,y)，x、y 的默认取值范围：-2*pi< x <2*pi,、-2*pi< y<2*p，绘制 f(x,y) = 0 的图形。

(2) ezplot(f,[min,max])：按照 x 的指定取值范围(min<x<max)绘制函数 f=f(x)的图形。对于 f=f(x,y)，ezplot(f,[xmin,xmax,ymin,ymax])，按照 x、y 的指定取值范围(xmin<x<xmax，ymin<y<ymax)，绘制 f(x,y) = 0 的图形。

(3) ezplot(x,y)：按照 t 的默认取值范围(0<t<2*pi)绘制函数 x=x(t)、y=y(t)的图形。

(4) ezplot(f,[xmin,xmax,ymin,ymax])：按照指定的 x、y 取值范围(xmin<x<xmax，ymin<y<ymax)在图形窗口绘制函数 f=f(x,y)的图形。

(5) ezplot(x,y,[tmin,tmax])：按照 t 的指定取值范围(tmin<t<tmax)，绘制函数 x=x(t)、y=y(t)的图形。

【例 7.26】 一元函数绘图示例。

```
f='x.^2+y.^2-16';
ezplot(f)
```

输出图形如图 7.33 所示。

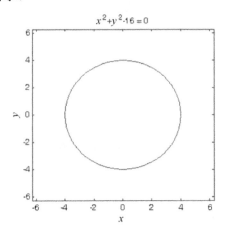

图 7.33 一元函数绘图

【例 7.27】 一元函数绘图示例。

```
x='3*t*sin(t)';
y='t*cos(t)';
ezplot(x,y,[0,8*pi])
```

输出图形如图 7.34 所示。

7.4.2 二元函数绘图

对于二元函数 z=f(x,y)，同样可以借用符号函数提供的函数 ezmesh 绘制各类图形；也可以用 meshgrid 函数获得矩阵 z，或者用循环语句 for(或 while)计算矩阵 z 的元素，然后用 7.3 节介绍的函数绘制二元函数图。

1. 函数 ezmesh

该函数的调用格式如下。

(1) ezmesh(f)：按照 x、y 的默认取值范围(-2*pi<x<2*pi，-2*pi<y<2*pi)绘制函数 f(x,y)的图形。

(2) ezmesh(f,domain)：按照 domain 指定的取值范围绘制函数 f(x,y)的图形，domain 可以是 4×1 的向量：[xmin, xmax, ymin, ymax]；也可以是 2×1 的向量：[min, max]，此时，min<x<max，min < y < max。

(3) ezmesh(x,y,z)：按照 s、t 的默认取值范围(-2*pi <s<2*pi, -2*pi <t<2*pi)绘制函数 x=x(s,t)、y=y(s,t)和 z=z(s,t)的图形。

(4) ezmesh(x,y,z,[smin,smax,tmin,tmax]) 或 ezmesh(x,y,z,[min,max])：按照指定的取值范围[smin,smax,tmin,tmax]或[min,max]绘制函数 f(x,y)的图形；

(5) ezmesh(...,n)：调用 ezmesh 绘制图形时，同时绘制 n×n 的网格，n=60(默认值)。

(6) ezmesh(...,'circ')：调用 ezmesh 绘制图形时，以指定区域的中心绘制图形。

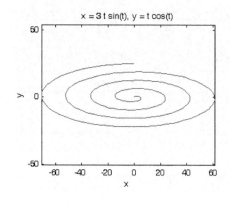

图 7.34　一元函数绘图

【例 7.28】　二元函数绘图示例。

```
syms x,y;
f='sqrt(1-x^2-y^2)';
ezmesh(f)
```

输出图形如图 7.35 所示。

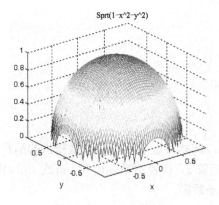

图 7.35　二元函数绘图

【例 7.29】　二元函数绘图示例。

```
syms x y z s t;
x='s*cos(t)';y='s*sin(t)';z='t';
ezmesh(x,y,z,[0,pi,0,5*pi])
```

输出图形如图 7.36 所示。

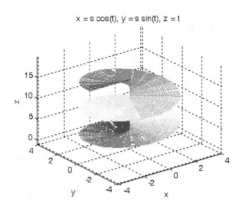

图 7.36　二元函数绘图

2. 用函数 meshgrid 获得矩阵 z

对于二元函数 z=f(x,y)，每一对 x 和 y 的值产生一个 z 的值，作为 x 与 y 的函数，z 是三维空间的一个曲面。MATLAB 将 z 存放在一个矩阵中，z 的行和列分别表示为

$$z(i,:) = f(x,y(i))$$
$$z(:,j) = f(x(j),y)$$

当 z=f(x,y)能用简单的表达式表示时，利用 meshgrid 函数可以方便地获得所有 z 的数据，然后用前面讲过的画三维图形的命令就可以绘制二元函数 z=f(x,y)。

【例 7.30】　绘制二元函数 z=f(x,y)=x^3+y^3 的图形。

```
x=0:0.2:5;              % 给出 x 数据
y=-3:0.2:1;             % 给出 y 数据
[X,Y]=meshgrid(x,y);    % 形成三维图形的 X 和 Y 数组
Z=X.^3+Y.^3;
surf(X,Y,Z);xlabel('x'),ylabel('y'),zlabel('z');
title('z=x^3+y^3')
```

输出图形如图 7.37 所示。

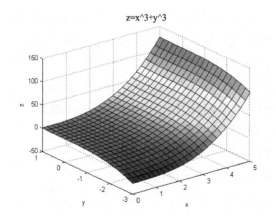

图 7.37　二元函数绘图

3. 用循环语句获得矩阵数据

【例7.31】 用循环语句获得矩阵数据的方法重做例 7.30。

```
x=0:0.2:5;
y=-3:0.2:1;
z1=y.^3;
z2=x.^3;
nz1=length(z1);
nz2=length(z2);
Z=zeros(nz1,nz2);
for r=1:nz1
    for c=1:nz2
        Z(r,c)=z1(r)+z2(c);
    end
end
surf(x,y,Z); ;xlabel('x'),ylabel('y'),zlabel('z');
title('z=x^3+y^3')
```

图形显示结果同例 7.30。

7.5 小 结

本章系统地阐述了二维图形和三维图形绘制的常用指令，包括使用线型、色彩、标记、坐标、子图、视角等手段表示可视化数据的特征，同时介绍了一元函数和二元函数的绘制以及有关图像的基本内容。

7.6 习 题

1. 分别绘制下列函数图形：
(1) $r=3(1-\cos\theta)$ （极坐标）； (2) $y(t)=1.25e^{-0.25t}+\cos(3t)$

2. 绘制函数 $y(t)=1-2e^{-t}\sin t$ $(0 \leqslant t \leqslant 8)$ 的图形，且在 x 轴上标注 "Time"，y 轴上标注 "Amplitude"，图形的标题为 "Decaying Oscillating Exponential"。

3. 在同一图中绘制下列两条曲线（$x \in [0,25]$ 内）：
(1) $y_1(t)=2.6e^{-0.5x}\cos(0.6x)+0.8$； (2) $y_2(t)=1.6\cos(3x)+\sin(x)$

要求用不同的颜色和线型分别表示 $y_1(t)$ 和 $y_2(t)$，并给图形加注解。

4. 在一个图形窗口下绘制两个子图，分别显示下列曲线：
(1) $y=\sin 2x \cos 3x$； (2) $y=0.4\,x$

要求给 x 轴、y 轴加标注，每个子图加标题。

5. 画出下列二元函数 $z(x,y)$ 的图形：
$$z(x,y) = \frac{1}{(x+1)^2 + (y+1)^2 + 1} - \frac{1}{(x-1)^2 + (y-1)^2 + 1} \quad (-3 \leqslant x \leqslant 3, -3 \leqslant y \leqslant 3)$$

6. 二维曲面可用方程表示为 $z = c\sqrt{d - \frac{x^2}{a^2} - \frac{y^2}{b^2}}$，在一个图形窗口下用两个子图表示下面不同情况：

(1) $a=5$，$b=4$，$c=3$，$d=1$；

(2) $a=5j$，$b=4$，$c=3$，$d=1$

第 8 章　交互式仿真集成环境 SIMULINK

教学提示：SIMULINK 是 MATLAB 的重要组件之一，它提供了一个动态系统建模、仿真和综合分析的集成环境。本章介绍了 SIMULINK 的基本概念、模块的操作及其连接、常用的输入及输出模块等内容。在了解系统建模的基本知识后，引导读者进行系统仿真，最后通过仿真实例，让读者更加灵活地掌握 SIMULINK 这一仿真工具。

教学要求：能够实现对简单的动态系统进行建模、仿真。

8.1　SIMULINK 简介

SIMULINK 是 MATLAB 的工具箱之一，提供交互式动态系统建模、仿真和分析的图形环境。它可以针对控制系统、信号处理及通信系统等进行系统的建模、仿真、分析等工作。它可以处理的系统包括：线性、非线性系统；离散、连续及混合系统；单任务、多任务离散事件系统。

利用 SIMULINK 进行系统的建模仿真，最大的优点就是易学、易用，同时可以利用 MATLAB 提供的丰富的仿真资源。

8.1.1　SIMULINK 特点

1. 框图式建模

SIMULINK 提供了一种图形化的建模方式，所谓图形化建模指的是用 SIMULINK 中丰富的按功能分类的模块库，帮助用户轻松地建立起动态系统的模型(模型用模块组成的框图表示)。用户只需要知道这些模块的输入、输出及实现的功能，通过对模块的调用、连接就可以构成所需系统的模型。整个建模的过程只需用鼠标进行单击和简单拖动即可实现。

利用 SIMULINK 图形化的环境及提供的丰富的功能模块，用户可以创建层次化的系统模型。从建模角度讲，用户可以采用从上到下或从下到上的结构创建模型；从分析研究角度讲，用户可以从最高级观察模型，然后双击其中的子系统，来检查下一级的内容，以此类推，从而看到整个模型的细节，帮助用户理解模型的结构和各个模块之间的关系。

2. 交互式的仿真环境

可以利用 SIMULINK 中的菜单或者是 MATLAB 的命令窗口输入命令来对模型进行仿真。菜单方式对于交互工作特别方便，而命令行方式对大量重复仿真很有用。

SIMULINK 内置很多仿真的分析工具，如仿真算法、系统线性化、寻找平衡点等。仿真的结果可以以图形的方式显示在类似于示波器的窗口内，也可以将输出结果以变量的方式保存起来，并输入到 MATLAB 中。让用户观察系统的输出结果并作进一步的分析。

3. 专用模块库(Blocksets)

SIMULINK 提供了许多专用模块库，如 DSP Blocksets 和 Communication Blocksets 等。利用这些专用模块库，SIMULINK 可以方便地进行 DSP 及通信系统等进行仿真分析和原型设计。

4. 与 MATLAB 的集成

由于 MATLAB 和 SIMULINK 是集成在一起的，因此用户可以在这两种环境中对自己的模型进行仿真、分析和修改。

8.1.2 SIMULINK 的工作环境

SIMULINK 的工作环境是由库浏览器(SIMULINK Library Browser)与模型窗口组成的，库浏览器为用户提供了进行 SIMULINK 建模与仿真的标准模块库与专业工具箱，而模型窗口是用户创建模型的主要场所。

1. MATLAB 环境中启动 SIMULINK 的方法

(1) 在 MATLAB 的命令窗口中输入 simulink 命令；
(2) 单击 MATLAB 工具条上的 SIMULINK 图标 。
SIMULINK 启动以后首先出现的是 SIMULINK 库浏览器，如图 8.1 所示。

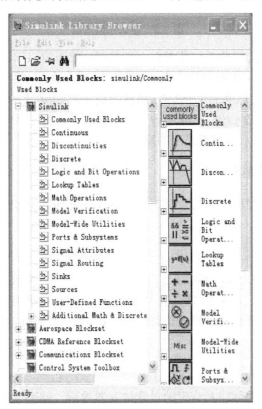

图 8.1 SIMULINK 库浏览器

窗口的左半部分是 SIMULINK 所有的库的名称，第一个库是 SIMULINK 库，该库为 SIMULINK 的公共模块库，SIMULINK 库下面的模块库为专业模块库，服务于不同专业领域的，普通用户很少用到。如：Control System Toolbox 模块库(面向控制系统的设计与分析)、Communications Blockset(面向通信系统的设计与分析)等。

窗口的右半部分是对应于左窗口打开的库中包含的子库或模块。图 8.1 右侧窗口即是 SIMULINK 公共模块库中的子库，如 Continuous(连续模块库)、Discrete(离散模块库)、Sinks(信宿模块库)、Sources(信源模块库)等。其中包含了 SIMULINK 仿真所需的基本模块。

2. 打开 SIMULINK 模型窗口的方法

(1) 在 MATLAB 菜单或库浏览器菜单中选择 File|New；
(2) 单击库浏览器的图标 □。

即可打开一个名为 untited 的空的模型窗口，如图 8.2 所示。

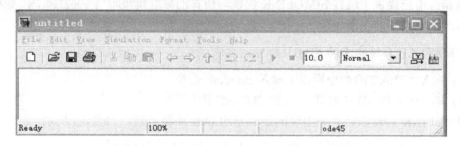

图 8.2　空的模型窗口

整个模型创建窗口的组成是：菜单栏，工具栏，编辑窗口和状态栏。
(1) 菜单栏：与 Windows 菜单栏类似，其中 Simulation 一项在仿真配置中很重要。
(2) 工具栏：能实现标准的 Windows 操作及用于与 SIMULINK 仿真相关的操作。
(3) 状态栏：以图 8.2 为例，"Ready"表示建模已完成；"100%"表示编辑框模型的显示比例；"ode45"表示仿真所采用的算法。

8.1.3　SIMULINK 仿真基本步骤

创建系统模型及利用所创建的系统模型对其进行仿真是 SIMULINK 仿真的两个最基本的步骤。

1. 创建系统模型

创建系统模型是用 SIMULINK 进行动态系统仿真的第一个环节，它是进行系统仿真的前提。模块是创建 SIMULINK 模型的基本单元，通过适当的模块操作及信号线操作就能完成系统模型的创建。为了达到理想的仿真效果，在建模后仿真前必须对各个仿真参数进行配置。

2. 利用模型对系统仿真

在完成了系统模型的创建及合理的设置仿真参数后，就可以进行第二个步骤——利用模型对系统仿真。运行仿真的方法包括使用窗口菜单和命令运行两种；对仿真结果的分析是进行系统建模与仿真的重要环节，因为仿真的主要目的就是通过创建系统模型以得到某种计算结果。SIMULINK 提供了很多可以对仿真结果分析的输出模块,而且在 MATLAB 中也有丰富的用于结果分析的函数和指令。

本章以 SIMULINK 仿真的基本步骤为主线来对 SIMULINK 这一仿真工具作简单的介绍。由于 SIMULINK 的功能极其庞大,不可能面面俱到(比如,关于模型调试、结果分析、优化仿真等相关内容在这里没有作介绍),本章旨在让读者对 SIMULINK 有一个基本的认识。

8.2 模型的创建

用 SIMULINK 进行动态系统仿真的第一个环节就是创建系统的模型,系统模型是由框图表示的,而框图的最基本组成单元就是模块和信号线。因此,熟悉和掌握模块和信号线的概念及操作是创建系统模型的第一步。

SIMULINK 标准模块库下的 Source 库和 Sink 库包含了用户最常用的输入及输出模块,熟悉这些常用的模块的用法对仿真模型的设计和创建框图是必不可少的重要环节。在进行仿真之前,根据实际系统及环境对仿真参数的配置是模型创建的重要步骤。

本节主要介绍 SIMULINK 模型创建中的相关概念及基本操作,旨在使读者能够熟悉使用 SIMULINK 仿真的第一个环节。

8.2.1 模型概念和文件操作

1. 模型概念

SIMULINK 意义上的模型根据表现形式的不同有着不同的含义:在视觉上表现为直观的框图;在文件形式上则为扩展名为.mdl 的 ASCII 码文件;在数学上体现了一组微分方程或差分方程;在行为上 SIMULINK 模型模拟了物理器件构成的实际系统的动态特性。采用 SIMULINK 软件对一个实际动态系统进行仿真,关键是建立能够模拟并代表该系统的 SIMULINK 模型。

从系统组成上来看,一个典型的 SIMULINK 模型一般包括 3 个部分:输入、系统以及输出。输入一般用信源(Source)表示,可以为常数、正弦波、方波以及随机信号等信号源,代表实际对系统的输入信号。系统也就是指被研究系统的 SIMULINK 框图;输出一般用信宿(Sink)表示,可以是示波器、图形记录仪等。无论是信源、系统还是信宿皆可以从 SIMULINK 模块库中直接获得,或由用户根据实际要求采用模块库中的模块搭建而成。

当然,对于一个具体的 SIMULINK 模型而言,这 3 种结构并不都是必需的,有些模型可能不存在输入或输出部分。

2. 文件操作

用户在保存模型(通过执行模型窗口中的 File 菜单下的 Save 或 Save as 命令)时, SIMULINK 通过生成特定格式的文件即模型文件来保存模型,其扩展名为.mdl。换句话说,在 SIMULINK 当中创建的模型是由模型文件记录下来的。在 MATLAB 环境中,可以创建、编辑并保存创建的模型文件。

1) 创建新模型

创建新模型,即打开一个名为 united 的空的模型窗口(8.1 节中已作介绍)。

2) 打开模型

打开已存在的模型文件的方法有：

① 直接在 MATLAB 指令窗口输入模型文件名(不要加扩展名".mdl")，这要求文件在 MATLAB 搜索路径范围内。

② 在 MATLAB 菜单上选择 File|Open，在弹出的浏览窗口中选择所需的模型文件。

③ 单击库浏览器或模型窗口的图标 📂 。

3) 模型的保存

SIMULINK 采用扩展名为.mdl 的 ASCII 码文件保存模型。因此，模型的保存完全遵循一般文件的保存操作。

注意：模型文件名必须以字母开头，最多不能超过 63 个字母，数字和下画线；模型文件名不能与 MATLAB 命令同名。

4) 模型的打印

SIMULINK 模型的打印操作比较特殊。其原因在于模型本身的多层次性。打印模型既可以用菜单的方式也可以用指令的方式。下面针对菜单方式对系统模型的打印做一下简单介绍。

在模型窗口单击图标 🖨 或在菜单中选择 File|Print，打开一个打印对话框，该对话框可以使用户有选择地打印模型内的系统。

① Current system：打印当前系统。

② Current system and above：打印当前系统及上层系统。

③ Current system and below：打印当前系统及下层系统。

④ All system：打印模型中的所有系统。

⑤ Include print log：包括打印记录。

⑥ Frame：在每个方块图上打印带有标题的模块框图，在相邻的编辑框内输入标题模块框图的路径。

⑦ Look under mask dialog：打印封装子系统的内容。

⑧ Expand unique library links：库模块是系统时，打印库模块的内容，打印时只复制一次模块。

8.2.2 模块操作

SIMULINK 模块框图是由模块组成的(每个模块代表了动态系统的某个功能单元)，模块之间采用连线连接。因此模块是组成 SIMULINK 模型框图的基本单元，为了构造系统模型，就要对其进行相应的操作，其基本操作包括选定、复制、调整大小、删除等。下面将逐一进行介绍。

1. 模块的选定

在 SIMULINK 的模块库中选择所需的模块的方法是：

(1) 选中所需要的模块，然后将其拖到需要创建仿真模型的窗口，释放鼠标，这时所需要的模块将出现在模型窗口中。

(2) 选中所需的模块，然后右击，在弹出的快捷菜单中执行"Add to file-name"命令(其中 file-name 是模型的文件名)，这样，该选中的模块就出现在 file-name 窗口中。

2. 模块的复制

(1) 不同窗口的模块复制方法有：
① 在一窗口中选中模块，用鼠标左键将其拖到另一模型窗口，释放鼠标；
② 在一窗口中选中模块，单击图标 ![icon]，然后单击目标窗口中需要复制模块的位置，最后单击图标 ![icon]。

(2) 相同模型窗口内模块复制的方法有：
① 按住鼠标右键，拖动鼠标到目标位置，然后释放鼠标。
② 按住 Ctrl 键，再按住鼠标左键，拖动鼠标到目标位置，然后释放鼠标。

在不同窗口和同一窗口，均可采用快捷键进行复制：选中模块，按 Ctrl+C 键进行复制；然后单击需要复制模块的位置，按 Ctrl+V 键进行粘贴。

注意：复制后所得模块和原模块属性相同；应用在同一个模型中，这些模块名字后面加上相应的编号来进行区分；通过复制操作可以实现将一个模块插入到一个与 SIMULINK 兼容的应用程序中(如 Word 字处理程序)。

3. 模块的移动

选中要移动的模块，将模块拖动到目标位置，释放鼠标按键。

注意：与之相连的信号线，由 SIMULINK 自动重新绘制；要移动一个以上的模块(包括它们之间的信号线)，首先选中所要移动的模块及连线，然后将其移动到目标位置即可。

4. 模块的删除

选中要删除的模块，采用以下任何一种方法删除：
(1) 选择 Edit|Cut(删除到剪贴版)，或 Edit|Clear(彻底删除)；
(2) 在模块上右击，在弹出的菜单中执行 Cut 或者 Clear 命令；
(3) 选中要删除的模块，按 Delete 键。

5. 调整模块大小

通常调整一个模块的大小可以改善模型的外观，增强模型的可读性。调整模块大小的具体操作如下：

选中模块，模块四角出现了小方块；单击一个角上的小方块并按住鼠标左键，拖动鼠标，出现了虚线框以显示调整后的大小；释放鼠标，则模块的图标将按照虚线框的大小显示。

注意：调整模块大小的操作，只是改变模块的外观，不会改变模块的各项参数。

6. 模块的旋转

SIMULINK 默认信号的方向是从左到右(即左端是输入端，右端是输出端)，有时为了连线的方便，常要对其进行旋转操作。用户在选定模块后可以通过下面的方法对其进行旋转操作：

(1) 选择菜单 Format|Rotate Block，可以将选定模块旋转 90°；

(2) 选择菜单 Format|Flip Block，可以将选定模块旋转 180°；

(3) 右击，然后从弹出的快捷菜单中选择相应的命令，也可以完成对模块的旋转操作。

7. 模块增加阴影

选择菜单 Format|Show Drop Shadow，可以给选中的模块加上阴影效果，重新选择 Format|Hide Drop Shadow 则可以去除阴影效果。以上操作同样可以右击，在弹出的快捷菜单中完成。

8. 颜色设定

Format 菜单中的 Foreground|Color…可以改变模块的前景颜色；Background|Color…可以改变模块的背景颜色；而模型窗口的颜色可以通过选择 Screen|Color…来改变。

9. 模块名的操作

一个模块创建后，SIMULINK 会自动在模块下面生成一个模块名，用户可以改变模块名的位置和内容。

(1) 模块名的修改：单击需要修改的模块名，这时在原来名字的四周将出现一个编辑框。此时，可在编辑框中完成对模块名的修改。修改完毕后，单击编辑框以外的区域，修改完毕。

(2) 模块名字体的设置：选中模块，选择菜单 Format|Font，打开字体设置对话框(Set Font)，可根据需要设置相应的字体。

(3) 模块名的位置改变：模块名的位置有一定的规律，当模块的接口在左右两侧时，模块名只能位于模块的上下两侧(默认在下侧)；当模块的接口在上下两侧时，模块名只能位于模块的左右两侧(默认在左侧)。因此，模块名只能从原位置移动到相对的位置。可以用鼠标拖动模块名到相对的位置，也可以先选中模块，选择窗口菜单 Format|Flip Name 实现相同的移动。

10. 模块的参数和特性设置

SIMULINK 中几乎所有的模块都有一个模块参数对话框，用户可以在该对话框中设置参数，可以用下面的几种方式打开模块参数对话框：

(1) 在模型窗口选中模块，然后选择模型窗口菜单 Edit|BLOCK parameters…，这里的"BLOCK"指的是相应选中模块的模块名。

(2) 在模型窗口选中模块，右击，选择 BLOCK parameters…。

(3) 双击模块，打开模块参数对话框。

对于不同的模块，参数对话框会有所不同，用户可以按要求来对其进行设置。

每个模块都有一个内容相同的特性设置对话框，(在模块上右击，选择 Model properties 即可得到模块特性设置的对话框)。它可以对说明，优先级，标记等内容进行设置。

11. 模块的输入/输出信号

通常模块所处理的信号包括标量信号和向量信号两类，默认状态下，大多数的模块输出为标量信号，某些模块通过对参数的设定，可以使模块输出为向量信号。而对于输入信号而言，模块能够自动匹配。

8.2.3 信号线操作

模块设置好后，需要将它们按照一定的顺序连接起来才能组成完整的系统模型(模块之间的连接称为信号线)。信号线基本操作包括绘制、分支、折曲、删除等。下面将逐一对其进行介绍。

1. 绘制信号线

可以采用下面任一方法绘制信号线：

(1) 将鼠标指向连线起点(某个模块的输出端)，此时鼠标的指针变成十字形，按住鼠标不放，并将其拖动到终点(另一模块的输入端)释放鼠标即可。

(2) 首先选中源模块，然后在按 Ctrl 键的同时，单击目标模块。

注意：信号线的箭头表示信号的传输方向；如果两个模块不在同一水平线上，连线将是一条折线，将两模块调整到同一水平线，信号线自动变成直线。

2. 信号线的移动和删除

(1) 信号线的移动

选中信号线，采用下面任一方法移动：
① 鼠标指向它，按住鼠标左键，拖动鼠标到目标位置，释放鼠标；
② 选择键盘上的上、下、左、右键来移动。

(2) 信号线的删除

选中信号线，用下面的任一方法删除：
① 按 Delete 键；
② 选择窗口菜单中的 Edit|Delete；
③ 右击，执行 clear 或 cut 命令。

3. 信号线的分支和折曲

(1) 信号分支：实际模型中，某个模块的信号经常要同不同的模块进行连接，此时，信号线将出现分支如图 8.3 所示。

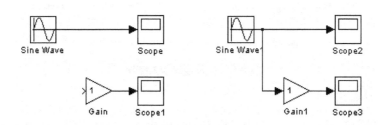

图 8.3 信号线的分支

可采用以下的方法之一实现分支：
① 按住 Ctrl 键，在信号线分支的地方按住鼠标左键，拖动鼠标到目标模块的输入端，

释放 Ctrl 键和鼠标。

② 在信号线分支处按住鼠标左键并拖动鼠标至目标模块的输入端，然后释放鼠标。

(2) 信号折曲：实际模型创建中，有时需要信号线转向，称为"折曲"，如图 8.4 所示。

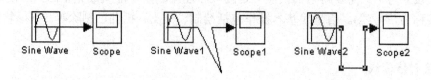

图 8.4　信号线的折曲

可采用以下的方法之一实现折曲：

① 任意方向折曲：选中要折曲的信号线，将光标指向需要折曲的地方，按住 Shift 键，再按住鼠标左键，拖动鼠标以任意方向折曲，释放鼠标。

② 直角方式折曲：同上面的操作，但不要按 Shift 键。

③ 折点的移动：选中折线，将光标指向待移的折点处，光标变成了一个小圆圈，按住鼠标左键并拖动到目标点，释放鼠标，如图 8.5 所示。

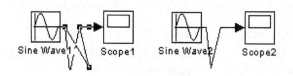

图 8.5　折点的移动

4. 信号线间插入模块

建模过程中，有时需要在已有的信号线上插入一个模块，如果此模块只有一个输入口和一个输出口，那么这个模块可以直接插到一条信号线中。

具体操作：选中要插入的模块，拖动模块到信号线上需要插入的位置，释放鼠标，如图 8.6 所示。

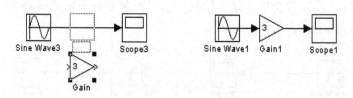

图 8.6　信号线间插入模块

5. 信号线的标志

为了增强模型的可读性，可以为不同的信号做标记，同时在信号线上附加一些说明。

(1) 信号线注释：双击需要添加注释的信号线，在弹出的文本编辑框中输入信号线的注释内容即可，如图 8.7 所示。

(2) 信号线上附加说明

① 粗线表示向量信号：选中菜单 Format|Wide nonscalar lines 即可以把图中传递向量信

号的信号线用粗线标出,如图 8.8 所示。这样可以直观的区别各模块之间传递的数据是变量还是矩阵。

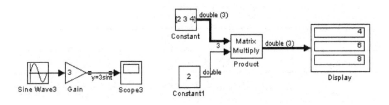

图 8.7 信号线注释　　　　　图 8.8 信号线上附加说明

② 显示数据类型及信号维数：选择菜单 Format|Port data types 及 Format|Signal dimensions，即可在信号线上显示前一个输出的数据类型及输入/输出信号的维数，如图 8.8 所示。

③ 信号线彩色显示：SIMULINK 所建离散系统模型允许多个采样频率。为了清晰显示不同采样频率的模块及信号线，选择菜单 Format|Sample Time Color，SIMULINK 将用不同颜色显示采样频率不同的模块和信号线。默认红色表示最高采样频率，黑色表示连续信号流经的模块及线。

8.2.4 对模型的注释

对于友好的 SIMULINK 模型界面，对系统的模型注释是不可缺少的。使用模型注释可以使模型更易读懂，其作用如同 MATLAB 程序中的注释行，如图 8.9 所示。

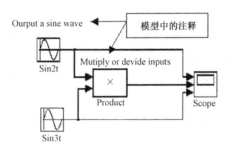

图 8.9 模型中的注释

(1) 创建模型注释：在将用作注释区的中心位置，双击，在出现的编辑框中输入所需的文本后，单击编辑框以外的区域，完成注释。

(2) 注释位置移动：可以直接用鼠标拖动实现。

(3) 注释的修改：只需单击注释，文本变为编辑状态即可修改注释信息。

(4) 删除注释：按 Shift 键，同时选中注释，然后按 Delete 键或 Backspace 键即可。

(5) 注释文本属性控制：在注释文本上右击，可以改变文本的属性，如大小、字体和对齐方式；也可以通过执行模型窗口"Format"菜单下的命令实现。

8.2.5 常用的 Source 信源

Source 库中包含了用户用于建模的基本的输入模块，熟悉其中常用模块的属性和用法，对模型的创建是必不可少的。表 8-1 列出了 Source 库中的所有模块及各个模块的简单功能介绍。对其中一些常用的模块的功能及参数设置做一下详细的说明。

表 8-1 Sources 库简介

名　　称	功　　能
Band-Limited White Noise	生成白噪声信号
Chirp Signal	生成一个频率随时间线性增大正弦波信号
Clock	显示并输出当前的仿真时间
Constant	生成常数信号
Digital Clock	按指定采样间隔生成仿真时间
From Workspace	数据来自 MATLAB 的工作空间
From File	输入数据来自某个数据文件
Ground	用来连接输入端口未连接的模块
In1	输入端
Pulse Generator	脉冲发生器
Ramp	斜坡信号
Random number	生成高斯分布的随机信号
Repeating sequence	生成重复的任意信号
Signal Generator	信号发生器
Signal buider	生成任意分段的线性信号
Sine Wave	生成正弦波
Step	生成阶跃信号
Uniform Random Number	生成平均分布的随机信号

1. Chirp Signal(扫频信号模块)

此模块可以产生一个频率随时间线性增大正弦波信号，可以用于非线性系统的频谱分析。模块的输出既可以是标量也可以是向量。

打开模块参数对话框，该模块有 4 个参数可设置。

(1) Initial frequency：信号的初始频率。其值可以是标量和向量，默认值为 0.1Hz。

(2) Target time：目标时间，即变化频率在此时刻达到设置的"目标频率"。其值可以是标量或向量，默认值为 100。

(3) Frequency at target time：目标频率。其值可为标量或向量，默认值为 1Hz。

(4) Interpret vector parameters as 1-D：如果在选中状态，则模块参数的行或列值将转换成向量进行输出。

2. Clock(仿真时钟模块)

此模块输出每步仿真的当前仿真时间。当模块打开的时候，此时间将显示在窗口中。但是，当此模块打开时，仿真的运行会减慢。当在离散系统中需要仿真时间时，要使用 Digital Clock。此模块对一些其他需要仿真时间的模块是非常有用的。

Clock 模块用来表示系统运行时间,此模块共有 2 个参数。

(1) Display time：此参数复选框用来指定是否显示仿真时间。

(2) Decimation：此参数是用来定义此模块的更新时间步长,默认值为 10。

3. Constant(常数模块)

Constant 模块产生一常数输出信号。信号既可以是标量,也可以是向量或矩阵,具体取决于模块参数和 Interpret vector parameters as 1-D 参数的设置。

图 8.10 是 Constant 模块的参数设置窗口。

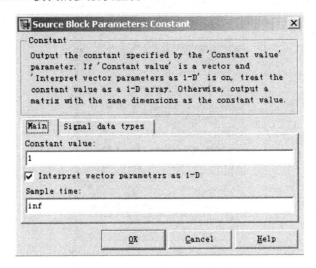

图 8.10　Constant 模块参数设置窗口

参数说明。

(1) Constant value：常数的值,可以为向量。默认值为 1。

(2) Interpret vector parameters as 1-D：在选中状态时,如果模块参数值为向量,则输出信号为一维向量,否则为矩阵。

(3) Sample time：采样时间,默认值为-1(inf)。

(4) Output data type mode：选项右边下拉菜单中的各选项选择输出数据的类型。

4. Sine Wave(正弦波模块)

此模块的功能是产生一个正弦波信号。它可以产生两类正弦曲线：基于时间模式和基于采样点模式。若在 Sine type 列表框中选择 Time based,生成的曲线是基于时间模式的正弦曲线。图 8.11 是正弦模块的参数设置窗口。

在 Time based(基于时间)模式下使用下面的公式计算输出的正弦曲线：

$$y=Amplitude\times sin(Frequency\times time+phase)+bias$$

有 5 个参数。

(1) Amplitude：正弦信号的幅值,默认值为 1。

(2) Bias：偏移量,默认值为 0。

(3) Frequency：角频率(单位是 rad/s),默认值为 1。

(4) Phase：初相位(单位是 rad)，默认值为 0。

(5) Sample time：采样间隔，默认值为 0，表示该模块工作在连续模式，大于 0 则表示该模块工作在离散模式。

Sample based(基于采样)模式下 5 个参数。

(1) Amplitude：正弦信号的幅值，默认值为 1。

(2) Bias：偏移量，默认值为 0。

(3) Samples per period：每个周期的采样点，默认值为 10。

(4) Number of offset samples：采样点的偏移数，默认值为 0。

(5) Sample time：采样间隔，默认值为 0。在该模式下，必须设置为大于 0 的数。

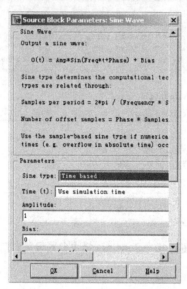

图 8.11 Sine wave 模块的参数设置窗口

5. Repeating Sequence (周期序列)

此模块可以产生波形任意指定的周期标量信号，共有 2 个可设置参数。

(1) Time values：输出时间向量，默认值为［0,2］，其最大时间值即为指定周期信号的周期。

(2) Output values：输出值向量，每一个值对应同一时间列中的时间值，默认值为［0,2］。

这两个参数的数组大小要一致。比如 Time values 参数设为［1,2］，Output values 参数设为［1,5］，输出波形如图 8.12 所示。

该波形的周期 T=2(取决于 Time values 参数中的最大值 2)；t=1 时，输出为 1；t=2,输出值为 5。

6. Signal Generator(信号发生器模块)

此模块可以产生不同波形的信号：正弦波、方波、锯齿波和随机信号波形。用于分析在不同激励下系统的响应。

此模块共有 4 个主要参数。

(1) Wave form：信号波形，可以设置为正弦波、方波、锯齿形波随机波 4 种波形，默认为正弦波。

(2) Amplitude：信号振幅，默认值为 1，可为负值(此时波形偏移 180º)。

(3) Frequency：信号频率，默认值为 1。

(4) Units：频率单位，可以设置为赫[兹](Hz)和弧度/秒(rad/s)，默认值为 Hz。

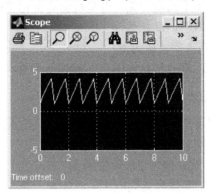

图 8.12　输出周期序列

7. Step(阶跃信号模块)

此模块是在某规定时刻于两值之间产生一个阶跃变化，既可以输出标量信号又可以输出向量信号，取决于参数的设定。

【例 8.1】　对 $\varepsilon(t-2)$ 积分。

解：模型如图 8.13 所示，输出波形如图 8.14 所示，$\varepsilon(t-2)$ 的积分为斜坡信号。

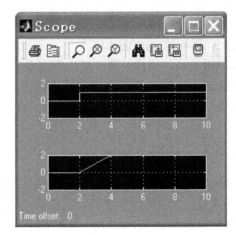

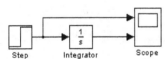

图 8.13　例 8.1 系统模型图　　　图 8.14　例 8.1 输出波形显示

参数说明。

(1) Step time：跳变时间，即从 Initial value 的值变到 Final value 值的时刻。本例设为 2，对应 $\varepsilon(t-2)$ 的时间延迟，单位为 s。

(2) Initial value：跳变前的信号值，本例设为 0。

(3) Final value：跳变后的信号值，本例设为 1。

(4) Sample time：采样时间，默认值为 0。

(5) Interpret vector parameters as 1-D：选中状态时，如果模块参数值是向量，则输出为一维向量，否则输出与模块参数具有相同维数的矩阵。

8. Ramp(斜坡信号模块)

此模块用来产生一个开始于指定时刻，以常数值为变化率的斜坡信号。参数说明如下：
(1) Slope：斜坡信号的斜率，默认值为 1。
(2) Start time：开始时刻，默认值为 0。
(3) Initial output：变化之前的初始输出值，默认值为 0。

9. Pulse Generator(脉冲发生器模块)

该模块以一定的时间间隔产生标量、向量或矩阵形式的脉冲信号。主要参数说明如下：
(1) Amplitude：脉冲幅度，默认值为 1；
(2) Period：脉冲周期，默认值为 2，单位为 s；
(3) Pulse width：占空比，即信号为高电平的时间在一个周期内的比例，默认值为 50%；
(4) Phase delay：相位延迟，默认值为 0。

10. Digital Clock(数字时钟模块)

此模块仅在特定的采样间隔产生仿真时间，其余时间，显示保持前一次的值。该模块适用于离散系统。只有一个参数：Sample time(采样间隔)，默认值为 1s。

11. From workspace (读取工作间模块)

此模块从 MATLAB 工作空间中的变量中读取数据，模块的图标中显示变量名。
主要参数说明。
(1) Data：读取数据的变量名。
(2) Sample time：采样间隔，默认值为 0。
(3) Interpolate data：选择是否对数据插值。
(4) Form output after final data value by：确定该模块在读取完最后时刻的数据后，模块的输出值。

12. From File(读取文件模块)

此模块从指定文件中读取数据，模块将显示读取数据的文件名。
文件必须包含大于两行的矩阵。其中第一行必须是单调增加的时间点。其他行为对应时间点的数据，形式为

$$\begin{bmatrix} t_1 & t_2 & \cdots & t_{final} \\ u_{11} & u_{12} & & u_{1final} \\ \vdots & \vdots & & \vdots \\ u_{n1} & u_{n2} & & u_{nfinal} \end{bmatrix}$$

输出的宽度取决于矩阵的行数。此模块采用时间数据来计算其输出，但在输出中不包含时间项，这意味着若矩阵为 m 行，则输出为一个行数为 $m-1$ 的向量。
此模块共有 2 个可设置参数。
(1) File name：输入数据的文件名，默认为 untitled.mat。

(2) Sample time：采样间隔，默认值为 0。

13. Ground(接地模块)

该模块用于将其他模块的未连接输入接口接地。如果模块中存在未连接的输入接口，则仿真时会出现警告信息，使用接地模块可以避免产生这种信息。接地模块的输出是 0，与连接的输入接口的数据类型相同。

14. In1(输入接口模块)

建立外部或子系统的输入接口，可将一个系统与外部连接起来。
主要参数说明。
(1) Port number：输入接口号，默认值为 1。
(2) Port dimensions：输入信号的维数，默认值为-1，表示动态设置维数；可以设置成 n 维向量或 $m \times n$ 维矩阵。
(3) Sample time：采样间隔，默认值为-1。

15. Band-Limited White Noise(带限白噪声模块)

此模块用来产生适用于连续或混合系统的正态分布的随机信号。此模块与 Random Number(随机数)模块的主要区别在于，此模块以一个特殊的采样速率产生输出信号，此采样速率是同噪声的相关时间有关。

此模块有 3 个可设置参数。
(1) Noise power：白噪声的功率谱(PSD)幅度值，默认为 0.1；
(2) Sample time：噪声的相关时间，默认为 0.1；
(3) Seed：随机数的随机种子，默认值为 23341。

16. Random Number(随机数模块)

此模块用于产生正态分布的随机数。若要产生一个均匀分布的随机数，用 Uniform Random Number 模块。

此模块共有 4 个可设置参数。
(1) Mean：随机数的数学期望值，默认值为 0；
(2) Variance：随机数的方差，默认值为 1；
(3) Initial seed：起始种子数，默认值为 1；
(4) Sample time：采样间隔，默认值为 0，即连续采样。

注意：尽量避免对随机信号积分，因为在仿真中使用的算法更适于光滑信号。若需要干扰信号，可以使用 Band-Limited White Noise 模块。

17. Uniform Random Number(随机数模块)

此模块用于产生均匀分布在指定时间区间内的有指定起始种子的随机数。"随机种子"在每次仿真开始时会重新设置。若要产生一个具有相同期望和方差的向量，需要设定参数 Initial seed 为一个向量。

此模块共有 4 个可设置参数。

(1) Minimum：时间间隔的最小值，默认值为-1。
(2) Maximum：时间间隔的最大值，默认值为1。
(3) Initial seed：起始随机种子数，默认值为0。
(4) Sample time：采样间隔，默认值为0。

8.2.6 常用的 Sink 信宿

Sink 库中包含了用户用于建模的基本的输出模块，熟悉其中模块的属性和用法，对模型的创建和结果的分析是必不可少的。表 8-2 列出了 Sink 库中的所有模块及简单功能介绍。

表 8-2 Sink 库简介

名 称	功 能
Display	数值显示
Floating Scope	悬浮示波器，显示仿真时生成的信号
Out1	为子系统或外部创建一个输出端口
Scope	示波器，显示仿真时生成的信号
Stop simulation	当输入为非零时停止仿真
Terminator	终止一个未连接端口
To File	将数据写在文件中
To Workspace	将数据写入工作空间的变量中
XY Graph	使用 MATLAB 图形窗口显示信号的 *X-Y* 图

下面对 Source 库中的常用的几个模块做一下详细说明。

1. Display 模块

此模块是用来显示输入信号的数值，既可以显示单个信号也可以显示向量信号或矩阵信号。

说明：(1) 显示数据的格式可以通过属性对话框下选择 Format 选项来控制；
(2) 如果信号显示的范围超出了模块的边界，在该模块的右下角会出现一个黑色的三角，调整模块的大小，即可以显示全部的信号的值。

图 8.15 是输入为数组的情况，图 8.15(a)中模块有一个黑色的三角形，表示模型未显示全部输入；经过调整，黑色三角形消失，显示全部输入，如图 8.15(b)所示。

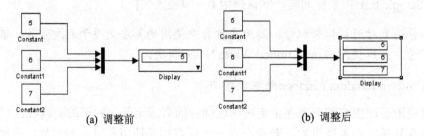

(a) 调整前　　　　　　　　　　(b) 调整后

图 8.15 Display 模块

可以通过选择 Display 模块对话框 floating display 选项来设置悬浮 Display 模块(完成设置后，Display 模块的输入接口消失)，如图 8.16 所示。

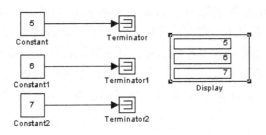

图 8.16 悬浮显示器的使用

说明：

(1) 模型中使用了 Terminator 模块，不是为了显示输出信号的，而是为了避免警告信息(在运行仿真时若有未与输出接口连接的模块，SIMULINK 会发出警告信息)。

(2) 要选中图中的 3 条信号线，先选中其中的一条，当按下 Shift 键的同时选择其他的两条。运行仿真，即可出现上图的显示结果。

(3) 在默认状态下，SIMULINK 会重复使用存储信号的缓存区，SIMULINK 信号都是局部变量，而使用悬浮器件时，由于悬浮器件与信号之间没有实际的连接，故"局部变量"不再适用。一种方法是：关闭 Simulation parameters(在模型窗口 Simulation 菜单下)中的 Advanced 选项卡下面的 signal storage reuse 设置(将该选项设为 off)；另一种方法是：把要观察的信号设为全局变量(选择信号，然后选"Edit|Signal Properties"命令，在打开的 Signal Monitoring options 选项中设为 Simulink Global。

(4) 对于一般问题来说，仿真过程非常快，所以不适用于连接该模块来显示输出结果。

2. Scope 和 Floating Scope 模块

Scope 模块的显示界面与示波器类似，是以图形的方式显示指定的信号。当用户运行仿真模型时，SIMULINK 会把结果写入到 Scope 中，但是并不打开 Scope 窗口。仿真结束后打开 Scope 窗口，会显示 Scope 的输入信号的图形。

【例 8.2】 实现对斜坡信号的积分，并以示波器显示输出结果。

解：模型如图 8.17 所示，Scope 显示结果如图 8.18 所示。

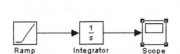
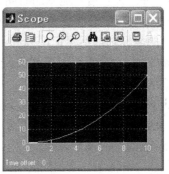

图 8.17 例 8.2 系统模型图　　图 8.18 例 8.2 仿真结果显示

Scope 窗口中标明了 x、y 轴坐标，用户可以根据需要改变坐标轴的显示参数。在示波器窗口右击，在弹出的快捷菜单中，选择 Axes properties，即打开坐标轴属性对话框，本例中 Y-min 设置为 0，Y-max 设置为 60，Title(示波器名称)为默认值 Scope。

Scope 模块是 Sink 库中最为常用的模块，通过利用 Scope 模块窗口中工具条上的工具，可以实现对输出信号曲线进行各种控制调整，便于对输出信号分析和观察。

工具条上的工具从左到右依次为：打印、示波器参数、缩放(同时缩放 x、y 坐标轴)、缩放 x 坐标轴、缩放 y 坐标轴、自动缩放、保存轴设置、恢复轴设置、悬浮示波器、解锁选择、信号选择等。

下面对其操作进行详细地说明。

(1) 打印输出：该功能就是打印仿真结果的输出信号；

(2) 参数设置：单击示波器工具栏上的示波器图标，打开 Scope properties(示波器属性)设置对话框，这个对话框中有两个页面：General 和 Data history(如图 8.19 所示)。下面对各个参数的设置作一下介绍。

(a) General 参数设置页面

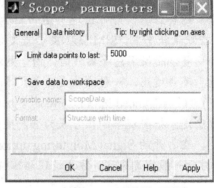
(b) Data history 参数设置页面

图 8.19 示波器参数设置界面

General 页面下的参数说明。

① Number of axes：设置坐标系的数目(即示波器的通道数)。在一个 Scope 模块中使用多个坐标系窗口的同时输出多个信号。默认设置为 1，即显示一个坐标系窗口。

② Time range：设置信号显示的时间范围(即 x 轴显示范围)。

③ Tick labels：表示是否对坐标轴标记。下拉列表中有 3 个选项，all(标记所有的坐标轴)、none(所有的坐标轴都不标记)、bottom axis only(只标记底部的 x 轴)。

④ Floating scope：悬浮示波器开关，选中时将 Scope 模块切换到 Floating scope。悬浮示波器在后面有相关的介绍。

⑤ Sampling：如果选择 Decimation 选项，则在右侧的文本框窗口输入一个数值来确定小数部分；如果选择 Sample time，即显示采样间隔内的数据，在右侧输入合适的值。

Data histroy 页面下的参数说明。

① Limit data points to last：限制信号显示的数据点的数目，Scope 模块会自动进行截取，以显示信号的最后 n 个点(n 为设置值)。

② Save data to workspace：保存数据到工作空间的变量。将 Scope 模块显示的信号保

存到 MATLAB 工作空间的变量中，以便对信号进行进一步的定量分析。数据保存有 3 种类型：带时间变量的结构体(Structure with time)、结构体(Structure)以及数组变量(Array)，与 Sink 库中的 To workspace 模块类似。

(3) 整体缩放和局部缩放

为了满足用户对信号进行局部观察的需要，可以分别对 x 轴、y 轴或同时对 x 轴和 y 轴(整体视图)的信号进行缩放，也可以对信号的指定范围进行缩放。

按下工具栏中的相应按钮(🔍—整体缩放，🔍—x 轴缩放，🔍—y 轴缩放)，在要放大的曲线的中心位置单击，每次单击都实现一次放大。如要实现曲线的局部放大，按下工具栏中的相应按钮后，在曲线上按住鼠标左键，选定范围，释放鼠标即可得到局部的放大图。在放大的视图上双击即可恢复原视图。

(4) 自动缩放

单击工具栏中的按钮 🔭，可以自动调整显示范围，以匹配系统仿真输出信号的动态范围。还可以在显示波形上右击，在弹出的快捷菜单中选择"Autoscale"实现。

(5) 保存与恢复坐标轴设置

在使用 Scope 观察信号时，用户可以单击按钮 📄，保存当前坐标轴设置，这样，当视图发生改变后，单击按钮 📄 可以恢复坐标轴设置。同样，可以右击，选择弹出菜单的相关菜单项实现。

(6) 悬浮示波器

悬浮示波器是一个不带接口的模块，在仿真过程中可以显示被选中的一个或多个信号。

使用悬浮示波器有两种方法：直接利用 Sink 库中的 Floating Scope 模块；利用 Sink 库中的 Scope，在示波器显示窗口，单击"悬浮示波器"按钮 📄。图 8.20 是一个使用悬浮示波器的实例。

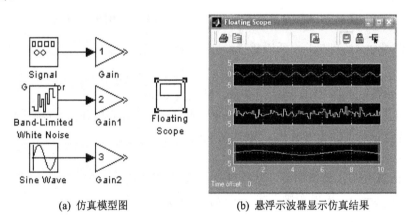

(a) 仿真模型图　　　　　(b) 悬浮示波器显示仿真结果

图 8.20　悬浮示波器的使用

说明：

悬浮示波器可以显示被选择的多个信号，通过悬浮坐标系周围的蓝框来辨别。

① 多个信号的选择可以通过两种方式实现：单击悬浮示波器工具栏中按钮 📄，打开 Signal Selector 对话框，用户在此可以选择模型中的任意位置的信号；也可以通过先选一个信号后按住 Shift 键，再选其他信号线；

② 在一个 Simulink 模型中可以有多个悬浮示波器，但指定时刻只有一组坐标系被激活(蓝色框显示)，未被激活的悬浮示波器信号被锁住(不会改变)；

③ 其余的参数设置和使用与 Scope 模块类似。

3. Out1

该模块与 Source 库下的 In1 模块类似，可以为子系统或外部创建一个输出接口。

【例 8.3】 实现对斜坡信号的积分，并以 Out1 模块为系统设置一个输出接口。

解：模型如图 8.21 所示。

该模型中 Out1 模块为系统提供了一个输出接口，如果同时定义返回工作空间的变量(变量通过 Configuration Parameters 中的 Data Import/Export 选项来定义，在 8.3 节详细介绍)即把输出信号(斜坡信号的积分信号)返回到定义的工作变量中。此例中时间变量和输出变量使用默认设置 tout 和 yout。

运行仿真，在 MATLAB 命令窗口中输入如下命令绘制输出曲线：

```
>> plot(tout,yout);
```

输出曲线在 MATLAB 图形窗口显示，显示结果如图 8.22 所示。

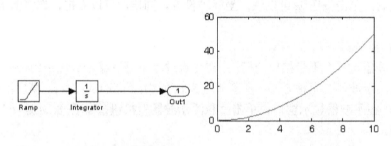

图 8.21　例 8.3 系统模型图　　　　图 8.22　例 8.3 结果显示

4. To Workspace(写入工作空间模块)

此模块是把设置的输出变量写入到 MATLAB 工作区间。模块参数如下。

(1) Variable name：模块的输出变量，默认值 simout。

(2) Limit data points to last：限制输出数据点的数目，To Workspace 模块会自动进行截取数据的最后 n 个点(n 为设置值)，默认值 inf。

(3) Decimation：步长因子，默认值 1。

(4) Sample time：采样间隔，默认值-1。

(5) Save format：输出变量格式，可以指定为数组或结构。

5. XY Graph(XY 图形模块)

此模块的功能是利用 MATLAB 的图形窗口绘制信号的 X-Y 曲线。模块参数为

(1) x-min：x 轴的最小取值，默认值-1。

(2) x-max：x 轴的最大取值，默认值 1。

(3) y-min：y 轴的最小取值，默认值-1。

(4) y-max：y 轴的最大取值，默认值 1。

(5) Sample time：采样间隔，默认值-1。

如果一个模型中有多个 XY Graph 模块，在仿真时，SIMULINK 会为每一个 XY Graph 模块打开一个图形窗口。

6. To file 模块

利用该模块可以将仿真结果以 Mat 文件的格式直接保存到数据文件中。模块参数如下。

(1) Filename：保存数据的文件名，默认值 untitled.mat。如果没有指定路径，则存于 MATLAB 工作空间目录。

(2) Variable name：在文件所保存矩阵的变量名，默认值 ans。

(3) Decimation：步长因子，默认值 1。

(4) Sample time：采样间隔，默认值-1。

如上所述，我们可以看出仿真的结果既可以以数据的形式保存到文件中，也可以用图形的方式直观地显示出来，仿真结果的输出可以采用多种方式实现：使用 Scope 模块或 XY Graph 模块；使用 Floating Scope 模块和 Display 模块；利用 Out1 模块将输出数据写入到返回变量，并用 MATLAB 绘图命令绘制曲线；将输出数据用 To Workspace 模块写入到工作区，并用 MATLAB 绘图命令绘制曲线。熟悉以上模块的使用，对仿真结果的分析有很重要的意义。

其余模块在这里就不作介绍，如有需要可以查阅 MATLAB 帮助。

8.2.7　仿真的配置

构建好一个系统的模型后，在运行仿真前，必须对仿真参数进行配置。仿真参数的设置包括：仿真过程中的仿真算法、仿真的起始时刻、误差容限及错误处理方式等的设置，还可以定义仿真结果的输出和存储方式。

首先打开需要设置仿真参数的模型，然后在模型窗口的菜单中选择 Simulation|Configuration Parameters，就会弹出仿真参数设置对话框，如图 8.23 所示。

仿真参数设置共有 5 个主要部分：Solver，Data Import/Export，Optimization，Diagnostics，Real-Time Workshop。下面对其常用设置做一下具体的说明。

1. Solver(算法)的设置

该部分主要完成对仿真的起止时间，仿真算法类型等的设置，如图 8.23 所示。

(1) Simulation time：仿真时间，设置仿真的时间范围。

用户可以在 Start time 和 Stop time 文本框中输入新的数值来改变仿真的起始时刻和终止时刻，默认值 Start time：0.0 和 Stop time：10.0。

注意：仿真时间与实际的时钟并不相同，前者是计算机仿真对时间的一种表示，后者是仿真的实际时间。如仿真时间为 10s，如果步长为 0.1s，则该仿真要执行 100 步，当然步长减小，总的执行时间会随之增加。仿真的实际时间取决于模型的复杂程度，算法及步长的选择，计算机的速度等诸多因素。

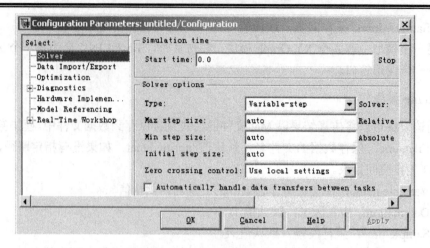

图 8.23 仿真参数设置对话框

(2) Solver options：算法选项，选择仿真算法，并对其参数及仿真精度设置。

① Type：指定仿真步长的选取方式，包括 Variable-step(变步长) 和 Fixed-step(固定步长)。

② Solver：选择对应的模式下所采用的仿真算法。

变步长模式下的仿真算法主要有

- discrete(no continous states)，适用于无连续状态变量的系统。
- Ode45：四五阶龙格-库塔法，默认值算法，适用于大多数连续或离散系统，但不适用于刚性(stiff)系统，采用的是单步算法，也就是在计算 $y(t_n)$ 时，仅需要最近处理的 $y(t_{n-1})$ 的结果。一般来说，面对一个仿真问题最好是首先试试 Ode45。
- Ode23：二三阶龙格-库塔法，它在误差限要求不高和求解的问题不太难的情况下，可能会比 Ode45 更有效，也为单步算法。
- Ode113：阶数可变算法，它在误差容许要求严格的情况下通常比 Ode45 有效，是一种多步算法，就是在计算当前时刻输出时，它需要以前多个时刻的解。
- Ode15s：是一种基于数值微分公式的算法，也是一种多步算法，适用于刚性系统，当用户估计要解决的问题是比较困难的，或者不能使用 Ode45，或者即使使用效果也不好，就可以用 Ode15s。
- Ode23s：是一种单步算法，专门应用于刚性系统，在弱误差允许下的效果好于 Ode15s。它能解决某些 Ode15s 所不能有效解决的 stiff 问题。
- Ode23t：这种算法适用于求解适度 stiff 的问题而用户又需要一个无数字振荡的算法的情况。
- Ode23tb：在较大的容许误差下可能比 Ode15s 方法有效。

固定步长模式下的仿真算法主要有

- discrete(no continous states)：固定步长的离散系统的求解算法，特别是用于不存在状态变量的系统。
- Ode5：是 Ode45 的固定步长版本，默认值，适用于大多数连续或离散系统，不适用于刚性系统。
- Ode4：四阶龙格-库塔法，具有一定的计算精度。

- Ode3：固定步长的二三阶龙格-库塔法。
- Ode2：改进的欧拉法。
- Ode1：欧拉法。
- Ode14X：插值法。

(3) 参数设置：对两种模式下的参数进行设置。

变步长模式下的参数设置

① Max step size：它决定了算法能够使用的最大时间步长，它的默认值为"仿真时间/50"，即整个仿真过程中至少取 50 个取样点，但这样的取法对于仿真时间较长的系统则可能带来取样点过于稀疏，而使仿真结果失真。一般建议对于仿真时间不超过 15s 的采用默认值即可，对于超过 15s 的每秒至少保证 5 个采样点，对于超过 100s 的，每秒至少保证 3 个采样点。

② Min step size：算法能够使用的最小时间步长。

③ Intial step size：初始时间步长，一般建议使用"auto"默认值即可。

④ Relative tolerance：相对误差，它是指误差相对于状态的值，是一个百分比，默认值为1e-3，表示状态的计算值要精确到0.1%。

⑤ Absolute tolerance：绝对误差，表示误差值的门限，或者是说在状态值为零的情况下，可以接受的误差。如果它被设成了 auto，那么 simulink 为每一个状态设置初始绝对误差为 1e-6。

固定步长模式下的主要参数设置

Tasking mode for periodic sample times 下拉菜单下的 3 个选项。

① Auto：根据模型中模块的采样速率是否一致，自动决定切换到 multitasking 或 singletasking。

② Single Tasking：单任务模式，这种模式不检查模块间的速率转换，它在建立单任务系统模型时非常有用，在这种系统就不存在任务同步问题。

③ Muti Tasking：多任务模式，选择这种模式时，当 simulink 检测到模块间非法的采样速率转换，它会给出错误提示。所谓的非法采样速率转换指两个工作在不同采样速率的模块之间的直接连接。在实时多任务系统中，如果任务之间存在非法采样速率转换，那么就有可能出现一个模块的输出在另一个模块需要时却无法利用的情况。通过检查这种转换，Multitasking 将有助于用户建立一个符合现实的多任务系统的有效模型。

其余的参数一般取默认值，这里就不作介绍。

2. Data Import/Export(数据输入/输出)的设置

仿真时，用户可以将仿真结果输出到 MATLAB 工作空间中，也可以从工作空间中载入模型的初始状态，这些都是在仿真配置中的 Data Import/Export 中完成，如图 8.24 所示。

该部分有 4 个选项区。

(1) Load from workspace：从工作空间载入数据。

① Input：输入数据的变量名，例如[t,u]，该向量的第一列为仿真时间，第二至第 n 列分别对应于模型的第一至第 n 个输入。

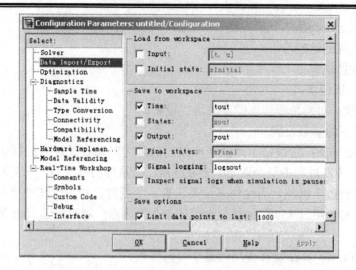

图 8.24 Data Import/Export 参数设置对话框

② Initial state：从 MATLAB 工作空间获得的状态初始值的变量名。模型将从 MATLAB 工作空间获取模型所有内部状态变量的初始值，而不管模块本身是否已设置。该栏中输入的应该是 MATLAB 工作空间已经存在的变量，变量的次序应与模块中各个状态中的次序一致。

(2) Save to workspace：保存结果到工作空间，几个主要参数说明如下。

① Time：时间变量名，存储输出到 MATLAB 工作空间的时间值，默认名为 tout；

② States：状态变量名，存储输出到 MATLAB 工作空间的状态值，默认名为 xout；

③ Output：输出变量名，如果模型中使用 Out 模块，那么就必须选择该栏；

④ Final state：最终状态值输出变量名，存储输出到 MATLAB 工作空间的最终状态值。

(3) Save options(变量存放选项)。

① Limit data point to last：保存变量的数据长度。

② Decimation：保存步长间隔，默认值为 1，也就是对每一个仿真时间点产生值都保存；若为 2，则是每隔一个仿真时刻才保存一个值。

③ Format：设置保存数据的格式。

(4) Output options(输出选项)：允许用户控制仿真产生的输出数目。

① Refine output：细化输出，该选项在仿真结果太差的时候提供更多的输出点，该参数是在两个仿真步之间额外输出点的个数。例如，调整因子设置为 2，仿真将在相邻两步仿真中间的时刻额外进行一次计算。采用增大细化因子的方法可以使曲线更光滑。由于这些额外输出是通过插值完成的，不改变仿真步长。在绘制系统仿真曲线时由于步长过大使曲线不光滑时，就可以通过增大细化因子来获得好的仿真效果。该方法适合同 Ode45 方法结合使用。

② Produce additional output：该选项可以让用户直接指定需要增加的额外输出时间，可以在相应的时间域中输入具体的时间向量，这些额外增加的输出是通过连续插值实现的。但根据选项设置的额外输出仿真步长会调整。

③ Produce specified output only：只输出指定时刻的仿真结果，它会改变步长来适应指

定的输出时刻。在固定时刻比较多个不同的仿真过程时，常用到该选项。

④ Refine factor：细化因子。

3. Diagnostics/Optimization/ Real-Time Workshop 项的设置

① Diagnostics：主要设置用户在仿真的过程中会出现各种错误或报警消息。用户可以在该项中进行适当的设置来定义是否需要显示相应的错误或报警消息。

② Optimazation：该项主要让用户设置影响仿真性能的不同选项：比如说选择 Block reduction optimization 选项表示用合成模块代替模块组，从而加快模型的执行。

③ Real-time：该项的设置和选项影响实时工作间从模型中生成代码的方式。一般采用默认设置，这里就不作说明。

设置好仿真参数后，就可以启动仿真了。启动仿真的方法有两种，一种是在模型窗口以菜单方式直接启动仿真，一种是在 MATLAB 命令窗口采用命令行方式启动仿真。

8.2.8 启动仿真

(1) 选择菜单 Simulation|Start。
(2) 单击工具栏上的 ▶ 图标。
(3) 在命令窗口输入调用函数 sim('model')进行仿真。

仿真的最终目的是要通过模型得到某种计算结果，故仿真结果的分析是系统仿真的重要环节。仿真结果的分析不仅可以通过 SIMULINK 提供的输出模块完成，而且 MATLAB 也提供了一些用于仿真结果分析的函数和指令，限于篇幅，本书不再赘述。

8.3 SIMULINK 仿真实例

下面将介绍 3 个利用 SIMULINK 进行仿真的简单实例。希望通过具体步骤地讲解，读者能对系统仿真的整个过程有一个更好的掌握。

【例 8.4】 实现 $y(t)=\sin2t\sin3t$。试建立该系统的 SIMULINK 模型，并进行仿真分析，相应的输入及输出曲线在示波器上显示。

求解过程如下。

(1) 建立系统模型。

根据系统的数学描述选择合适的 Simulink 模块。

① Source 库下的 Sine Wave 模块：作为输入的正弦信号。
② Math Operations 库下的 Product 模块：实现乘法操作。
③ Sink 库下的 Scope 模块：完成输出图形显示功能。

建立的系统仿真模型如图 8.25 所示。

(2) 模块参数的设置。

所用模块设置如下。

① sin2t 模块：Frequency 为 2，其余参数采用 SIMULINK 默认设置，即单位幅值角频率为 2 的正弦信号。

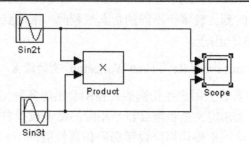

图 8.25 例 8.4 系统的仿真模型

② Sin3t 模块：Frequency 为 3，其余参数采用 SIMULINK 默认设置，即单位幅值角频率为 3 的正弦信号。

③ Product 模块：采用默认设置(本例中有两个输入)。

④ Scope 模块：设置坐标系的数目为 3(将 Scope Parameters 对话框内 General 面板上的 Number of axes 设为 3)。改变坐标轴的显示参数(在示波器窗口右击，选择 Axes properties：Y-min 设置为-1，Y-max 设置为+1，Tile 分别设为 sin2t，sin2t*sin3t，sin3t。

将模型和配置信息保存起来(选择菜单 File|Save，输入适当的模型名，这个模型将以.mdl 文件形式保存起来)。

(3) 仿真的配置。

在进行仿真之前，需要对仿真参数进行设置。把 Solver 选项卡的 Start time 设为 0，Stop time 设为 4.0，其余为默认设置。

(4) 运行仿真。

可以通过指令和图形两种方式来运行仿真。如图 8.26 所示是用图形方式运行的仿真结果。

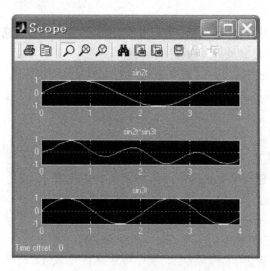

图 8.26 例 8.4 系统的仿真结果

观察结果，根据实际情况，对原模型进行改进，重新进行上面的步骤。

【例 8.5】 系统在 $t<15s$ 时，输出为单位脉冲信号；当 $t>15s$ 时，输出为 2sin2t。试建立该系统的 SIMULINK 模型，并进行仿真分析。

求解过程如下。

(1) 建立系统模型。

根据系统数学描述选择合适的 SIMULINK 模块。

① Source 库下的 Signal Generator 模块：作为输入的正弦信号 2sin2t(也可用 Sine 模块)。

② Source 库下的 Pulse Generator 模块：作为输入的单位脉冲信号。

③ Source 库下的 Clock 模块：表示系统的运行时间。

④ Source 库下的 Constant 模块：用来产生特定的时间。

⑤ Logical and Bit operations 库下的 Relational Operator 模块：实现该系统时间上的逻辑关系。

⑥ Signal Routing 库下的 Switch 模块：实现系统输出随仿真时间的切换。

⑦ Sink 库下的 Scope 模块：完成输出图形显示功能。

建立的系统仿真模型如图 8.27 所示。

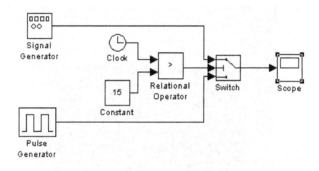

图 8.27　例 8.5 系统的仿真模型

(2) 模块参数的设置。

所用模块设置如下。

① Signal Generator 模块：Wave form 为 sine，Amplitude 为 2，Frequency 为 2，产生信号 2sin2t。

② Constant 模块：Constant value 为 15，设置判断 t 是大于还是小于 15 的门限值。

③ Relational Operator 模块：Relational Operator 设为 ">"。

④ Switch 模块：Threshold 设为 0.1。(该值只需要大于 0 小于 1 即可)。

没有提到的模块及相应的参数，均采用默认值。

(3) 仿真的配置：在进行仿真之前，需要对仿真参数进行设置。

仿真时间的设置：Start time 为 0，Stop time 为 30.0(在时间大于 15s 时系统输出才有转换，需要设置合适的仿真结束时间)。其余选项保持默认。

(4) 运行仿真，得到的仿真结果如图 8.28 所示。

从仿真结果可以看出，输出的曲线极不光滑。这是由于在仿真过程中没有设置合适的仿真步长所造成的。SIMULINK 在仿真的过程中总是选用最大的仿真步长，如果最大的仿真步长采用默认值，即 h=仿真时间/50，则本题中的最大步长为 0.6，这样就会造成由于步长过大而引起的输出曲线不光滑。故应在 Solver 选项卡中重新设置 Max step size，如设为 0.1，再进行仿真，得到的仿真结果如图 8.29 所示，可以看出曲线明显光滑了很多。

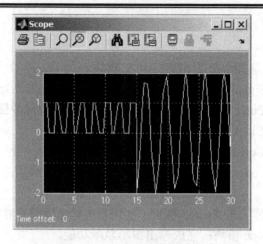

图 8.28 例 8.5 系统的仿真结果

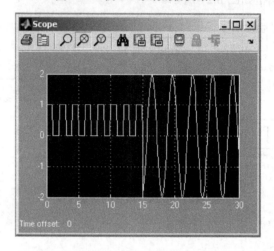

图 8.29 例 8.5 改变步长后的仿真结果

【例 8.6】 典型的 RLC 二阶电路如图 8.30 所示，图中 $u_c(t)$ 为响应，$u_s(t)$ 为输入，建立该电路的 SIMULINK 仿真模型，并分析在下面各种条件下，电路的单位阶跃响应。

(1) $R = 100\Omega; L = 0.25\text{H}; C = 100\mu\text{F}$
(2) $R = 220\Omega; L = 0.25\text{H}; C = 100\mu\text{F}$
(3) $R = 500\Omega; L = 1\text{H}; C = 100\mu\text{F}$
(4) $R = 0\Omega; L = 1\text{H}; C = 100\mu\text{F}$

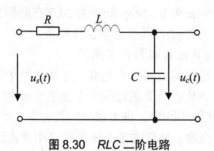

图 8.30 RLC 二阶电路

求解过程如下。

(1) 建立系统模型。

描述该系统的微分方程为 $\dfrac{d^2}{dt^2}u_c(t) + \left(\dfrac{R}{L}\right)\dfrac{d}{dt}u_c(t) + \dfrac{1}{LC}u_c(t) = \dfrac{1}{LC}u_s(t)$

根据系统的数学描述，建立系统模型如图 8.31 所示。

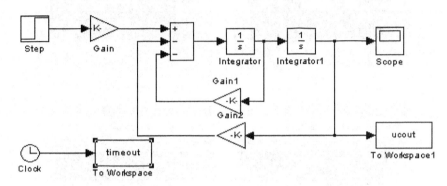

图 8.31　RLC 二阶电路仿真模型

(2) 模块参数的设置。

① Step 模块：设置 Step Time 为 0，即单位阶跃输入。

② Gain 模块和 Gain2 模块：设置增益为 1/(L*C)。

③ Gain1 模块：设置增益为 R/L。

④ Sum 模块：设置 Icon shape:为 rectangular；List of signs:为+ - -。

⑤ To Workspace 模块：Variable name 为 timeout(输出变量名)；Save format 为 Array (输出变量为数组格式)。

⑥ To Workspace1 模块：Variable name 为 ucout(输出变量名)；其余设置同 To Workspace 模块。

各个模块其余的设置皆取默认值。

(3) 仿真的配置：Solver 中的仿真结束时间设为 1s。

(4) 运行仿真。

在运行仿真之前，要先使用 MATLAB 的赋值语句给变量赋值，给变量 R、L、C 赋第一组值：R=100；L=0.25；C=100e-6。运行仿真，观察仿真结果，然后按照题中的要求给变量重新赋值，再对仿真结果进行观察，仿真结果如图 8.32 所示。

(5) 使用 To Workspace 模块配合 MATLAB 绘图命令，来绘制结果曲线。图 8.31 模型图中使用了两个 To Workspace 模块(将数据写入工作空间的变量中)。仿真结束时，变量 ucout 和 timeout 就会出现到工作区中(写入工作空间的变量名分别为 ucout 和 timeout，参见 To Workspace 模块的参数设置)。时间是通过 Clock 模块传递到 To Workspace 模块的。

仿真结束后，在 MATLAB 命令行输入绘图命令：plot(timeout，ucout)，MATLAB 图形窗口即出现绘制的仿真结果曲线如图 8.33 所示(以第 3 组输入为例)。

注意：Save format 在此指定为数组。

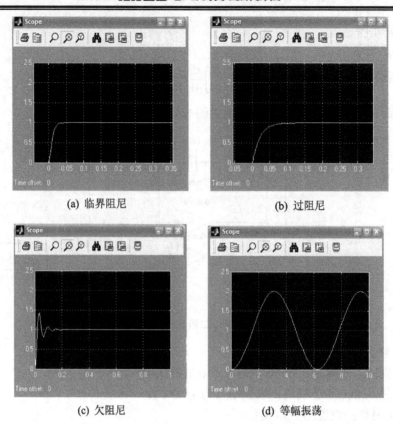

图 8.32 例 8.6 中不同参数下的仿真结果

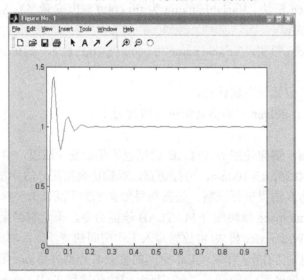

图 8.33 使用 To Workspace 模块的仿真结果曲线

(6) 在 Configuration Parameters 对话框中的 Data Import/Export 选项中指定时间。

该页采用默认设置，即输入到工作间的时间变量名为 tout，输出变量名为 yout。模型如图 8.34 所示。

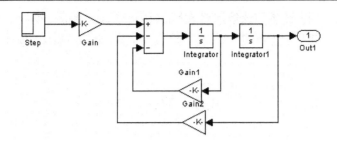

图 8.34 使用 Data Import/Export 模块建立的仿真模型

此时不用 Clock 模块，用了一个输出模块 Out1；模块 Out1 为外部提供一个输出接口。仿真结束后，在 MATLAB 命令行输入绘图命令：plot(tout，ycout)，即可绘制结果曲线。

(7) 使用 To File 模块，输出仿真数据到 .mat 文件，仿真模型如图 8.35 所示。

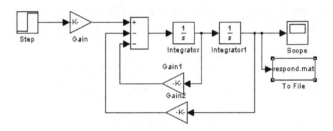

图 8.35 使用 To File 模块建立的仿真模型

To File 模块的参数设置。

① Filename(文件名)：respond.mat；

② Variable name(变量名)：uc。

启动仿真后，这个文件名为 respond.mat 的文件自动创建并存放在 MATLAB 工作目录，即 Work 目录中。其文件格式为按行存放，每行对应了一个变量，第一行为时间数据，以下其他各行为其他输出变量的相应的仿真值。

运行仿真后，在 MATLAB 命令窗口输入：

>> uc

显示 uc 变量为两行的数组，第一行为仿真时间，第二行为对应仿真时间的相应的 uc 的输出值。

8.4　小　　结

在本章中首先对 SIMULINK 仿真工具进行了介绍，其次对系统仿真模块与信号线可以进行的基本操作进行了概括，最后对常用的输入及输出模块的功能及应用作了简单的说明。掌握了这些基本知识后就可以熟练地创建系统仿真模型。

建立起系统的仿真模型后，通过对仿真模型参数的合理配置，就可以对仿真模型进行仿真及分析。运行仿真的方法包括使用窗口菜单和命令运行两种方法。仿真结果的输出显示，可以使用示波器等基本的输出模块完成。

通过本章的学习，读者应该能够对SIMULINK仿真工具有一个全面地认识和了解，能够熟练的掌握运用SIMULINK进行系统的建模及仿真，为学习后续的知识打下良好的基础。

8.5 习　　题

1．利用所掌握的方法对step模块进行选取，复制，改变大小以及增添阴影的模块的基本操作。把其模块参数Step time设置为1，其余为默认，在示波器上观察输出的曲线。

2．建立图8.36的仿真模型，并通过对图中的Signal Gernerator的参数进行设置，使其输出为幅值为1，频率为1rad/s的方波信号，然后对建立的模型进行仿真。

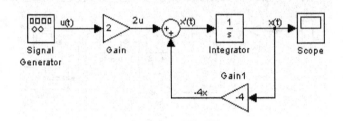

图8.36　系统模型图

3．SIMULINK对系统$y(t)=x^2(t)$进行仿真，其中$x(t)=2\sin100t$，为输入信号；$y(t)$为输出信号，使用Scope显示原始信号和结果信号。

附录　MATLAB 上机实验

实验一　熟悉 MATLAB 工作环境

一、实验目的

初步熟悉 MATLAB 工作环境，熟悉命令窗口，学会使用帮助窗口查找帮助信息。

二、实验内容

(1) 熟悉 MATLAB 平台的工作环境。
(2) 熟悉 MATLAB 的 5 个工作窗口。
(3) MATLAB 的优先搜索顺序。

三、实验步骤

1. 熟悉 MATLAB 的 5 个基本窗口

① Command Window　　（命令窗口）
② Workspace　　　　　（工作空间窗口）
③ Command History　　（命令历史记录窗口）
④ Current Directory　　（当前目录窗口）
⑤ Help Window　　　　（帮助窗口）

(1) 命令窗口(Command Window)。

在命令窗口中依次输入以下命令：

```
>>x=1
>>y=[1 2 3
    4 5 6
    7 8 9];
>>z1=[1:10], z2=[1:2:5];
>>w=linspace(1,10,10);
>>t1=ones(3) ,t2=ones(1,3),t3=ones(3,1)
>>t4=zeros(3),t5=eye(4)
```

思考题：① 变量如何声明，变量名须遵守什么规则、是否区分大小写。
② 试说明分号、逗号、冒号的用法。
③ linspace( )称为"线性等分"函数，说明它的用法。可使用 help 命令，格式如下：

```
>>help  linspace
```

④ 说明函数 ones( )、zeros( )、eye( ) 的用法。

(2) 工作空间窗口(Workspace)。

单击工作空间窗口右上角的按钮，将其从 MATLAB 主界面分离出来。

① 在工作空间查看各个变量，或在命令窗口用 who, whos(注意大小写)查看各个变量。

② 在工作空间双击变量，弹出 Array Editor 窗口(数组编辑器窗口)，即可修改变量。

③ 使用 save 命令把工作空间的全部变量保存为 my_var.mat 文件。

```
>>save my_var.mat
```

④ 输入下列命令：

```
>>clear all %清除工作空间的所有变量
```

观察工作空间的变量是否被清空。使用 load 命令把刚才保存的变量载入工作空间。

```
>>load my_var.mat
```

⑤ 清除命令窗口命令：

```
>>clc
```

(3) 历史命令窗口(Command History)。

打开历史命令窗口，可以看到每次运行 MATLAB 的时间和曾在命令窗口输入过的命令，练习以下几种利用历史命令窗口重复执行输入过的命令的方法。

① 在历史命令窗口中选中要重复执行的一行或几行命令，右击，出现快捷菜单，选择 Copy，然后再 Paste 到命令窗口。

② 在历史命令窗口中双击要执行的一行命令，或者选中要重复执行的一行或几行命令后，用鼠标将其拖动到命令窗口中执行。

③ 在历史命令窗口中选中要重复执行的一行或几行命令，右击，出现快捷菜单，选择 Evaluate Selection，也可以执行。

④ 或者在命令窗口使用方向键的上下键得到以前输入的命令。例如，按方向键"↑"一次，就重新将用户最后一次输入的命令调到 MATLAB 提示符下。重复地按方向上键"↑"，就会在每次按下的时候调用再往前一次输入的命令。类似地，按方向键"↓"的时候，就往后调用一次输入的命令。按方向键"←"或者方向键"→"就会在提示符的命令中左右移动光标，这样用户就可以用类似于在字处理软件中编辑文本的方法编辑这些命令。

(4) 当前目录命令窗口(Current Directory)。

MATLAB 的当前目录即是系统默认的实施打开、装载、编辑和保存文件等操作时的文件夹。打开当前目录窗口后，可以看到用"save"命令所保存的 my_var.mat 文件是保存在目录 C:\MATLAB6p5\work 下。

(5) 帮助窗口(Help Window)。

单击工具栏的 ? 图标，或选择菜单 View|Help，或选择菜单 Help|MATLAB Help 都能启动帮助窗口。

① 通过 Index 选项卡查找 log2()函数的用法，在 Search index for 栏中输入需要查找的词汇"log2"，在左下侧就列出与之最匹配的词汇条目，选择"log2[1]"，右侧的窗口就会显示相应的内容。

② 也可以通过 Search 选项卡查找 log2( )函数的用法。Search 选项卡与 Index 选项卡不同，Index 只在专用术语表中查找，而 Search 搜索的是整个 HTML 帮助文件。

2. MATLAB 的数值显示格式设置

屏幕显示方式有紧凑(Compact)和松散(Loose)两种，其中 Loose 为默认方式。

```
>>a=ones(1,30)
>>format compact
>>a
```

数字显示格式有 short、long、short e、long e 等，请参照教材的列表练习一遍。

```
>>format long
>>pi
>>format short
>>pi
>>format long
>>pi
>>format +
>>pi
>>-pi
```

3. 变量的搜索顺序

在命令窗口中输入以下指令：

```
>>pi
>>sin(pi);
>>exist('pi')
>>pi=0;
>>exist('pi')
>>pi
>>clear pi
>>exist('pi')
>>pi
```

思考题：① 3 次执行 exist('pi')的结果一样吗？如果不一样，试解释为什么？

② 圆周率 pi 是系统的默认常量，为什么会被改变为 0？

实验二　MATLAB 语言基础

一、实验目的

基本掌握 MATLAB 向量、矩阵、数组的生成及其基本运算(区分数组运算和矩阵运算)、常用的数学函数。了解字符串的操作。

二、实验内容

(1) 向量的生成和运算。
(2) 矩阵的创建、引用和运算。
(3) 多维数组的创建及运算。
(4) 字符串的操作。

三、实验步骤

1. 向量的生成和运算

1) 向量的生成

① 直接输入法：

```
>>A=[2,3,4,5,6]    %生成行向量
>>B=[1;2;3;4;5]    %生成列向量
```

② 冒号表达式法：

```
>>A=1:2:10,B=1:10,C=10:-1:1
```

③ 函数法：

linspace( ) 是线性等分函数，logspace( ) 是对数等分函数。
```
>>A=linspace(1,10),B=linspace(1,30,10)
>>A=logspace(0,4,5)
```

练习：使用 logspace( )创建 $1 \sim 4\pi$ 的有 10 个元素的行向量。

2) 向量的运算

① 维数相同的行向量之间可以相加减，维数相同的列向量也可相加减，标量可以与向量直接相乘除。

```
>>A=[1 2 3 4 5],B=3:7,
>>AT=A',BT=B',         %向量的转置运算
>>E1=A+B,E2=A-B        %行向量相加减
>>F=AT-BT,             %列向量相减
>>G1=3*A,G2=B、3,      %向量与标量相乘除
```

② 向量的点积与叉积运算。

```
>>A=ones(1,10);B=(1:10); BT=B';
>>E1=dot(A,B)
>>E2=A*BT              %注意 E1 与 E2 的结果是否一样
```

```
>>clear
>>A=1:4,B=3:6,
>>E=cross(A,B)
```

2. 矩阵的创建、引用和运算

1) 矩阵的创建和引用

矩阵是由 $m×n$ 元素构成的矩形结构，行向量和列向量是矩阵的特殊形式。

① 直接输入法：

```
>>A=[1 2 3;4 5 6]
>>B=[1 4 7
     2 5 8
     3 6 9]
>> A(1)                    %矩阵的引用
>>A(4:end)                 %用"end"表示某一维数中的最大值
>>B(:,1)
>>B(:)
>>B(5)                     %单下标引用
```

② 抽取法：

```
>>clear
>>A=[1 2 3 4;5 6 7 8;9 10 11 12;13 14 15 16]
>>B=A(1:3,2:3)             %取A矩阵行数为1~3，列数为2~3的元素构成子矩阵
>>C=A([1 3],[2 4])         %取A矩阵行数为1、3，列数为2、4的元素构成子矩阵
>>D=A([1 3;2 4])           %单下标抽取，注意其结果和前一句有什么不同
```

③ 函数法：

```
>>clear
>>A=ones(3,4)
>>B=zeros(3)
>>C=eye(3,2)
>>D=magic(3)
```

④ 拼接法：

```
>>clear
>>A=ones(3,4)
>>B=zeros(3)
>>C=eye(4)
>>D=[A B]
>>F=[A;C]
```

⑤ 拼接函数和变形函数法：

```
>>clear
>>A=[0 1;1 1]
>>B=2*ones(2)
>>cat(1,A,B,A)
>>cat(2,A,B,A)
>>repmat(A,2,2)
>>repmat(A,2)
```

练习：使用函数法、拼接法、拼接函数法和变形函数法，按照要求创建以下矩阵：A 为 3×4 的全 1 矩阵，B 为 3×3 的 0 矩阵，C 为 3×3 的单位阵，D 为 3×3 的魔方阵、E 由 C 和 D 纵向拼接而成、F 抽取 E 的 2～5 行元素生成、G 由 F 经变形为 3×4 的矩阵而得、以 G 为子矩阵用复制函数(repmat)生成 6×8 的大矩阵 H。

2) 矩阵的运算
① 矩阵加减、数乘与乘法
已知矩阵：
$$A=\begin{bmatrix}1 & 2\\ 3 & -1\end{bmatrix},\ B=\begin{bmatrix}-1 & 0\\ 1 & 2\end{bmatrix}$$
求 $A+B$，$2A$，$2A-3B$，AB。

② 矩阵的逆矩阵

```
>>format rat;A=[1 0 1;2 1 2;0 4 6]
>>A1=inv(A)
>>A*A1
```

③ 矩阵的除法

```
>>a=[1 2 1;3 1 4;2 2 1],b=[1 1 2],d=b'
>>c1= b*inv(a),  c2= b/a      %右除
>>c3=inv(a)*d ,  c4= a\d      %左除
```

观察结果 c1 是否等于 c2，c3 是否等于 c4？

如何去记忆左除和右除？斜杠向左边倾斜就是左除，向右边倾斜就是右除。左除就是左边的数或矩阵作分母，右除就是右边的数或矩阵作分母。

练习：

(1) 用矩阵除法求下列方程组的解 $x=[x_1;\ x_2;\ x_3]$；
$$\begin{cases}6x_1+3x_2+4x_3=3\\ -2x_1+5x_2+7x_3=-4\\ 8x_1-x_2-3x_3=-7\end{cases}$$

(2) 求矩阵的秩；
(3) 求矩阵的特征值与特征向量；
(4) 矩阵的乘幂与开方；
(5) 矩阵的指数与对数；
(6) 矩阵的提取与翻转。

3. 多维数组的创建及运算

1) 多维数组的创建

```
>> A1=[1,2,3;4 5 6;7,8,9];A2=reshape([10:18],3,3)
>>T1(:,:,1)=ones(3);T1(:,:,2)=zeros(3)        %下标赋值法
>>T2=ones(3,3,2)                               %工具阵函数法
>>T3=cat(3,A1,A2),T4=repmat(A1,[1,1,2])        %拼接和变形函数法
```

2) 多维数组的运算

数组运算用小圆点加在运算符的前面表示，以区分矩阵的运算。特点是两个数组相对应的元素进行运算。

```
>> A=[1:6];B=ones(1,6);
>> C1=A+B,C2=A-B
>> C3=A.*B,C4=B./A,C5=A.\B
```

关系运算或逻辑运算的结果都是逻辑值。

```
>> I=A>3,C6=A(I)
>> A1=A-3,I2=A1&A    %由 I2 的结果可知，非逻辑型进行逻辑运算时，非零为真，零为假。
>> I3=~I
```

练习：创建三维数组 A，第一页为 $\begin{bmatrix} 1 & 3 \\ 4 & 2 \end{bmatrix}$，第二页为 $\begin{bmatrix} 1 & 2 \\ 2 & 1 \end{bmatrix}$，第三页为 $\begin{bmatrix} 3 & 5 \\ 7 & 1 \end{bmatrix}$。然后用 reshape 函数重排为数组 B，B 为 3 行、2 列、2 页。

4. 字符串的操作

1) 字符串的创建

```
>>S1='Ilike MATLAB'
>>S2='I''m a student.'    %注意这里用两个连续的单引号输出一个单引号
>>S3=[S2,'and',S1]
```

2) 求字符串长度

```
>> length(S1)
>> size(S1)               %注意 length()和 size()的区别
```

3) 字符串与一维数值数组的相互转换

```
>> CS1=abs(S1)            %转换得到字符的 ASCII 码
>> CS2=double(S1)
>> char(CS2)
>> setstr(CS2)
```

练习：用 char( )和向量生成的方法创建如下字符串 AaBbCcDd…XxYyZz。

提示：A 和 a 的 ASCII 码分别为 65，97。

实验三 MATLAB 数值运算

一、实验目的

掌握 MATLAB 的数值运算及其运算中所用到的函数，掌握结构数组和细胞数组的操作。

二、实验内容：

(1) 多项式运算。
(2) 多项式插值和拟合。
(3) 数值微积分。
(4) 结构数组和细胞数组。

三、实验步骤：

1. 多项式运算

(1) 多项式表示。在 MATLAB 中，多项式表示成向量的形式。

如：$s^4+3s^3-5s^2+9$ 在 MATLAB 中表示为

```
>>S=[ 1  3  -5  0  9 ]
```

(2) 多项式的加减法相当于向量的加减法，但须注意阶次要相同。如不同，低阶的要补 0。如多项式 $2s^2+3s+9$ 与多项式 $s^4+3s^3-5s^2+4s+7$ 相加。

```
>>S1=[0  0  2  3  11 ]
>>S2=[1  3  -5  4  7 ]
>>S3=S1+S2
```

(3) 多项式的乘、除法分别用函数 conv 和 deconv 实现

```
>>S1=[ 2  3  11 ]
>>S2=[1  3  -5  4  7 ]
>>S3=conv(S1,S2)
>>S4=deconv(S3,S1)
```

(4) 多项式求根用函数 roots

```
>> S1=[ 2  4  2 ]
>> roots(S1)
```

(5) 多项式求值用函数 polyval

```
>> S1=[ 2  4  1  -3 ]
>> polyval(S1,3)        %计算 x=3 时多项式的值
>> x=1:10
>> y=ployval(S1,x)      %计算 x 向量对应的值得到 y 向量
```

练习：求 $\dfrac{(s^2+1)(s+3)(s+1)}{s^3+2s+1}$ 的"商"及"余"多项式。

2. 多项式插值和拟合

有一组实验数据如附表 1-1 所示。

附表 1-1

X	1	2	3	4	5	6	7	8	9	10
Y	16	32	70	142	260	436	682	1010	1432	1960

请分别用拟合(二阶至三阶)和插值(线性和三次样条)的方法来估测 X=9.5 时 Y 的值。以下是实现一阶拟合的语句。

```
>>x=1:10
>>y=[16 32 70 142 260 436 682 1010 1432 1960]
>>p1=ployfit(x,y,1)        %一阶拟合
>>y1=ployval(p1,9.5)       %计算多项式 p1 在 x=9.5 时的值
```

3. 数值微积分

(1) 差分使用 diff 函数实现。

```
>>x=1:2:9
>>diff(x)
```

(2) 可以用因变量和自变量差分的结果相除得到数值微分。

```
>>x=linspace(0,2*pi,100);
>>y=sin(x);
>>plot(x,y)
>>y1=diff(y)./diff(x);
>>plot(x(1:end-1),y1)
```

(3) cumsum 函数求累计积分，trapz 函数用梯形法求定积分，即曲线的面积。

```
>>x=ones(1,10)
>> cumsum(x)
>> x=linspace(0, pi,100);
>> y=sin(x);
>> S=trapz(y,x)
```

练习：图 A1 是瑞士地图，为了算出其国土面积，首先对地图作如下测量：以由西向东方向为 X 轴，由南到北方向为 Y 轴，选择方便的原点，并将从最西边界点到最东边界点在 X 轴上的区间适当划分为若干段，在每个分点的 Y 方向测出南边界点和北边界点的 Y 坐标 $Y1$ 和 $Y2$，这样就得到了表 1，根据地图比例尺知道 18mm 相当于 40km，试由测量数据计算瑞士国土近似面积，与其精确值 41228km^2 比较。地图的数据见附表 1-2(单位 mm)。

附表 1-2

X	7	10.5	13	17.5	34	40.5	44.5	48	56	61	68.5	76.5	80.5	91
Y1	44	45	47	50	50	38	30	30	34	36	34	41	45	46
Y2	44	59	70	72	93	100	110	110	110	117	118	116	118	118

X	96	101	104	106.5	111.5	118	123.5	136.5	142	146	150	157	158
Y1	43	37	33	28	32	65	55	54	52	50	66	66	68
Y2	121	124	121	121	121	116	122	83	81	82	86	85	68

提示：由高等数学的知识可知，一条曲线的定积分是它与 x 轴所围成的面积，那么两条曲线所围成的面积可由两条曲线的定积分相减得到。

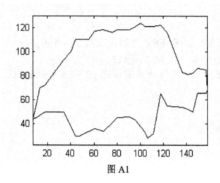

图 A1

4. 结构数组与细胞数组

(1) 结构数组的创建。

```
>> student.number='20050731001';
>> student.name='Jack';
>> student(2).number='20050731002';
>> student(2).name ='Lucy';
```

或者用 struct 函数创建。

```
>> student = struct('number',{ '001', '002'},'name',{ 'Jack', 'Lucy'});
```

(2) 结构数组的操作。

```
>> student(1).subject=[]              %添加 subject 域并赋予空值
>> student(1).sorce=[]
>> student
>> fieldnames(student)
>> getfield(student,{2},'name')
>> student=rmfield(student, 'subject')   %删除 subject 域
>> student=setfield(student,{1},'sorce',90);
>> student(2).sorce=88;               %比较和上一条语句是否效果一样
```

练习：创建一结构数组 stusorce，其域为：学号，姓名，英语成绩，数学成绩，语文成绩，总分，平均分。结构数组的大小为 2×2。

(3) 细胞数组的创建。

```
>> A={'How are you!',ones(3);[1 2;3 4],{'cell'}};    %直接创建
>> B(1,1)={'Hello world'};                           %由各个细胞元素创建
```

```
>> B(1,2)={magic(3)};
>> B(2,1)={[ 1 2 3 4]};
```

或者用 cell 函数先创建空的细胞数组，然后再给各个元素赋值。

```
>> C=cell(1,2);                %创建 1×2 的细胞数组
>> C(1,1)={'Hello world'};
>> C(1,2)={magic(3)};
>> C(1,3)={[ 1 2 3 4]};
```

(4) 细胞数组的操作。
```
>> ans1=A(1,1)
>> ans2=A{1,1}                 %注意圆括号和花括号的区别，ans1 和 ans2 的数据类型
>> whos ans1 ans2
>> elldisp(A)                  %显示细胞数组的所有元素
>> a1=A{2,1}(1,2)              %取出 A 的第 2 行第 1 列细胞元素的矩阵第 1 行第 2 列内容
>> [a2 a3]=deal(A{1:2})        %取出 A 的第 1 和第 2 个细胞元素的内容赋给 a2、a3
```

练习：创建一大小为 2×2 细胞数组 stucell，其元素的类型分别为：结构类型、字符串、矩阵和细胞类型。

实验四 MATLAB 符号运算

一、实验目的

掌握符号变量和符号表达式的创建,掌握 MATLAB 的 symbol 工具箱的一些基本应用。

二、实验内容

(1) 符号变量、表达式、方程及函数的表示。
(2) 符号微积分运算。
(3) 符号表达式的操作和转换。
(4) 符号微分方程求解。

三、实验步骤

1. 符号运算的引入

在数值运算中如果求 $\lim\limits_{x\to 0}\dfrac{\sin \pi x}{x}$,则可以不断地让 x 趋近 0,以求得表达式趋近什么数,但是终究不能令 $x=0$,因为在数值运算中 0 是不能作除数的。MATLAB 的符号运算能解决这类问题。输入如下命令:

```
>>f=sym('sin(pi*x)/x ')
>>limit(f,'x',0)
```

2. 符号常量、符号变量、符号表达式的创建

1) 使用 sym( )创建

输入以下命令,观察 Workspace 中 A、B、f 是什么类型的数据,占用多少字节的内存空间。

```
>>A=sym('1')            %符号常量
>>B=sym('x')            %符号变量
>>f=sym('2*x^2+3y-1')   %符号表达式
>>clear
>>f1=sym('1+2')         %有单引号,表示字符串
>>f2=sym(1+2)           %无单引号
>>f3=sym('2*x+3')
>>f4=sym(2*x+3)         %为什么会出错
>>x=1
>>f4=sym(2*x+3)
```

通过看 MATLAB 的帮助可知,sym( )的参数可以是字符串或数值类型,无论是哪种类型都会生成符号类型数据。

2) 使用 syms 创建

```
>>clear
>>syms x y z           %注意观察 x,y,z 都是什么类型的,它们的内容是什么
>>x,y,z
```

```
>>f1=x^2+2*x+1
>>f2=exp(y)+exp(z)^2
>>f3=f1+f2
```

通过以上实验，知道生成符号表达式的第二种方法：由符号类型的变量经过运算(加减乘除等)得到。又如：

```
>>f1=sym('x^2+y +sin(2)')
>>syms x y
>>f2=x^2+y+sin(2)
>>x=sym('2') , y=sym('1')
>>f3=x^2+y+sin(2)
>>y=sym('w')
>>f4=x^2+y+sin(2)
```

思考题：syms x 是不是相当于 x=sym('x')?

3. 符号矩阵创建

```
>>syms a1 a2 a3 a4
>>A=[a1 a2;a3 a4]
>>A(1),A(3)
```
或者
```
>>B=sym('[ b1 b2 ;b3 b4] ')
>>c1=sym('sin(x) ')
>>c2=sym('x^2')
>>c3=sym('3*y+z')
>>c4=sym('3 ')
>>C=[c1 c2; c3 c4]
```

练习：分别用 sym 和 syms 创建符号表达式：$f_1 = \cos x + \sqrt{-\sin^2 x}$，$f_2 = \dfrac{y}{e^{-2t}}$。

4. 符号算术运算

1) 符号量相乘、相除

符号量相乘运算和数值量相乘一样，分成矩阵乘和数组乘。

```
>>a=sym(5);b=sym(7);
>>c1=a*b
>>c2=a/b
>>a=sym(5);B=sym([3 4 5]);
>>C1=a*B, C2=a\B
>>syms a b
>>A=[5 a;b 3]; B=[2*a b;2*b a];
>>C1=A*B, C2=A.*B
>>C3=A\B, C4=A./B
```

2) 符号数值任意精度控制和运算

任意精度的 VPA 运算可以使用命令 digits(设定默认的精度)和 vpa(对指定对象以新的精度进行计算)来实现。

```
>>a=sym('2*sqrt(5)+pi')
>>b=sym(2*sqrt(5)+pi)
>>digits
>>vpa(a)
>>digits(15)
>>vpa(a)
>>c1=vpa(a,56)
>>c2=vpa(b,56)
```

注意观察 c1 和 c2 的数据类型，c1 和 c2 是否相等。

3) 符号类型与数值类型的转换

使用命令 sym 可以把数值型对象转换成有理数型符号对象，命令 vpa 可以将数值型对象转换为任意精度的 VPA 型符号对象。使用 double,numeric 函数可以将有理数型和 VPA 型符号对象转换成数值对象。

```
>>clear
>>a1=sym('2*sqrt(5)+pi')
>>b1=double(a1)          %符号转数值
>>b2=numeric(a1)         %符号转数值
>>a2=vpa(a1,70)          %数值转符号
```

5. 符号表达式的操作和转换

1) 独立变量的确定原则

独立变量的确定原则：在符号表达式中默认变量是唯一的。MATLAB 会对单个英文小写字母(除 i、j 外)进行搜索，且以 x 为首选独立变量。如果表达式中字母不唯一，且无 x，就选在字母表顺序中最接近 x 的字母。如果有相连的字母，则选择在字母表中较后的那一个。例如：'3*y+z'中，y 是默认独立变量。'sin(a*t+b)'中，t 是默认独立变量。

输入以下命令，观察并分析结果。

```
>>clear
>>f=sym('a+b+i+j+x+y+xz')
>>findsym(f)
>>findsym(f,1) , findsym(f,2) , findsym(f,3)
>>findsym(f,4) , findsym(f,5) , findsym(f,6)
```

2) 符号表达式的化简

符号表达式化简主要包括表达式美化(pretty)、合并同类项(collect)、多项式展开(expand)、因式分解(factor)、化简(simple 或 simplify)等函数。

① 合并同类项(collect)。分别按 x 的同幂项和 e 指数同幂项合并表达式：$(x^2+xe^{-t}+1)(x+e^{-t})$。

```
>>syms x t; f=(x^2+x*exp(-t)+1)*(x+exp(-t));
>>f1=collect(f)
>>f2=collect(f,'exp(-t)')
```

② 对显示格式加以美化(pretty)。针对上例，用格式美化函数可以使显示出的格式更符合数学书写习惯。

```
>>pretty(f1)
>>pretty(f2)
```

注意与直接输出的 f1 和 f2 对比。

③ 多项式展开(expand)。展开 $(x-1)^{12}$ 成 x 不同幂次的多项式。

```
>>clear all
>>syms x;
>>f=(x-1)^12;
>>pretty(expand(f))
```

④ 因式分解(factor)。将表达式 $x^{12}-1$ 作因式分解。

```
>>clear all
>> syms x; f=x^12-1;
>>pretty(factor(f))
```

⑤ 化简(simple 或 simplify)。

将函数 $f=\sqrt[3]{\dfrac{1}{x^3}+\dfrac{6}{x^2}+\dfrac{12}{x}+8}$ 化简。

```
>>clear all, syms x; f=(1/x^3+6/x^2+12/x+8)^(1/3);
>>g1=simple(f)
>>g2=simplify(f)
```

6. 符号表达式的变量替换

subs 函数可以对符号表达式中的符号变量进行替换

```
>>clear
>>f=sym('(x+y)^2+4*x+10')
>>f1=subs(f, 'x', 's')              %使用 s 替换 x
>>f2=subs(f, 'x+y', 'z')
```

练习：(1) 已知 $f=(ax^2+bx+c-3)^3-a(cx^2+4bx-1)$，按照自变量 x 和自变量 a，对表达式 f 分别进行降幂排列。

(2) 已知符号表达式 $f=1-\sin^2 x$，g=2x+1，计算 x = 0.5 时，f 的值；计算复合函数 f(g(x))。

7. 符号极限、符号积分与微分

1) 求极限函数的调用格式

```
limit(F,x,a)            %返回符号对象 F 当 x→a 时的极限
limit(F,a)              %返回符号对象 F 当独立变量*→a 时的极限
limit(F)                %返回符号对象 F 当独立变量→0(a=0)时的极限
limit(F,x,a,'right')    %返回符号对象 F 当 x→a 时的右极限
limit(F,x,a,'left')     %返回符号对象 F 当 x→a 时的左极限
```

例一

```
>>clear
>>f=sym('sin(x)/x+a*x')
```

```
>>limit(f,'x',0)          %以 x 为自变量求极限
>>limit(f,'a',0)          %以 a 为自变量求极限
>>limit(f)                %在默认情况下以 x 为自变量求极限
>>findsym(f)              %得到变量并且按字母表顺序排列
```

例二

```
>>clear
>>f=sym('sqrt(1+1/n)');
>>limit(f,n,inf)          %求 n 趋于正无穷大时的极限
```

2) 求积分函数的调用格式

```
int(F)                    %求符号对象 F 关于默认变量的不定积分
int(F,v)                  %求符号对象 F 关于指定变量 v 的不定积分
int(F,a,b)                %求符号对象 F 关于默认变量的从 a 到 b 的定积分
int(F,v,a,b)              %求符号对象 F 关于指定变量 v 的从 a 到 b 的定积分
```

3) 求微分函数的调用格式

```
diff(F)                   %求符号对象 F 关于默认变量的微分
diff(F,v)                 %求符号对象 F 关于指定变量 v 的微分
diff(F,n)                 %求符号对象 F 关于默认变量的 n 次微分,n 为自然数 1、2、3…
diff(F, v,n)              %求符号对象 F 关于指定变量 v 的 n 次微分
```

8. 符号方程的求解

1) 常规方程求解函数的调用格式

```
g = solve(eq)                              %求方程(或表达式或字串)eq 关于默认变量的解
g = solve(eq,var)                          %求方程(或表达式或字串)eq 关于指定变量 var 的解
g = solve(eq1,eq2,…,eqn,var1,var2,…,varn)  %求方程(或表达式或字串)组
eq1,eq2,…,eqn 关于指定变量组 var1,var2,…,varn 的解
```

求一元二次方程 $ax^2+bx+c=0$ 的解。其求解方法有多种形式：

① Seq=solve('a*x^2+b*x+c')

② Seq=solve('a*x^2+b*x+c=0')

③ eq='a*x^2+b*x+c';

或

④ eq='a*x^2+b*x+c=0';

　Seq=solve(eq)

⑤ syms x a b c;

　eq= a*x^2+b*x+c;

　Seq=solve(eq)

2) 常微分方程求解

求解常微分方程的函数是 dsolve。应用此函数可以求得常微分方程(组)的通解,以及给定边界条件(或初始条件)后的特解。

常微分方程求解函数的调用格式:

```
r = dsolve('eq1,eq2,…','cond1,cond2,…', 'v')
r = dsolve('eq1','eq2',…,'cond1','cond2',…,'v')
```

说明：

① 以上两式均可给出方程 eq1、eq2 ...对应初始条件 cond1、cond2 ...之下的以 v 作为解变量的各微分方程的解。

② 常微分方程解的默认变量为 t。

③ 第二式中最多可接受的输入式是 12 个。

④ 微分方程的表达方法。

在用 MATLAB 求解常微分方程时，用大写字母 Dy 表示微分符号 $\dfrac{dy}{dx}$，用 D2y 表示 $\dfrac{d^2y}{dx^2}$，依次类推。

边界条件以类似于 $y(a)=b$ 或 D$y(a)=b$ 的等式给出。其中 y 为因变量，a、b 为常数。如果初始条件给得不够，求出的解则为含有 C1、C2 等待定常数的通解。

例一 求微分方程 $y'=2x$ 的通解。

$$y=\text{dsolve}('Dy=2*x', 'x')$$

练习：(1) 求 $\lim\limits_{x \to 2} \dfrac{x^2-1}{x^2-3x+2}$。

(2) 求函数 $f(x)=\cos 2x - \sin 2x$ 的积分；求函数 $g(x)=\sqrt{e^x + x\sin x}$ 的导数。

(3) 计算定积分 $\int_0^{\frac{\pi}{6}}(\sin x + 2)dx$。

(4) 求下列线性代数方程组的解。

$$\begin{cases} x + y + z = 10 \\ 3x + 2y + z = 14 \\ 2x + 3y - z = 1 \end{cases}$$

(5) 求解当 $y(0)=2$，$z(0)=7$ 时，微分方程组的解。

$$\begin{cases} \dfrac{dy}{dx} - z = \sin x \\ \dfrac{dz}{dx} + y = 1 + x \end{cases}$$

实验五　MATLAB 程序设计

一、实验目的

掌握 MATLAB 程序设计的主要方法，熟练编写 MATLAB 函数。

二、实验内容

(1) M 文件的编辑。
(2) 程序流程控制结构。
(3) 子函数调用和参数传递。
(4) 局部变量和全局变量。

三、实验步骤

1. M 文件的编辑

选择 MATLAB 的菜单 File|New|M-file，打开新的 M 文件进行编辑，然后输入以下内容，并保存文件名为 exp1.m 。

```
            % M 脚本文件
            %功能：计算自然数列 1～100 的数列和
s=0;
for  n=1:100
    s=s+n;
end
s
```

保存好文件后，在命令窗口输入 exp1 即可运行该脚本文件，注意观察变量空间。接着创建 M 函数文件，然后输入以下内容，并保存文件名为 exp2.m 。

```
            %这是 M 函数文件
            %功能：计算自然数列 1～x 的数列和
function s=exp2(x)
    s=0;
for  n=1:x
        s=s+n;
end
```

保存好文件后，在命令窗口输入

```
>>clear
>>s=exp2(100)
open              %命令可以打开 M 文件进行修改
>>open conv       %打开 conv 函数
```

2. 程序流程控制结构

1) for 循环结构

```
for n=1:10
```

```
    n
end
```

另一种形式的 for 循环：

```
n=10:-1:5
for i=n          %循环的次数为向量 n 的列数
    i
end
```

2) while 循环结构

在命令窗口输入：

```
>>clear,clc;
x=1;
while 1
    x=x*2
end
```

将会看到 MATLAB 进入死循环，因为 while 判断的值恒为真，这时须按下 Ctrl+C 键来中断运行，并且可看到 x 的值为无穷大。

练习：(1) 请把 exp2.m 函数文件用 while 循环改写。

(2) 用 $\pi/4 \approx 1-1/3+1/5-1/7+\cdots$ 公式求 π 的近似值，直到最后一项的绝对值小于 10^{-6} 为止，试编写其 M 脚本文件。

3) if-else-end 分支结构

if-else-end 分支有如下 3 种形式。

(a) `if` 表达式

  语句组 1

 `end`

(b) `if` 表达式

  语句组 1

 `else`

  语句组 2

 `end`

(c) `if` 表达式 A

  语句组 1

 `elseif` 表达式 B

  语句组 2

 `elseif`

  语句组 3

 ……

 `else`

  语句组 n

 `end`

4) switch-case 结构

创建 M 脚本文件 exp3.m，输入以下内容并在命令窗口中运行。

%功能：判断键盘输入的数是奇数还是偶数

```
n=input('n=');
if isempty(n)
error('please input n')
end
switch mod(n,2)
case 1
    A='奇数'
case 0
    A='偶数'
end
```

3. 子函数和参数传递

有一个函数 $g(x) = \sum_{n=1}^{x} n!$ (x=1,2,3…)，试编写实现该函数的函数文件。

```
function g=exp4(x)        %主函数
g=0;
for n=1:x
    g=g+fact(n);          %调用子函数
end

function y=fact(k)        %子函数
y=1;
for i=1:k
    y=y*i;
end
```

输入参数可以由函数 nargin 计算，下面的例子 sinplot2( )，当只输入一个参数 w 时，sinplot2( )函数会给 p 赋予默认值 0。

```
function y=sinplot (w,p)
if nargin>2
    erro('too many input')
end
if nargin==1
p=0;
end
x=linspace(0,2*pi,500);
z=sin(x.*w+p);
```

练习：(1) 编写求矩形面积函数 rect，当没有输入参数时，显示提示信息；当只输入一个参数时，则以该参数作为正方形的边长计算其面积；当有两个参数时，则以这两个参数为长和宽计算其面积。

(2) 编写一个字符串加密函数 nch=my_code(ch , x)，其中 ch 是字符串参数，x 为整数；加密方法是：把 ch 的每一个字符的 ASCII 码值加上 x，得到的即为加密后的新的字符串 nch。由于可显示 ASCII 码值是有范围的(32，126)，因此当得到的 ASCII

码值大于 126 时,需要减去 93。同理,再编写一个解码函数 nch=my_dcode(ch , x)。

提示:char(32:126) 可获得 ASCII 码值为 32~126 的字符。

4. 局部变量和全局变量

自程序执行开始到退出 MATLAB,始终存放在工作空间,可被任何命令文件和数据文件存取或修改的变量即是全局变量,全局变量可用于函数之间传递参数,全局变量用关键字 global 声明。

编写一个求和的函数文件,其名为 summ.m。程序如下:

```
function s=summ
global BEG END
k=BEG:END;
s=sum(k);
```

再编写调用 M 脚本文件 use.m 来调用 summ.m 函数文件,它们之间通过全局变量传递参数。

程序如下:

```
global BEG END
BEG=1;
END=10;
s1=summ;
BEG=1;
END=20;
s2=summ;
```

实验六 MATLAB 数据可视化

一、实验目的

掌握 MATLAB 二维、三维图形绘制，掌握图形属性的设置和图形修饰；掌握图像文件的读取和显示。

二、实验内容

(1) 二维图形绘制。
(2) 三维曲线和三维曲面绘制。
(3) 图像文件的读取和显示。

三、实验步骤

1. 二维图形绘制

(1) 二维图形绘制主要使用函数 plot。

```
>> clear all;
>> x=linspace(0,2*pi,100);
>> y1=sin(x);
>> plot(x,y)
>> hold on              %保持原有的图形
>> y2=cos(x);
>> plot(x,y)
```

注：hold on 用于保持图形窗口中原有的图形，hold off 解除保持。

(2) 函数 plot 的参数也可以是矩阵。

```
>> close all            %关闭所有图形窗口
>> x=linspace(0,2*pi,100);
>> y1=sin(x);
>> y2=cos(x);
>> A=[y1 ; y2]';        %把矩阵转置
>> B=[x ; x]'
>> plot(B,A)
```

(3) 选用绘图线形和颜色。

```
>> close all            %关闭所有图形窗口
>> plot(x,y1,'g+',x,y2, 'r:')
>> grid on              %添加网格线
```

(4) 添加文字标注。

```
>> title('正弦曲线和余弦曲线')
>> ylabel('幅度')
>> xlabel('时间')
```

```
>> legend('sin(x)', 'cos(x)')
>> gtext('\leftarrowsinx')        %可用鼠标选择标注的位置,
                                  %\leftarrow 产生左箭头, '\' 为转义符
```

(5) 修改坐标轴范围。

```
>> axis equal
>> axis normal
>> axis([0 pi 0 1.5])
```

(6) 子图和特殊图形绘制。

```
>>subplot(2,2,1)
>>t1=0:0.1:3;
>>y1=exp(-t1);
>>bar(t1,y1);

>>subplot(2,2,2)
>>t2=0:0.2:2*pi;
>>y2=sin(t2);
>>stem(t2,y2);

>>subplot(2,2,3)
>>t3=0:0.1:3;
>>y3=t3.^2+1;
>>stairs(t3,y3);

>>subplot(2,2,4)
>>t4=0:.01:2*pi;
>>y4= abs(cos(2*t4));
>>polar(t4,y4);
```

练习：写出图 A2 的绘制方法。

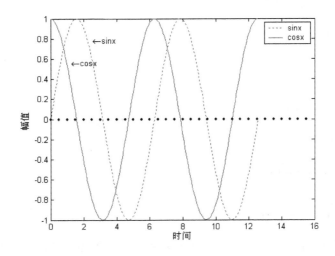

图 A2

提示：按照以下的步骤进行(1)产生曲线的数据(共有 3 组数据)；(2)选择合适的线形、标记、颜色(正弦曲线为红色，余弦曲线为紫色)；(3)添加图例及文字说明信息；(4)添加坐标轴说明与图标题。

2. 三维曲线和三维曲面绘制

(1) 三维曲线绘制使用 plot3 函数。绘制一条空间螺旋线：

```
>>z=0:0.1:6*pi;
>>x=cos(z);
>>y=sin(z);
>>plot3(x,y,z);
```

练习：利用子图函数，绘制以上的空间螺旋线的俯视图、左侧视图和前视图。

(2) 三维曲面图的绘制：MATLAB 绘制网线图和网面图的函数分别是 mesh( )和 surf( )，其具体操作步骤是：

① 用函数 meshgrid( )生成平面网格点矩阵[X,Y]；
② 由[X,Y]计算函数数值矩阵 Z；
③ 用 mesh( )绘制网线图，用 surf( )绘制网面图。

绘制椭圆抛物面：

```
>>clear all,close all;
>>x=-4:0.2:4;
>>y=x;
>> [X,Y]=meshgrid(x,y);
>>Z=X.^2/9+Y.^2/9;
>>mesh(X,Y,Z);
>>title('椭圆抛物面网线图')
>>figure(2)
>>surf(X,Y,Z);
>>title('椭圆抛物面网面图')
```

绘制阔边帽面：

```
>>clear all,close all;
>>x=-7.5:0.5:7.5;
>>y=x;
>> [X,Y]=meshgrid(x,y);
>>R=sqrt(X.^2+Y.^2)+eps;    %避开零点，以免零做除数
>>Z=sin(R)./R;
>>mesh(X,Y,Z);
>> title('阔边帽面网线图')
>>figure(2)
>>surf(X,Y,Z);
>>title('阔边帽面网面图')
```

练习：考虑以下问题：设 $z = x^2 e^{-(x^2+y^2)}$，求定义域 x=[-2,2]，y=[-2,2]内的 z 值(网格取 0.1)。请把 z 的值用网面图形象地表示出来，如图 A3 所示。

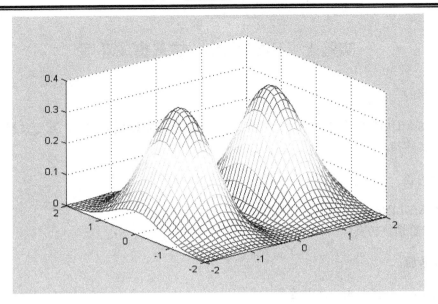

图 A3

3. 图像文件的读取和显示

```
>> x=imread('cameraman.tif')    %首先读取图像文件
>> imshow(x)
>> y=255-double(x);             %对图像进行反色处理
>> y=uint8(y);
>> figure
>> imshow(y)
>> imwrite(y,'reverse.tif')     %将图像数据保存为文件
```

实验七　SIMULINK 仿真集成环境

一、实验目的

熟悉 SIMULINK 的模型窗口、熟练掌握 SIMULINK 模型的创建，熟练掌握常用模块的操作及其连接。

二、实验内容

(1) SIMULINK 模型的创建和运行。
(2) 一阶系统仿真。

三、实验步骤

1. Simulink 模型的创建和运行

(1) 创建模型。

① 在 MATLAB 的命令窗口中输入 simulink 语句，或者单击 MATLAB 工具条上的 SIMULINK 图标 ，SIMULINK 模块库浏览器。

② 在 MATLAB 菜单或库浏览器菜单中选择 File|New|Model，或者单击库浏览器的图标 ，即可新建一个 "untitle" 的空白模型窗口。

③ 打开 "Sources" 模块库，选择 "Sine Wave" 模块，将其拖到模型窗口，再重复一次；打开 "Math Operations" 模块库选取 "Product" 模块；打开 "Sinks" 模块库选取 "Scope" 模块。

(2) 设置模块参数。

① 修改模块注释。单击模块的注释处，出现虚线的编辑框，在编辑框中修改注释。

② 双击下边 "Sine Wave" 模块，弹出参数对话框，将 "Frequency" 设置为 100；双击 "Scope" 模块，弹出示波器窗口，然后单击示波器图标 ，弹出参数对话框，修改示波器的通道数 "Number of axes" 为 3。

③ 如图 A4 所示，用信号线连接模块。

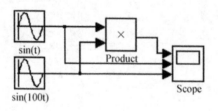

图 A4

(3) 启动仿真

① 单击工具栏上的图标 ▶ 或者选择 Simulation|Start 菜单项，启动仿真；然后双击 "Scope" 模块弹出示波器窗口，可以看到波形图。

② 修改仿真步长。在模型窗口的 Simulation 菜单下选择"Configuration Parameters"命令，把"Max step size"设置为 0.01；启动仿真，观察波形是不是比原来光滑。

③ 再次修改"Max step size"为 0.001；设置仿真终止时间为 10s；启动仿真，单击示波器工具栏中的按钮 ，可以自动调整显示范围，可以看到波形的起点不是零点，这是因为步长改小后，数据量增大，超出了示波器的缓冲。

④ 将示波器的参数对话框打开，选择"Data history"页，把"Limit data point tolast"设置为 10000；再次启动仿真，观察示波器将看到完整的波形。

2. 一阶系统仿真

使用阶跃信号作为输入信号，经过传递函数为 $\dfrac{1}{0.6s+1}$ 的一阶系统，观察其输出。

① 设置"Step"模块的"Step time"为 0；将仿真参数的最大步长"Max step size"设置为 0.01。

把结果数据输出到工作空间。

② 打开"Sources"模块库，选取"Clock"模块添加到模型窗口中。

③ 打开"Sinks"模块库，选取两个"To workspace"模块添加到模型窗口中，两个模块分别连接输出和"Clock"模块。

④ 设置"To workspace"模块参数，设置"Variable name"分别为 y 和 t，如图 A5 所示。

⑤ 启动仿真后，在工作空间可以有两个结构体 y 和 t。在命令窗口输入如下命令：

```
>>y1=y.signals.values;
>>t1=t.signals.values;
>>plot(t1,y1)
```

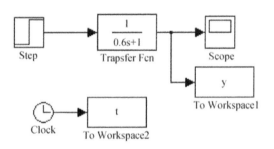

图 A5

参 考 文 献

[1] 王家文，王皓，刘海. MATLAB 7.0 编程基础. 北京：机械工业出版社，2005.
[2] 张智星. MATLAB 程序设计与应用. 北京：清华大学出版社，2002.
[3] 王沫然. MATLAB 6.0 与科学计算. 北京：电子工业出版社，2002.
[4] 张威. MATLAB 基础与编程入门. 西安：西安电子科技大学出版社，2004.
[5] 苏晓生. 掌握 MATLAB 6.0 及其工程应用. 北京：科学出版社，2002.
[6] 周晓阳. 数学实验与 MATLAB. 武汉：华中科技大学出版社，2002.
[7] 精锐创作组. MATLAB 6.0 科学运算完整解决方案. 北京：人民邮电出版社，2001.
[8] 苏金明，阮沈勇. MATLAB 6.1 实用指南. 北京：电子工业出版社，2002.
[9] 刘宏友，李莉，彭锋. MATLAB 6 基础及应用. 重庆：重庆大学出版社，2002.
[10] 郑阿奇 主编；曹弋，赵阳. MATLAB 实用教程. 北京：电子工业出版社，2004.
[11] 薛定宇，陈阳泉. 基于 MATLAB/Simulink 的系统仿真技术与应用. 北京：清华大学出版社，2002.
[12] 赵彦玲等. MATLAB 与 SIMULINK 工程应用. 北京：电子工业出版社，2002.
[13] 陈桂明等. 应用 MATLAB 建模与仿真. 北京：科学出版社，2001.
[14] [美] Edward B. Magrab. MATLAB 原理与工程应用. 高会生，李新叶，胡智奇等译. 北京：电子工业出版社，2002.
[15] 陈怀琛，吴大正，高西全. MATLAB 及在电子信息课程中的应用. 北京：电子工业出版社，2003.
[16] 闻新，周露，张鸿. MATLAB 科学图形构建基础与应用(6.X). 北京：科学出版社，2002.
[17] 魏巍. MATLAB 信息工程工具箱技术手册. 北京：国防工业出版社，2004.